NF

ヒトのなかの魚、魚のなかのヒト

最新科学が明らかにする人体進化35億年の旅

ニール・シュービン
垂水雄二訳

HAYAKAWA NONFICTION

早川書房

7261

YOUR INNER FISH

A Journey into the 3.5-Billion-Year History of the Human Body

by

Neil Shubin

Translated by
Yuji Tarumi
Published 2013 in Japan by
HAYAKAWA PUBLISHING, INC.
This book is published in Japan by
direct arrangement with
BROCKMAN, INC.

わが妻ミシェルに

目次

ヒトのなかの魚、魚のなかのヒト

最新科学が明らかにする人体進化35億年の旅

はじめに

この本が生まれたのは、私の人生に生じたとんでもない状況がきっかけだった。シカゴ大学の医学部で先任教授が退職したために、私が人体解剖学を教えるはめになってしまったのだ。解剖学は、まだオドオドしている医学部の一年生が、死体を切り刻みながら、体内のほとんどの臓器、さまざまな穴や腔所（こうしょ）、神経、血管の名前と、その組織形態を学んでいく授業である。これは医学の世界に入るためにくぐらなければならない玄関口であり、彼らが一人前の医師になるために避けて通れない経験なのだ。ちょっと考えたところでは、次世代の医師を教育するこの仕事に就（つ）かせるのに、私ほど不都合な候補者は想像できないだろう。なんといっても、私は研究歴のほとんどを魚に費やしてきた古生物学者なのだ。

しかし、古生物学者には、人体解剖学を教えるうえで非常に大きな利点があるのである。なぜだって？　人体を知るための最良の手引きが、他の動物の体のなかに潜んでいるからだ。ヒトの頭部神経を学生に教えるもっとも単純な方法は、サメ類でどうなっているかを見せることだ。ヒトの四肢についてのもっともわかりやすい手引きは魚類にある。爬虫類は、脳の構造を教えるときに本当に役に立つ。その理由は、こうした動物の体は、しばしば人間の体をより単純にした仕組みになっているからだ。

私がこの科目を教えはじめてから二年めの夏に、北極で調査をしていたとき、共同研究者たちと一緒に、ある化石魚類を発見した。この化石は、三億七五〇〇万年以上も前の魚類の陸上進出について、きわめて有力な新知見をもたらすものだった。この発見と、人体解剖学を教えるという世界へ足を踏み入れたことが、ヒトと魚のあいだに横たわる深いつながりについて探ってみようという気持ちにさせた。その探究の成果が本書になったのである。

第1章　内なる魚を見つける

大人になってからの私の夏は、北極圏に深く入り込んだ断崖の上で、雪と霙に打たれながら、岩を砕いて過ごすのが慣わしになっている。ほとんどの場合、私は凍え、手はまめだらけになり、それなのに収穫はまるでなしだ。しかし、運がよければ、魚の骨が見つかる。たいていの人にとって、そんなものが埋もれた宝物だとは思えないだろう。しかし私にとって、それは黄金よりもはるかに値打ちがあるのだ。

太古の魚類の骨は、私たち人類がどういうものであり、どのようにしてそうなったかを知るための導きの糸になりうる。突拍子もないとしか思えないようなところから、私たちは自分の体についての知識を得ている。情報源は、世界中の地層から掘り出された無脊椎動物や魚類の化石だけでなく、現在の地球上にすんでいる事実上すべての動物のＤＮＡに至るまで幅広い。しかし、それだけでは、過去から残された骨格の遺物――そして魚類の遺物も、まさしくそうなのだ――が、私たちの体の基本的な構造についての手がかりを提供してくれると私が確信する理由を説明したことにはならない。

何百万年も昔、いや多くの場合には何十億年もの昔に起こった出来事を、どうすれば思い浮かべることができるのだろう？　残念ながら目撃者はいない。そのころには人間は誰もいなかったからだ。実際には、ほとんどの時代を通じて、口をきくもの、あるいは口をもっているもの、あるいは頭をもっているものさえ、まわりにはいなかった。さらに悪いことに、その当時にさかのぼって存在した動物は、とうの昔に死んでおり、あまりにも長いあいだ地中に埋もれていたため、その体はごくまれにしか残っていないのだ。これまで生存したすべての種（しゅ）の九九％以上がいまでは絶滅してしまっていて、化石として残っているのは、そのほんのわずかな一部だけであり、これまで発見されているのが、わずかに残った化石の、そのまたほんの一部分でしかないということを考えれば、私たちの過去を見るという試みは、どうあがいても最初から見通しが暗いように思える。

化石の発掘――自分自身を見つめること

私がはじめて人体に秘められた内なる魚の一つを見たのは、北緯約八〇度にあるエルズミア島で、雪の降る七月の午後に、三億七五〇〇万年前の岩石を調査していたときだった。私と共同研究者たちは、魚から陸生動物への移行における決定的な段階の一つを発見しようとして、この荒涼たる極限の地にやってきていた。岩石から突き出ていたのは、魚の吻だった。それもただの魚ではなかった。頭が扁平な魚だった。この扁平な頭を見たとたん、私たちは、これはいけるかもしれないと気づいた。もしこの断崖の内部に、この骨格の残りの部分をもっと発見できれば、人間の頭骨の、人間の頸の、あるいは四肢の歴史における、初期の段階が明らかにされるだろう。

扁平な頭は、海から陸への移行について、実際になにを教えてくれたのか？　また、もっと個人的なことを言えば、なぜ私は快適で安全なハワイではなく、北極などに行ったのか？　そうした疑問に対する答は、私たちがどのようにして化石を見つけ、それをどのように使って人類の過去を解明するかという話のなかにある。

化石は、人間を理解するために利用できる主要な証拠の一つである（ほかに遺伝子と胚があるが、それについてはあとで論じよう）。化石の発見が、しばしば驚くほどの正確さと予測可能性をもっておこなえるものであるという事実をほとんどの人は知らない。発掘現場で成功できる確率が最大になるよう、出かける前にしっかりと予習しておくのである。それから先は運にまかせるだけだ。

計画と確率との逆説的な関係は、ドワイト・D・アイゼンハウアーの、戦争に関する有名な発言にもっともうまく表現されている。「戦いの準備において、計画立案は不可欠だが、計画は役に立たないということを私は思い知った」。この名言は、野外古生物学のありようを簡潔に捉えている。私たちは、見込みのありそうな化石採掘場に行き着けるように、ありとあらゆる種類の計画を立てる。いったんそういう場所を見つけたあと、あらゆる野外（フィールド）計画を放り投げてしまうこともある。現場における事実が、完璧に練り上げた計画を変えてしまうこともあるのだ。

それでも、特定の科学的な疑問に答を与えてくれるような調査計画を立案することができる。あとから述べるような、いくつかの単純なアイデアを使って、重要な化石が見つかりそうな場所を予想することはできる。もちろん、どんなときも一〇〇%成功できるわけではないが、十分に楽しめるほどの大当たりはとれる。私はまさにそうして、実績を積んできた。哺乳類の起源という疑問に答えるような初期の哺乳類を発見し、カエルの起源という疑問に答えるために最古のカエルを発見し、そして陸生動物の起源を理解するために、最古の四肢動物のいくつかを発見してきたのである。

さまざまな点で、現在の野外古生物学者は、昔に比べてはるかに容易に新しい化石採掘場を見つけることができる。地方自治体と石油、天然ガス会社によって実施されている地質探査のおかげで、各地域の地質学的事情について、より多くのことがわかっている。インターネットは、地図、調査情報、地域の写真に迅速にアクセスする手段を与えてくれる。自分のラップトップから、見込みのありそうな化石採掘場を探すために、あなたの裏庭を探査（スキャン）することさえできる。おまけに、ＭＲＩなどの画像装置やＸ線撮影装置によって、ある種の岩石の内部に含まれる骨を映像として見ることもできる。

こうした進歩にもかかわらず、重要な化石を探索する方法は、一〇〇年前とそれほど変わっていない。古生物学者はいまだに岩石を調べなければならないし——文字通り岩に這いのぼって——、そこに含まれている化石は手で取り出さなければならないことが多い。化石の骨を探し、取り出すにあたって、判断をしなければならないことがあまりにも多いので、こうした作業工程を自動化するのはむずかしい。おまけに、化石を見つけるためにモニター画面を見つめるというのが、実際に掘りだすのと同じほどに楽しい作業であることはまずありえない。

なにが厄介かといえば、化石の出る場所がごくわずかしかないことである。成功の確率を最大にするために、私たちは三つの条件を兼ね備えている地層を探す。つまり、適切な年代のもので、化石を保存するのに適したタイプの地層であり、しかも地表に露出した岩石がある場所を探すのである。あともう一つ、セレンディピティ、つまり目的のものを運良く発見できる能力という要因がある。そのことを、実例で示してみよう。

私たちが見つけた標本は、生命の歴史における重大な移行の一つ、すなわち、魚類の陸上への進出について語ってくれるはずのものである。何十億年にわたって、すべての生物は水中にしかすんでいなかった。そのあと、三億六五〇〇万年前の時点では、生物は陸上にも生息していた。水中と陸上という二つの環境における生活は、根本的に異なっている。

水中で呼吸するためには、陸上で呼吸するのとは非常に異なった器官を必要とする。排出、摂餌（せつじ）、運動についても同じことがいえる。それまでとはまったくちがった種類の体をつくりださなければならなかった。一見したところでは、この二つの環境の断絶に橋を架けるのは不可能なように思える。しかし、証拠を検討していくと、様相は一変する。不可能に見えることが、実際に起こったのである。

適切な年代の地層を探すについては、私たちにとって実に好都合な事実がある。世界中の地層に含まれる化石は、でたらめに配置されているわけではない。そうした地層がどこにあり、その内部にどんな化石が収まっているかは、非常にはっきりとした決まりがある。何十億年にわたる変化は、地球上に、つぎつぎと積み上げられた異なる岩石からなる地層を残すことになった。ここでは、いちばん上にある地層はいちばん下にある地層よりも年代が若いという仮説が前提となっているのだが、これは簡単に検証できる。単純なレーヤーケーキ状の地層の場合には、ふつうそうなっている（グランド・キャニオンを考えてみてほしい）。しかし地殻運動によって地層がずれていわゆる断層ができ、古い地層が若い地層の上に載っているという状態が生じることがある。幸いにして、たいていの場合、そうした断層の位置がいったん識別できれば、元の順序に正しく地層を並べ直すことができる。

そうした地層の内部に見られる化石も一定の序列にしたがっており、下層に含まれる種は、その上層に含まれる種とはまったく異なっている。生命の全歴史を含むような一本の地層の柱を切り出すことができたとすれば、驚くほど多様な化石が見つかるだろう。一番下の層には目に見えるような生物の証拠はほとんど含まれていないだろう。その上の層には、さまざまなクラゲ状の生き物の印象化石［生物の外形が周囲の泥に押しつけられてできた化石］が含まれているだろう。それより上の層には、骨格、付属肢、そして眼などの器官をもつ動物がいるだろう。それよりも上は、背骨をもつ最初の動物を含む層ということになるだろう。というふうにつづいていく。最初の人類が含まれる地層はずっと上のほうだろう。もちろん、地球の全歴史を包み込んだ一本の地層の柱などというものは実在しない。というよりむしろ、地球上のそれぞれの地域の地層は、ごくわずかな時間の断片しか示していない。全体像を得るためには、巨大なジグソーパズルに取り組むように、地層そのものと、そこに含まれる化石を比較することによって、各ピースをつなぎあわせていかなければならないのである。

地層の柱に化石種の序列が見られると聞いても、たぶん誰もあまり驚かないだろう。しかし、現生種との比較から、各地層に含まれる種が実際にどのような姿をしているかを、細部にわたるまで予言できるという事実は、あまり知られていない。またこの情報は、太古の地層にどういう種類の化石が見つかるかを予測するのに役立つ。実際、世界中の地層で、化石がどういう順序で出てくるかは、ヒトを身近の動物園や水族館にいる動物と比べることによって、予想できるのである。

いったいどうして、動物園を歩きまわるのが、重要な化石を見つけだすためにどこで岩石を調べればいいかという予測の助けになるのだろう？　動物園は、多くの点でまるでちがった、非常に多様な動物を展示している。しかしここでは、彼らを異なったものにしているのは何かという点にはあえて注目しない。むしろ予測を立てるためには、異なった動物たちが何を共通にもっているかという点に注目しなければならない。そうすれば、すべての種に共通する形質を用いて、同じような特性をもつ動物群を識別することができる。すべての生物を、ロシアのマトリョーシカ人形のように、小さな分類群が大きな分類群のなかに収まるように体系づけることができる。そうすることで、自然についてのきわめて根本的な事柄が発見できるのである。

動物園と水族館にいるすべての種は頭と二つの眼をもっている。こうした種を「すべての動物」と呼ぶ。頭と二つの眼をもつ動物の一部は四肢をもっている。これら四肢のある種を「四肢をもつすべての動物」と呼ぶ。これらの頭と四肢をもつ動物の一部は、巨大な頭をもち、二本脚で歩き、言葉をしゃべる。この小集団（サブセット）が私たち人類である。もちろん、このようなグループ分けの方法を使って、もっと多くの小集団に区分けすることはできるが、この三段階の分類でさえ、予測の力をもっている。

世界中どこでも、地層の内部に含まれている化石は一般にこの決まりにしたがうので、新しい調査探検を立案するときに、それを使うことができる。先にあげた例を使えば、頭と二つの眼をもつ動物である「すべての動物」というグループの最初のメンバーは、最初の「四肢をもつすべての動物」よりもずっと前に、化石記録として発見される。もっと正確にいえば、最初の魚類（「すべての動物」の正真正銘のメンバー）は、最初の両生類（「四肢をもつすべて」の一員）よりも前に現れる。言うまでもないことだが、もっと多くの種類の動物と、それらが共有するもっと多くの形質を調べるとともに、地層そのものの実際の古さ（年齢）を査定することで、この手法はもっと精緻なものに仕立てられるのである。

実際に私たちの研究室では、何千何十万という形質と種について、まさにこのタイプの分析をおこなっている。どんな些細な解剖学的な特徴もすべてできるかぎり調べるし、膨大な量のDNAを調べることも多い。あまりにも大量のデータがあるので、あるグループ内の小グループを見きわめるのに、しばしば強力なコンピューターが必要になる。このアプローチは生物学の基礎である。なぜなら、それによって、動物が互いにどのような関連をもつかについて仮説を立てることができるからだ。

何百年にわたる化石のコレクションは、生物のグループ分けを精緻なものにするのに役立つだけでなく、地球の年代とそこにすむ生物に関する膨大な図書館、あるいはカタログを生みだしてきた。現在では、重大な変化が起きたおおまかな年代がわかっている。哺乳類の起源に関心があるって？　それなら、中生代初期と呼ばれる年代の地層に行けばいい。地球化学は、その地層がおそらく二億一〇〇〇万年ほど前のものであることを告げている。霊長類の起源に関心がある？　地質柱状図をずっと上に登って、白亜紀まで行けばいい。白亜紀の地層は、およそ八〇〇〇万年前のものである。

世界中の地層に見られる化石の順序は、人類が残りの生物と結びつきをもっていることを示す強力な証拠である。もし、六億年前の地層を掘ったら、ウッドチャック［リスの一種］の骨格のすぐ下に最古のクラゲ類が見つかった、ということでもあれば、これまでの歴史を書き換えなければならなくなるだろう。そのウッドチャックは、最初の哺乳類、爬虫類、あるいは魚類よりさえも前に——最初の無脊椎動物よりさえも前に——化石記録に出現したということになるだろう。さらに、この六億年前にいたと判明したウッドチャックは、私たちが地球と地球上の生物の歴史について知っていると思っていることのほとんどが誤りであると告げることにもなるだろう。しかし、一五〇〇年以上にわたって人々が化石を探し求めてきた——地球上のすべての大陸で、そして事実上、到達できるかぎりのあらゆる地層を——にもかかわらず、そうしたものが見つかったことは一度もない。

さて、陸に上がった最初の魚類に近い仲間を見つけるという問題に戻ろう。先のグループ分けでは、この動物は、「すべての動物」と「四肢をもつすべての動物」の中間のどこかにいる。これを、わかっている地層の柱状図と対応させてみると、三億八〇〇〇万年前

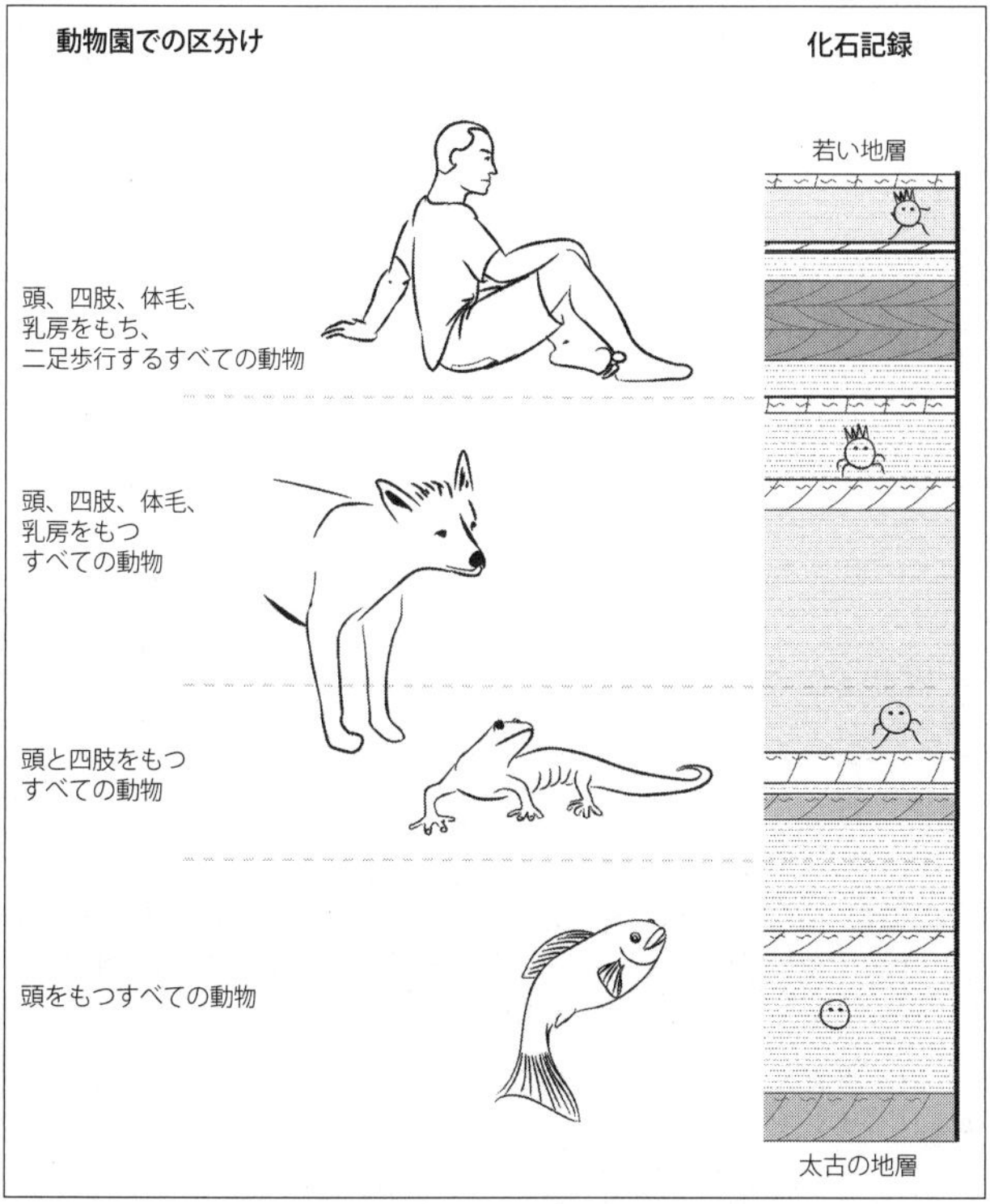

動物園を歩きまわって私たちが発見することは、地層中に化石が埋もれている順序を反映している。

〜三億六五〇〇万年前という年代が決定的な時期であるという強力な証拠が得られる。この年代幅の若いほうの地層は、およそ三億六〇〇〇万年前のもので、誰もが両生類または爬虫類であると認めるような、多種多様な化石動物を含んでいる。私の研究者仲間であるケンブリッジ大学のジェニー・クラックたちが、グリーンランドのおよそ三億六五〇〇万年前の地層から両生類を発掘している。その頸、耳、四本の脚からして、魚には似ていない。しかし三億八五〇〇万年前の地層からは、十分に魚のように見える、丸ごとの魚の化石が見つかる。鰭、円錐形の頭部、鱗をもっているが、頸はない。このことに照らして、魚から陸生動物への移行の証拠を見つけるために、およそ三億七五〇〇万年前の地層に的を絞らなければならないと聞いても、たぶん、さほど驚きはしないだろう。

　調査すべき地質年代は決まり、したがって、調べてみたいと思う地質柱状図中のどの地層であるかも特定できた。つぎの課題は、化石を残すことができるような条件のもとで形成された地層を見つけることだ。地層を構成する岩石は、さまざまに異なった種類の環境で形成され、その最初の状況が地層にはっきりとした痕跡を残す。火山岩の地層はほとんど見込みがないだろう。私たちの知っている魚で溶岩の中で生きられるものはいない。たとえそういう魚がいたとしても、化石化された骨が、玄武岩、流紋岩、花崗岩、その他の火成岩が形成されるような過熱条件のもとで生き残ることはできないだろう。片岩や大理石のような変成岩も無視することができる。それらも、最初に形成されたのちに過熱ないし極度の高圧にさらされているからである。どんな化石がそこに保存されていたとしても、ずっと以前に消え失せてしまっている。化石を保存するのに理想的なのは堆積岩、つまり石灰岩、砂岩、泥岩（シルト岩）、頁岩である。火山岩や変成岩に比べて、堆積岩は、河川、湖沼、海洋の作用を含めて、もっと穏やかな過程によって形成される。動物がたぶんそうした環境に生息していたというだけでなく、堆積という過程そのものも、堆積岩に化石が保存されている可能性が高い一因である。たとえば、海や湖では、微粒子がたえず水塊から沈降してきて、水底に降り積もる。時間がたち、そうした微粒子が積み重なるにつれて、上に乗っかった新しい層のために圧縮される。この圧縮作用がゆっくりと進行することで、さらに長い時間のうちに岩石の内部で起こる化学変化という要因もあって、岩石中に含まれた骨格はいかなるものであれ、化石になる確率がかなり高くなる。同じような過程は、川の中や流れに沿っても起こる。川の流れが緩やかなほど、化石はよりうまく保存されるというのが、一般的な規則である。

地面におかれたどんな岩石も、それぞれに語るべき物語をもっている。つまり、その特定の岩石が形成されたときに世界がどのような姿をしていたかという物語だ。岩石の内部には、しばしば現在とは大幅に異なっていた過去の気候や環境の証拠が残っている。ときには、現在と過去の断絶はこれ以上ありえないほど峻しいものになりうる。エヴェレスト山という極端な例をとれば、八〇〇〇メートルを越える頂上付近には、太古の海底にあった岩石が横たわっている。有名なヒラリーステップがほとんど目と鼻の先のノースフェイスまで行けば、化石になった貝殻を見つけることができる。同様に、私たちが作業している北極は、冬には気温がマイナス四〇℃に達するが、この地域の岩石の一部は、ほとんどアマゾン地方と同じような太古の熱帯デルタの遺物である。化石として出てくる植物や魚類は、温暖で湿潤な地方でしか繁栄できないものである。現在の極端な緯度や高度にある場所における温暖な気候に適応した種の存在は、地球がどれほどに変わりうるものであるか、ということの証拠にほかならない。山脈は隆起し、陥没するし、気候は温暖化や寒冷化するし、大陸は動きまわる。時間の長大さと、地球が途方もない形で変化することをひとたび把握できれば、この情報を利用して、新たな化石発掘調査探検の計画を立てる態勢が整ったわけである。

もし私たちが、四肢動物の起源に関心をもっているのなら、海洋、湖沼、河川で形成された、おおまかに三億七五〇〇万年前から三億八〇〇〇万年前の年代の地層に、調査対象を限定することができる。火山岩と変成岩を排除すれば、見込みのありそうな採掘場を求めるうえで私たちが抱く探索イメージ［どういう場所で、どういうものを探せばいいかというイメージ］は、より鮮明にピントがあってくる。

けれども、新しい調査探検の計画はようやく緒についたばかりである。適切な年代の見込みのありそうな堆積岩が地中深くに埋もれていたり、あるいはその上に草原、ショッピング・モール、都市があったりすれば、ちっともよくない。やみくもに掘るしかないことになるだろう。誰しも予想できるように、化石を見つけるために、地面にドリルで穴を掘っていっても成功の確率は低い。どちらかといえば、戸棚の後に隠れながら、ダーツを的に向けて投げるのに等しい。

探すのにもっとも適しているのは、岩の上を何キロメートルにもわたって歩きまわり、骨が「風化で露出している」場所を発見できるようなところだ。化石骨は往々にして周囲の岩石よりも硬いので、ほんのわずか浸食の進む速度が遅く、岩の表面に浮き上がった状態を呈するのである。したがって、私たちは好んでむきだしの岩盤の上を歩き、岩の表面にわずかに顔を出している骨を見つけ、それから掘りすすむのである。

というわけで、ここに、新しい化石調査探検を計画するための秘訣が出揃った。すなわち、適切な年代と適切なタイプの岩石（堆積岩）でできていて、しかも十分に露出した地層を見つけることである。そうなれば、準備は整ったわけだ。理想的な化石採掘場は、ほとんど土に覆われず、植物も生えていなくて、人間の手がめったに入ったことのないようなところである。発見のかなりの割合のものが砂漠地帯でなされたというのも、不思議ではないのでは？　ゴビ砂漠、サハラ砂漠、ユタ砂漠、グリーンランドの北極荒原といったところで。

こういうふうにお話ししてくると、すべて理屈で片がつくかのように聞こえるかもしれないが、セレンディピティ、すなわち運良く目的のものを発見できる能力のことも忘れてはいけない。実際の話、私たちのチームを人類の内なる魚の追跡に向かわせたのは、セレンディピティだったのだ。私たちの最初の重要な発見は砂漠でなされたわけではなく、ペンシルヴェニア州中部の道路沿いで、化石の露出を期待するにはほとんど最悪の場所だった。おまけに、私たちがそんなところを探していたのは、十分な資金がなかったというだけの理由だったのだ。

グリーンランドやサハラ砂漠に行くのには、多額の金と時間を要する。それに比べて、現地プロジェクトは、大きな研究助成金は必要とせず、ガソリン代と高速料金さえあればいい。こうした要素は、若い大学院生や新しく採用されたばかりの大学教師にとっては決定的な条件である。フィラデルフィアで私が最初の職に就くのを決めたとき、気をそそられたのは、ペンシルヴェニアのキャッツキル累層と総称される一群の地層だった。この累層は、一五〇〇年以上にわたって広範に研究されていた。その年代はよくわかっており、デボン紀後期あたりである。加えて、この地層は初期の四肢動物やそれにきわめて類縁の近い動物の化石を残すのにうってつけだった。そのことを理解するためには、デボン紀にペンシルヴェニアがどういう姿をしていたかを想像するのがいちばんいい。あなたの心から、現在のフィラデルフィア、ピッツバーグ、あるいはハリスバーグのイメージをとっぱらい、アマゾン河口のデルタ地帯を考えてみてほしい。ペンシルヴェニア州の東部には高地があった。この山岳地帯から何本もの川が東から西に向かって流れ落ち、現在のピッツバーグがある大きな海へと注いでいた。

化石を見つけるのにこれ以上好都合な条件を想像するのはむずかしいが、いかんせん、現在のペンシルヴェニア中部は、市街地、森林、農地によって覆われてしまっている。むきだしの露頭があるところは、ペンシルヴェニア運輸局が大きな道路を建設することに決めた場所がほとんどである。運輸局が高速道路を建設するとき、発破（はっぱ）を掛ける。発破を掛けると、岩石が露出させられる。かならずしも最適な状態で露出されるわけではないが、それなりに得るものはある。安上がりの科学では、あまり上等なものは手に入らない。

そして、また別の次元のセレンディピティもある。一九九三年に、テッド・ダシュラーが私の指導のもとで古生物学を研究するためにやってきた。彼との共同研究は、私たち二人の人生を変えることになった。お互いの気質のちがいが完璧にかみあったのだ。私はせっかちで、いつも次に調べる場所のことを考えている。テッドは根気がよく、採掘場に腰をすえて豊かな宝物を掘り出すべき時を知っている。テッドと私は、四肢の起源に関するなにか新しい証拠が見つかるのではないかという望みを抱いて、ペンシルヴェニア州のデボン紀の地層の調査を開始した。私たちは手始めに、この州の東部にある事実上すべての大きな地層切断面（ロードカット）を車で訪ねてまわった。とても驚いたことに、この調査をはじめてすぐに、テッドはみごとな肩の骨を一個見つけた。私たちはこの骨の持ち主にヒネルペトン

(*Hynerpeton*) と名づけた。これは「ハイナー (Hyner) 産の小さな這う動物」を意味するギリシア語からとった学名で、ペンシルヴェニア州ハイナーは、発掘地点からいちばん近い町の名である。ヒネルペトンは非常に頑丈な肩をもっており、そいつがたぶん非常に強力な腕をもっていたことを示していた。残念ながら、この動物の骨格全体を見つけることはできなかった。露出面があまりにも狭かったのだ。なぜって? ご推察の通り、あたりは植物と家とショッピングモールによって覆われていたからだ。

そうした地層からヒネルペトンやその他の化石を発見して以降、テッドと私は、もっと露出状態のいい地層を調べたくてうずうずしていた。もし私たちが科学的な営みを、こまごまとした断片集めにもとづいてのみ進めていくしかないなら、私たちはごく限られた問題にしか取り組むことができないだろう。そんな私たちはやがて、「教科書通りの」アプローチを取り、砂漠地帯にある適切な年代の適切なタイプの十分に露出した地層を探そうと決めることになる。ということは、もし地質学の入門的な教科書がなければ、私たちは自らの経歴にとって最大の発見をなしとげることができなかっただろう、ということでもあるのだが。

当初は、新しい調査探検の候補地としてアラスカとカナダのユーコン地方を考えていたが、そうしたのはもっぱら、他のチームによって関連の発見がなされていたからだった。そうこうするうちに私たちは、地質学の秘儀のようなものをめぐってちょっとした議論な

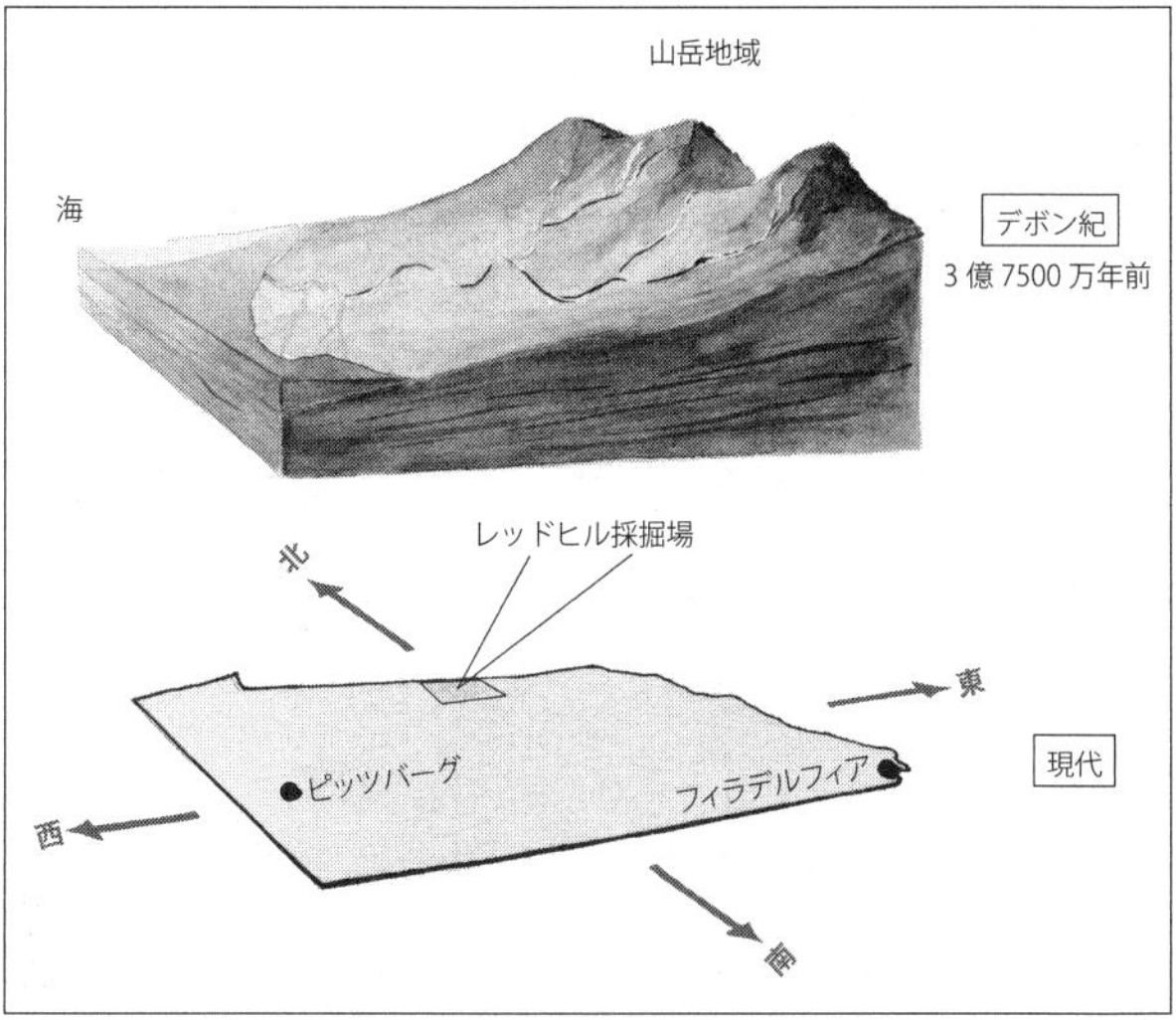

ペンシルヴェニア州の道路沿いで、私たちは、現在のアマゾン河口のデルタ地帯に非常によく似た太古の河川デルタのことを考えていた。ペンシルヴェニア州の地図（下）と、その上に描いたデボン紀の地形図

いし論争にはまりこんだ。議論が白熱した瞬間に、二人のうちのどちらかが、机の上から、幸運をもたらす地質学の教科書を引き抜いた。どっちが正しいか答を見つけるためにページをパラパラとめくっているとき、一枚の図表を見つけたのだ。その図表に、私たちは思わず息を呑んだ。それは、私たちが探し求めていたすべてを示していた。

議論を止めて、私たちは新たな野外調査探検の計画をつくりはじめた。

わずかに年代の若い地層でなされた以前の発見にもとづいて、私たちは、獲物探しをはじめる最適の環境は太古の淡水河川だろうと確信した。次ページに載せた問題の地図は、デボン紀の淡水地層をもつ三つの地域を示していたが、どの地域にも、河川デルタがあった。まず、グリーンランドの東海岸がある。ここは、四肢をもつごく初期の動物で知られている最古の四足類の一つである化石を、ジェニファー・クラックが見つけた場所である。次が北アメリカ東部で、ここは私たちがすでに調査したところで、ヒネルペトンの産地である。そして第三の地域として、東西にわたる広大なカナダ北極圏がある。北極圏には樹木も、泥も、都会もない。適切な年代とタイプの地層が格別にいい状態で露出している可能性は高かった。

カナダ北極圏の露頭はよく知られており、その地図をつくった当のカナダの地質学者や古生物学者にとっては、とりわけそうだった。実際に、ここでの調査の大半をおこなったチームのリーダーであるアシュトン・エンブリーは、デボン紀のカナダの地層の地質学的状況が、多くの点で、ペンシルヴェニア州のものと同じであると記載していた。テッドと私は、このくだりを読んだとたん、バッグに荷物を詰め込む覚悟ができていた。ペンシルヴェニア州の高速道路で学んだ教訓が、カナダの高緯度北極圏で私たちの助けになってくれるだろう。

注目すべきことに、北極圏の地層は、グリーンランドやペンシルヴェニア州の化石床よりさえも古い。したがって、この地域は、私たちが求める三つの規準、年代、タイプ、露

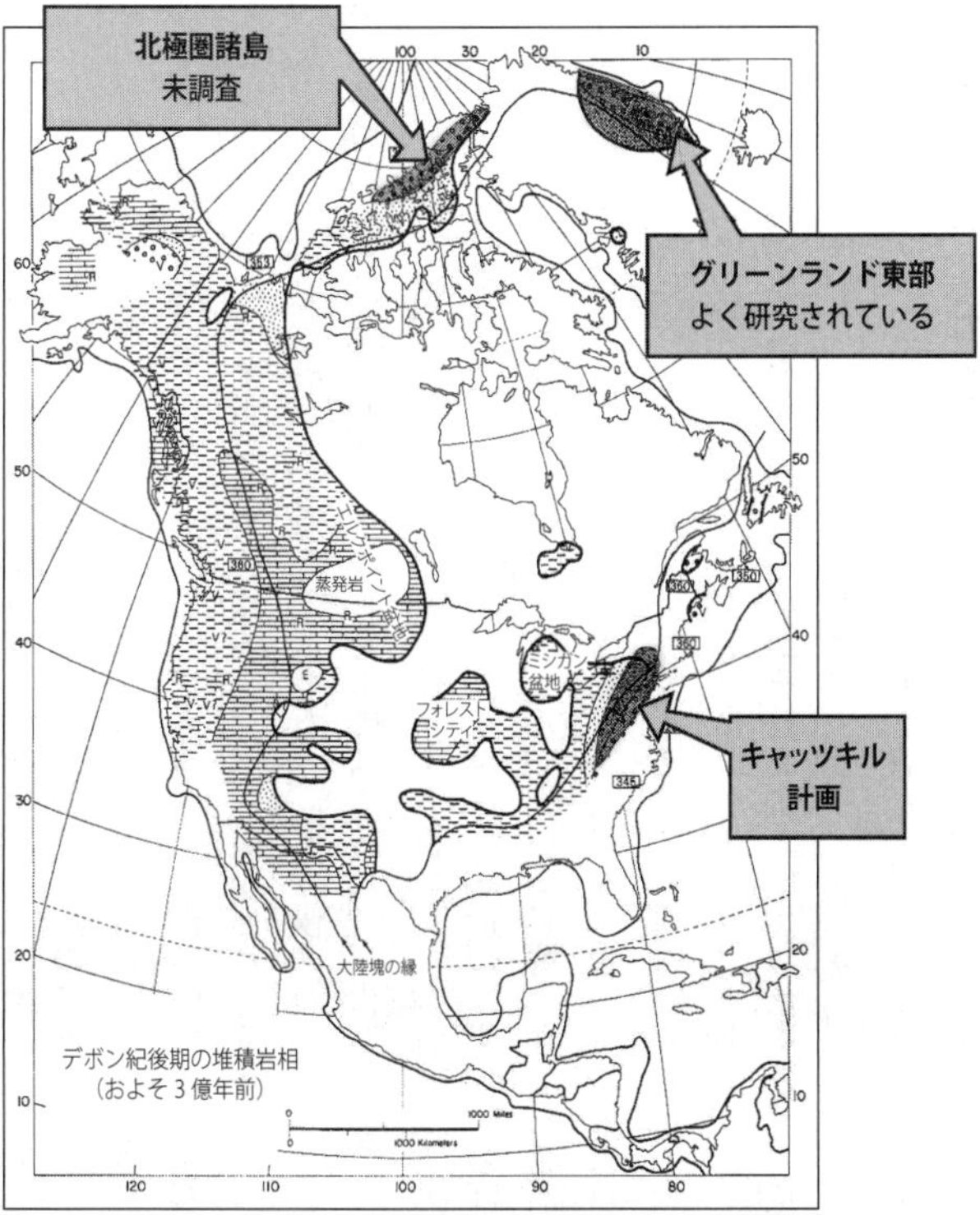

すべての出発点になった地図。この北アメリカ地図は、私たちが探し求めているものを端的に示していた。書き込まれているさまざまな種類の模様は、デボン紀の地層がどこで露出しているか、それが海洋性であるか淡水性であるかを反映している。かつて河川デルタであった3つの場所が囲みに入れて記されている。R. H. Dott and R. L. Batten, *Evolution of the Earth* (New York: McGraw-Hill, 1988) の figure13.1 をもとに改変。McGraw-Hill 社の許可を得て転載。

出のすべてを、完璧に満たしている。さらに好都合なことに、そこは古脊椎動物学者にまだ知られておらず、したがって化石はまだ未調査だったのである。

私たちがそこで新たに直面することになる難題は、ペンシルヴェニア州で経験したものとはまるっきりちがっていた。ペンシルヴェニアの道路沿いでは、化石を探している私たちのそばをビュンビュン飛ばしていくトラックに撥ねられる危険があった。北極圏では、ホッキョクグマに食われたり、食糧が尽きたり、悪天候のためにおきざりにされたりする危険があった。もはや、サンドイッチを車に詰め込んで、化石床までドライブすることはできなかった。いまや、野外で一日過ごすための計画に、少なくとも八日を費やさなければならなかった。なぜなら、その地層へは空からしか近づけず、いちばん近い補給基地が四〇〇キロメートルも離れていたからである。隊員に必要な食糧と必需品、それとわずかな安全マージンだけ残してしか飛行できなかった。そして、もっとも重要なのは、飛行機に厳密な重量制限があるため、発見した化石のごく一部しか持ち帰れないということだ。こうした制約に加えて、北極圏で年間に実際に作業のできる期間が短いことをあわせて考えると、私たちが堪え忍んだ欲求不満がそれまでとはまったく違う、意気阻喪させるものであったことが理解してもらえるだろう。

ハーヴァード大学から、私の大学院指導教官だったファーリッシュ・A・ジェンキンズ・ジュニア博士に参加してもらうことにした。ファーリッシュ博士は、何年もグリーンランドへの調査探検を率いてきており、この冒険的な企てを成し遂げるのに必要な経験をもっていた。こうして、三世代の学者から構成されるチームが結成された。すなわち、私の元学生であったテッド、私の大学院時代の指導教官であるファーリッシュ、そして私が、魚類から陸生動物への移行の証拠を発見するべく、北極目指して進軍をはじめようとしていた。

北極古生物学にフィールド・マニュアルは存在しない。私たちは友人や学者仲間から、すばらしい助言やアドヴァイスを受けたし、多くの本も読んだ――探検そのもののためにできる準備はなにもないということを悟らされただけだったが。ほかにまったく誰もいない北極の荒涼たるどこかの地点に、ヘリコプターからはじめて降ろされたとき以上に、このことを痛切に感じた瞬間はない。最初に頭に浮かんだのはホッキョクグマのことだ。動いている白い点がないかを確かめるために、いったい何度あたりを見まわしたかわからない。それほど不安に駆られていたのだ、と言えば、どういう状況であったかを理解してもらえるかもしれない。北極に着いてから一週めに、隊員の一人が動いている白い点を見た。それはあたかも、四〇〇メートルほど離れたところにいるホッキョクグマのように見えた。私たちはハリウッドのコメディ映画に出てくる〝キーストン警官隊（コップ）〟のように、大慌てで銃、発煙筒、笛をとりに走ったが、六〇メートルほど離れたところにいる白いホッキョクウサギであることがわかって止めた。距離を判定する目安の樹木も家屋もないので、北極では距離感を失ってしまうのだ。

北極は、大きくて、なにもない場所だ。私たちが関心を寄せる地層は、幅およそ一五〇〇キロメートルにわたって露出していた。探し求める動物は体長一二〇センチメートルほどのものだった。どうにかして、お目当ての化石を保存している岩石の小さな区画を絞り込む必要があった。研究助成金申請の審査員には恐ろしい輩(やから)もいて、彼らはつねに、こうした種類の困難に目を付ける。ファーリッシュが初期に北極研究助成金申請をしたときの審査員の一人による講評が、そのことをもっともあからさまに示している。この審査員は、申請に対する講評として次のように書いた(けっして丁重な書きぶりではなかったと、付け加えてもいい)。北極で新しい化石を発見できる確率は、「干し草の山から針を探すという諺(ことわざ)で言われるものよりも、さらに低い」。

私たちがお目当ての針を見つけるまで、足かけ六年間で、エルズミア島への四度の調査探検が必要だった。セレンディピティ(運に恵まれて目的のものを発見する能力)については、これくらいにしておこう。

私たちは試行錯誤し、失敗から学ぶことによって、探しているものを見つけた。一九九九年の野外シーズンにおける最初の採掘場は、北極の西のはずれにあたるメルヴィル島にあった。このとき私たちはそうとは知らず、太古の海辺に降下していたのだった。ここの岩石には化石が詰まっていて、私たちは多数の異なる種類の魚を見つけた。問題は、私たちの期待に反して、それらがすべて深海生の動物らしく、陸生動物を生みだすことになる浅い河川や湖沼で見つかる種類ではなかったことだ。二〇〇〇年に私たちは、アシュトン・エンブリーの地質学的な分析を用いて、調査探検を東のエルズミア島に移すことに決めた。なぜなら、そこの地層には、太古の河床が含まれているはずだったからである。全身の四分の一ほどが化石として残っていた魚の骨の断片が見つかりはじめるまで、そう長い時間はかからなかった。

本当の意味での飛躍的展開は、二〇〇〇年の野外シーズンの終わり近くに訪れた。それは、私たちがヘリコプターで回収されて、撤退することになっていた予定日の一週間ほど前の、夕食の直前だった。隊員たちはキャンプへ戻ってきていて、夕方にする作業にかかっていた。その日の採集物を整理し、フィールドノートを書き、そして夕食をつくりはじめるのだ。当時大学生だったジェイソン・ダウンズは古生物学の実地学習に熱中していて、時間になってもまだキャンプに戻ってきていなかった。私たちはふつうチームとして出かけるので、これは心配の種だった。もしばらばらに行動するときには、いつふたたび連絡を取りあうか、お互いに厳密なスケジュールを知らせあう。この地域にはホッキョクグマがいたし、まったく不意に激しい嵐が吹き荒れるので、危険を冒すわけにはいかないのだ。隊員と一緒に本部テントの中に座りながら、刻一刻と時間がたつごとにジェイソンへの心配を募らせていたときのことを覚えている。私たちが捜索計画を立てはじめたとき、テン

（上）私たちのキャンプは、広大な風景の中でちっぽけなものにしか見えない。
（下）私の夏の家は小さなテントで、風速 20 mを越える強風から守るために、いつもまわりに石が積み上げられている。著者撮影。

トのジッパーの開く音が聞こえた。最初に見えたのはジェイソンの頭だけだった。彼は、うわずった表情で眼をぎらぎらさせ、息を切らしていた。ジェイソンがテントに入ると、ホッキョクグマが出たという騒ぎでないことがわかった。ショットガンは肩にかけたままだったからだ。ジェイソンがまだ震えている手で、上着、ズボン、インナーシャツ、デイパックの、ありとあらゆるポケットに詰め込んだ化石骨を、一握りずつ、次から次へと取り出していくにつれて、彼の帰りが遅くなった理由が明らかになった。もし裸足(はだし)で歩いて帰れたなら、彼は靴や靴下にさえ詰め込んできたのではないかと、私は思った。こうした小さな化石骨はすべて、キャンプから一・六キロメートルほど離れたところにある、小型車用駐車スペースよりも小さな採掘地点の表面にあった。こうなったら、夕食はあとまわしだ。

北極の夏は二四時間太陽の光があり、日没の心配をする必要はなかったので、チョコレート・バーをひっつかんで、ジェイソンが見つけた採掘場目がけて出発した。そこは、二本の美しい渓谷に挟まれた丘の片側の斜面にあり、ジェイソンが発見したように、化石になった魚の骨が絨毯のように敷きつめられていた。私たちは数時間かけて、化石骨の断片を拾い上げ、写真を撮り、今後の計画を練った。この場所は、私たちが探し求めていた適性をあますところなくそなえていた。翌日、私たちは、これらの骨を含む正確な地層を見つけるという新しい目標をもって帰還した。

やるべきことは、ジェイソンの骨の断片の寄せ集めがもともとどこにあったかを見きわめること――それこそが、完全な骨格を見つけるための望みの綱だった。問題は北極の自然環境だった。毎年冬には気温はマイナス四〇℃にまで下がり、太陽が一日中沈まない夏には、気温は一〇℃近くまで上昇する。その結果起こる凍結融解サイクルが地表の岩石と化石を砕いてしまう。冬になると温度が下がって収縮し、夏になると温度が上がって膨張する。何千年にもわたって、毎年、地表で収縮を繰りかえすうちに、骨はバラバラになってしまう。斜面全体に取り散らかってひろがった大量の骨の断片を前にして、私たちは、それが含まれていた地層がどれかをはっきり特定することができなかった。数日を費やして、断片が並んでいる跡をたどり、いくつか試掘し、岩石用ハンマーを占い棒代わりに使って、断崖のどこから骨が出てくるかを知ろうとした。四日後、その地層を露出させ、ついに、その多くが互いに折り重なって横たわっている化石魚の骨格を次から次へと発見した。これらの魚を取り出すのに、二夏のかなりの部分を費やした。

だが、またしても失敗。私たちが発見した種はどれもみな、東ヨーロッパの同じ年代の採掘場から採集されて、よく知られたものばかりだった。おまけに、これらの魚は、陸生動物とそれほど近い関係にあるものでもなかった。二〇〇四年に、私たちはもう一度試してみることに決めた。これは一か八かの状況だった。北極探検には法外な出費がかかるが、めざましい発見は乏しかったので、そろそろ切りあげざるをえなくなっていた。

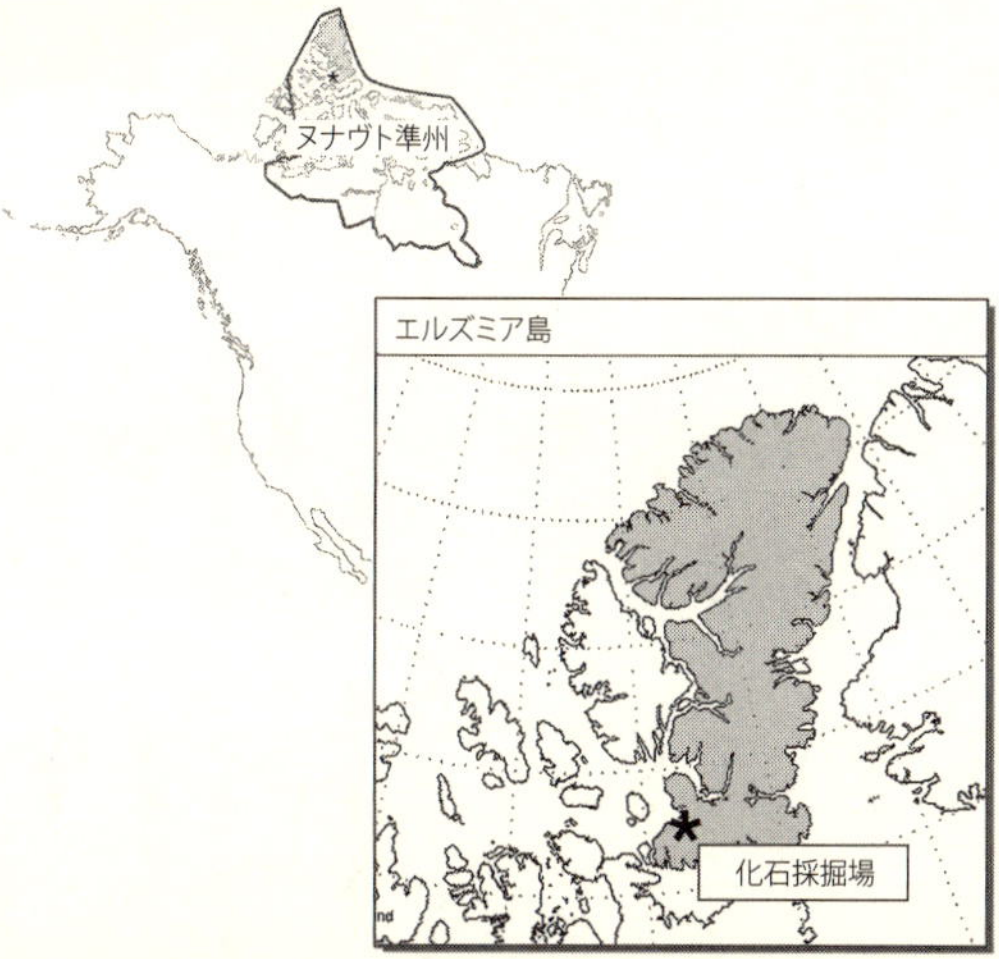

私たちが調査した場所。カナダ、ヌナヴト準州に属するエルズミア島南部。北極点から約 1600 km。

二〇〇四年の七月初めの四日間のうちに、事態は一変した。私は採掘場の谷底で、岩石を裏返していたが、岩よりもむしろ氷を割っていることのほうが多かった。氷が割れたとき、そこに私は、生涯忘れられないものを見た。その採石場でそれまでに見たどれとも似ていない鱗（うろこ）の切れ端だった。この切れ端の先に、氷に覆われたもう一つ別の塊（かたまり）があった。それは一対の顎のように見えた。けれども、私がこれまで見たことのあるどんな魚の顎とも似ていなかった。扁平な頭部とくっついていたのではないかと思われた。

翌日、同僚のスティーヴ・ゲイツィーは採掘場の頂部で、岩石を裏返していた。スティーヴがコブシ大の岩を取り除いていくと、まっすぐ彼を見つめている動物の吻が姿を現した。この採掘穴の底で私が見つけた氷漬けの魚と同じように、それは扁平な頭をもっていた。これまで知られていない、重要なものだった。しかし私の魚とちがって、スティーヴの魚は本当の可能性を秘めていた。私たちは頭を先端から見ているかっこうで、運がよければ、骨格の残りの部分がこの断崖のなかに無傷で収まっているかもしれなかった。スティーヴはこの夏の残りの時間を費やして、岩を少しずつ取り除いていき、骨格全体を研究室まで運んで、クリーニングができるようにした。この標本づくりにおけるスティーヴの名人芸ともいうべき仕事によって、水中から陸上への移行期における、いままでもっともみごとな化石が得られることになった。

はるばる研究室まで持ち帰った標本は、化石が中に埋まっている大きな岩（巨礫）でしかなかった。二カ月以上かけて、研究室のプレパレーター（化石クリーニング技師）が、しばしば手作業で、歯科器具や小さなピックを使って岩を一片ずつ剝がしていった。毎日、この化石動物の解剖学的特徴について新しいことが一つずつ明らかにされていった。大きな区画が一つ露出されるたびに、ほとんどいつもと言ってもいいほど、陸生動物の起源について何かしら新しいことがわかった。

二〇〇四年の秋に、これらの岩石から徐々に姿を現してきたものは、魚類と陸生動物のあいだをつなぐすばらしい中間種であった。魚類と陸生動物は多くの点で異なっている。

岩石から掘り出されたひとかたまりの石から、時間をかけて表面の岩を剝がしていくことによって、化石が取り出される。ここでは、1つの化石が、フィールドから研究室まで運ばれ、慎重にクリーニングされて新しい動物の骨格標本になるまでを示してある。上左は著者撮影。それ以外は、フィラデルフィア自然科学アカデミーのテッド・ダシュラーの写真で、彼の好意により掲載。

魚類は円錐状の頭部をもっているのに対して、最古の陸生動物はほぼワニ型の頭部をもっている。つまり扁平で、両眼が頂部にある。魚類は頸をもっていない。肩は一連の骨板によって頭部につながっている。一方、初期の陸生動物は、そのすべての子孫と同じように、頸をもっており、頭部を肩とは切り離して曲げられたということを示している。

　ほかにも大きなちがいがある。魚類は全身にわたって鱗をもっているが、陸生動物はそうではない。さらにまた、重要なことだが、魚類は鰭をもつのに対して、陸生動物は指、手首、足首をそろえた四肢をもっている。こうした比較をさらにつづけていけば、魚類と陸生動物の相違点を示す長いリストをつくることができる。

しかし、私たちが見つけた新しい生き物は、何が魚と陸生動物とを区別しているかという既成の概念を崩壊させてしまうような代物だった。それは、魚類と同じように背中に鱗と、膜のついた鰭をもっている。しかし、初期の陸生動物と同じように、扁平な頭部と頸をもっている。そして鰭の内部を調べてみると、上腕、前腕、それに手首の一部にさえ対応する骨が見られる。関節もある。この動物は、肩、肘、手首の関節をもつ魚なのだ――それらのすべてを鰭の内部に隠しもった。

この動物が陸生動物と共有する特徴は、ほとんどそのどれをとっても、非常に原始的な形質に見える。たとえば、この魚の上「腕」骨（humerus）の形状やさまざまな隆起は、一部が魚で一部が両生類のように見える。同じことは頭骨と肩の形状についても言える。

発見するまで六年かかったが、この化石は、古生物学上の予測を裏づけるものだった。二つの異なった種類の動物の中間型を示す新しい魚だというだけでなく、地球の歴史におけるまさにぴったりの時代に、まさにぴったりの太古の環境で、それが発見されたのだ。この、古生物学上の疑義に対する答とも言える化石は、太古の河川で形成された三億七五〇〇万年前の地層から得られたのだ。

この動物の発見者として、テッドとファーリッシュと私は、それに学名をつけるという特権を与えられた。私たちは、この魚が北極のヌナヴト準州から出土したことと、そこで調査することを許可してくれたイヌイットの人々に対する感謝の気持ちを反映させた学名をつけたいと思っていた。そこで、以前イヌイット・カウジマジャトゥカンギト・カティマジートと呼ばれていたヌナヴト長老協議会に、しかるべきイヌクティトゥト語の名前を考えてくれるよう頼んでおいた。ただ、イヌイット・カウジマジャトゥカンギト・カティマジートという名前をもつ委員会が、はたして私たちに発音できるような学名を提案してくれるのかどうかが、私には気がかりだった。長老たちのもとに化石の絵を送ったところ、彼らはシクサギアクとティクターリクという二つの案を出してくれた。私たちはイヌクティトゥト語をしゃべらない人間にも比較的容易に発音できるということと、それがイヌクティトゥト語で「大きな淡水魚」という意味であることから、ティクターリクを選んだ。

この発見が二〇〇六年四月に発表された翌日、ティクターリクは、《ニューヨークタイムズ》紙の一面トップをはじめとして、多数の新聞の見出しを飾った。こうして注目の的となったことは、ふだんは静かな私の生活とは似ても似つかぬ一週間の前触れだった。もっとも、あらゆるメディアの攻勢にさらされた私がもっとも誇らしく思ったのは、このことをテーマにした政治漫画を見たときでも、報道記事やブログでの過熱した論争を読んだりしたときでもなかった。それは私が息子の保育園にいたときのことだった。

新聞記者が押し寄せる騒ぎの真っ最中に、息子のナサニエルの保育園の先生が、その化

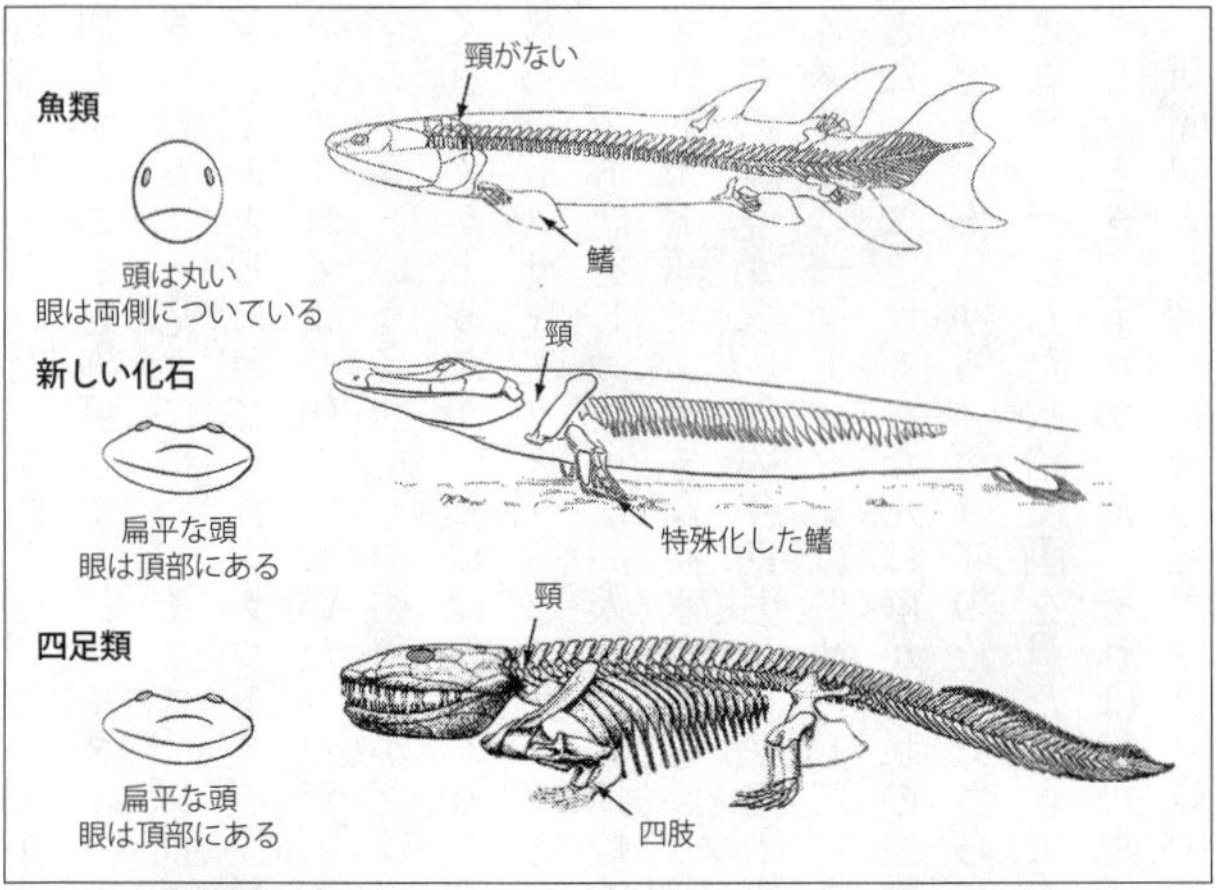

この図がすべてを語っている。ティクターリクは、魚類と原始的な陸生動物の中間型。

石をもってきて説明してほしいと頼んできた。私は言われた通りティクターリクの雄型［もとの化石の復元模型］をナサニエルのクラスにもっていき、それが引き起こすはずの混沌に心の備えをしていた。この化石を見つけるために北極でどんなふうに作業したかを説明し、この動物の鋭い歯を見せるあいだ、二〇人の四、五歳児たちは、驚くほど行儀がよかった。それから私は、これはなんだと思いますかと尋ねてみた。手がいっぱい上がった。最初の子供はワニ（クロコダイルかアリゲータ）だと言った。なぜそう思うのかと尋ねると、その子は、ワニやトカゲと同じように、平らな頭で眼がてっぺんにあるからだ、それに歯も大きいし、と答えた。ほかの子供たちが異議の声をあげはじめた。上がった手のうちから選んで指した子供たちの一人がこういうのが聞こえた。ちがうよ、ちがうよ。ワニじゃないよ、魚だよ。ウロコとヒレがあるんだから。そこへ、もう一人の子供が叫んだ。「両方かもしれないよ」。保育園児でさえ理解できるほど、ティクターリクのメッセージは単純明快なのだ。

私たちの研究目的にとっては、ティクターリクには、もう一つさらに意義深い利点がある。この魚は、魚について語ってくれているだけでなく、それは私たち人類の断片をも含んでいるのである。このつながりの探究こそが、そもそも私を北極に導いたものなのである。

この化石が、私自身の体について何かを語ってくれると、なぜ確信できるのだろう。ティクターリクの頸を考えてみてほしい。ティクターリク以前のすべての魚類は、頭骨を肩にくっつける一連の骨をもっていた。そのため、体を曲げようとするたびに、頭も曲がってしまうことになる。ティクターリクはちがう。頭は、完全に肩から自由になっている。このような全体的な配置は、両生類、爬虫類、鳥類、およびヒトを含めた哺乳類に共通している。移行の全経過を、ティクターリクのような魚における少数の骨の消失にまでさかのぼってたどることができる。

手首、肋骨、耳、およびその他の骨格成分について、同じような分析をすることができる――つまり、これらすべての形質の源流を、このような魚までさかのぼってたどること

魚類からヒトまで腕の骨の進化をたどる

ができる。この化石は、ヒトの歴史において、アウストラロピテクス・アファレンシス、かの有名な「ルーシー」［一九七四年にエチオピアで発見された約三二〇万年前の初期人類の化石］のような、アフリカのヒト科動物とまったく同じような役割を果たしているのだ。ルーシーを見ることによって、私たちは、高度な進化をとげた霊長類としてのヒトの歴史を理解することができる。ティクターリクを見ることは、魚類としてのヒトの歴史を見ることなのだ。

では、私たちは何を学んだというのか？　私たちの世界はきわめて秩序正しくできているので、動物園のなかを歩くだけで、世界中の異なる地層にどういう種類の化石があるかを予想することができる。そうした予測を立てることによって、生命の歴史における太古の出来事についで語ってくれるような、そんな化石の発見がもたらされうる。そうした出来事の記録は、私たちの体のなかにも、解剖学的な組織構造の一部として残っている。

そして、ここまで触れなかったが、ヒトの歴史は私たちの遺伝子、ＤＮＡのなかにもたどることができる。私たちの過去についてのＤＮＡが担う記録は、世界中の地層の中に収まっているのではなく、私たちのすべての体細胞のなかに収められているのである。本書の主題、人体がどのようにして形成されたかという物語を語るにあたって、私たちは、化石と遺伝子の両方を利用することになる。

第2章 手の進化の証拠を摑む

医学部の解剖学教室の印象は、忘れようにも忘れがたいものである。数カ月を費やして、人体を一層ずつ切り開いていき、臓器を一つずつ取り外し、その全過程で、何万もの新しい名前と人体構造を覚えていく。あなたがそんな教室へ足を踏みいれるところを想像してみてほしい。

最初の人体解剖を実行する前の数カ月間、私は、目にするはずのものや、自分がどんな反応をするか、どう感じるかを思い描くようにつとめて、心の準備をした。しかし、ふたをあけてみれば、私の想像した世界は実際の体験に直面する、なんの備えにもなっていなかった。シートを取り除いて、はじめて死体を見た瞬間に感じた緊張は、予想していたものとはほど遠かった。胸部を切り開かなければならなかったので、頭、腕、脚を切り外して防腐液に浸したガーゼにくるみながら、胸部を露出していく。組織はあまり人間のような感じがしなかった。数種の防腐液で処理済みだったので、死体を切っても血は出なかったし、皮膚や内臓はゴムのような弾力があった。私には死体が、人間というよりはむしろ人形に似ていると思えはじめた。胸部と腹部の臓器を露出していくあいだに、数週間がたった。やがて私は、自分がいっぱしのプロだと思えるようになった。内臓のほとんどはすでに見終わったし、この経験全体について、図に乗った自信をもつようになった。私は最初の解剖を自分でなしとげ、自分でメスを入れ、主要な臓器のほとんどの解剖学的特徴を学んだ。解剖は、非常に機械的で、客観的で、科学的な作業だった。

この脳天気な幻想は、手を解剖したときに、こっぴどく打ち壊された。指にまかれたガーゼをほどいていったとき――はじめて、関節、指先、指の爪を見たとき――それまでの数週間にわたって封じ込めていた感情が露わになった。これは人形でもマネキンでもない。これは、かつて生きていた人間であり、この手を使ってモノを運び、人を撫でていたのだ。突然、この解剖という機械的な作業が、感情を揺すぶる、すこぶる人間的な営みとなった。その瞬間まで、私にはこの死体と自分とのつながりがまったく見えていなかった。私は、それまでに胃、胆嚢、その他の臓器をすでに露出させていた。しかし正気であれば、誰がいったい胆嚢を見て、それを人間と結びつけたりするだろうか？

何がいったい、手を正真正銘ヒトのものだと思わせるのだろう？　答は、少なくともあるレベルでは、手が私たちと目に見える結びつきをもっていることにちがいない。それは人類がどういう存在であるか、人類が何を獲得できるかを示す標識（サイン）である。モノを摑み、モノをつくり、思考を現実のものにすることができるという私たちの能力は、この骨と神経と血管からなる複合体のなかに秘められているのである。

手の内部を見たときに、真っ先に受ける驚きは、そのコンパクトな構造である。親指の付け根の膨らみ、つまり母指球には四つの異なる筋肉が含まれている。親指をくるくる回し、手をひっくり返してみてほしい。その動きには一〇本の異なる筋肉と少なくとも六個の異なる骨が協調している。手首の内部には、少なくとも八個の互いに反対方向に動く小さな骨がある。手首を曲げるとき、前腕に始まり、腕を通って手の腱にまで伸びた何本かの筋肉を使っているのである。ごく単純な動作でさえ、小さな場所に詰め込まれた多数の部品のあいだの複雑な相互作用がかかわっている。

私たちの手の内部に見られる複雑さと人間性のあいだの関係は、久しく科学者たちを魅了してきた。一八二二年、高名なスコットランド人外科医のサー・チャールズ・ベルは、手の解剖学に関する古典を書いた。その表題は、『神の設計（デザイン）になるものとしての手、その機構と枢要（すうよう）な能力』である。ベルにとって手の構造は、複雑で、私たちが生きていくために理想的な配置をとっているがゆえに「完璧なもの」であった。彼の眼からすれば、この設計された完璧さは、神に由来するものでしかありえなかった。

偉大な解剖学者、サー・リチャード・オーウェンは、生き物の身体のなかに神の秩序を求めるという探究における科学的指導者の一人であった。彼は一九世紀半ばにおいて解剖学者であるという幸運に恵まれた。この時代にはまだ、地球上の辺境の地に生息する、未発見のまったく新しい種類の動物がいた。西洋人によってますます多くの未踏の地が探検されていくにつれて、ありとあらゆる珍奇な動物が、はるばる遠くから研究室や博物館へ運び込まれた。オーウェンは、中央アフリカ探検隊が持ち帰った最初のゴリラを記載した。彼は、英国の地層から発見された新しい種類の化石動物に「恐竜（dinosaur）」という名前をつけた。こうした奇妙な新しい動物の研究は、彼に特別な洞察を与えた。彼は生命の多様性の見かけの混沌のなかに重要なパターンを認めはじめたのである。

オーウェンは、人間の腕と脚、手と足が、ヒトを超えた大きな一つの図式にあてはまることを発見した。まず彼はそれ以前の解剖学者たちがとうの昔から知っていたこと、ヒトの腕の骨格には一つのパターンがあることを見てとった。すなわち、上腕に一個の骨、前腕に二個の骨、手首には九つの小さな一団の骨、そして五本の指を構成する一連の棒状の骨というパターンである。脚の骨のパターンもほとんど同じである。一個の骨と二個の骨、そして多数の骨の塊と五本の足指。このパターンを、この世に存在する多様な骨格と比較するなかで、オーウェンは目覚ましい発見をなしとげた。

オーウェンの天才は、何がさまざまな骨格を異ならせているのかという点に焦点をあてたことにあるのではなかった。彼が発見し、その後の一連の講義や著作で提唱したのは、

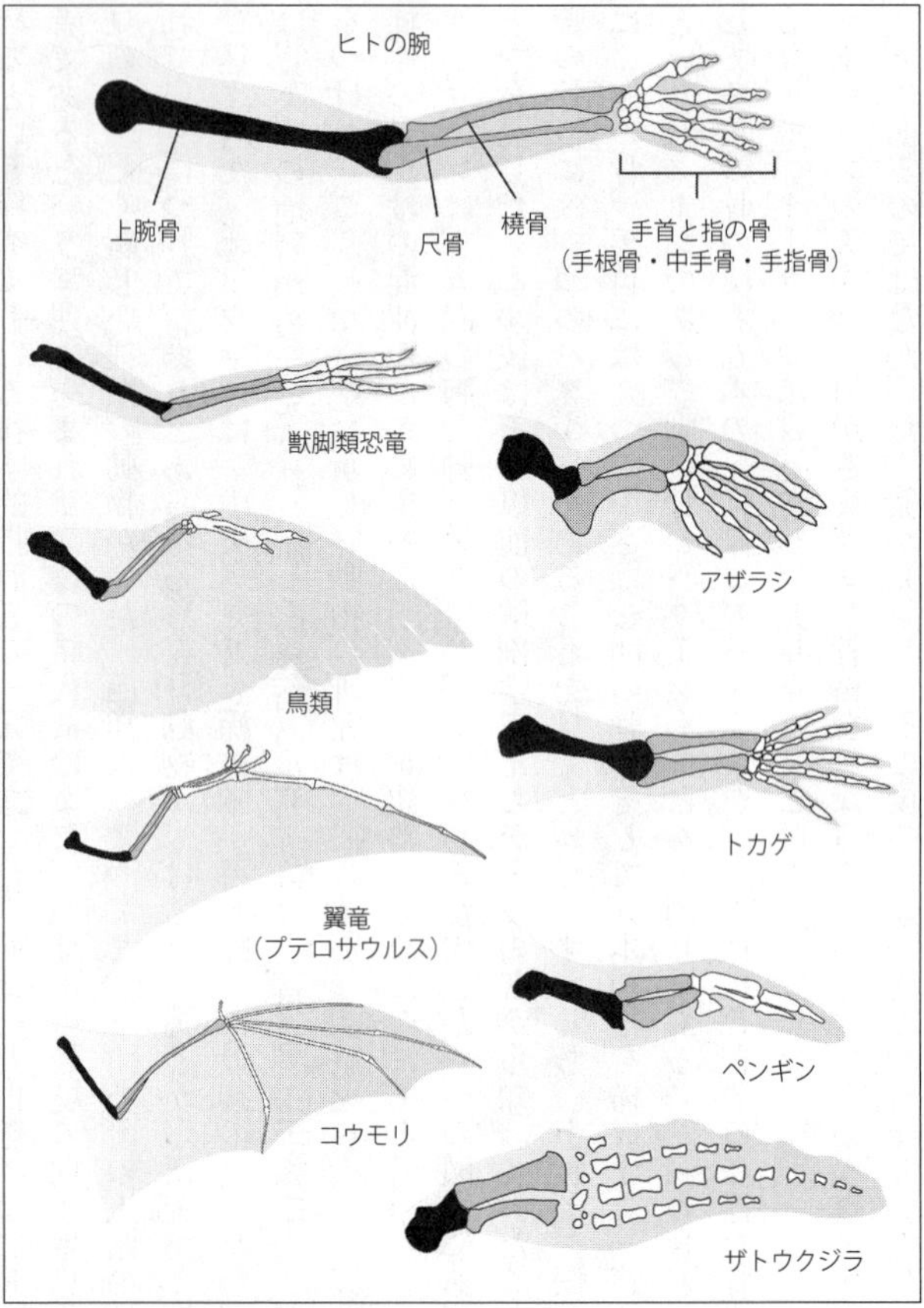

すべての四肢に共通の構造（プラン）：1個の骨のあとに2個の骨がつづき、その先に小さな骨の塊と指がある。

カエルとヒトのように異なった動物のあいだに見られる並はずれた類似性だった。四肢をもつすべての動物は、その四肢が翼であろうと、鰭(ひれ)であろうと、手であろうと、共通のデザインをもっている。一個の骨（腕の場合は上腕骨、脚の場合は大腿骨）が、二個の骨と関節でつながり、その先に小さな骨の塊(かたまり)があり、指の骨につながっているのだ。このパターンは、すべての四肢の構造の基礎になっている。コウモリの翼をつくりたい？ 指の骨をものすごく長くすればいい。ウマをつくりたい？ 真ん中の指の骨を長くし、外側の指の骨を切り詰め、なくしてしまえばいい。カエルの脚はどうなんだ？ 脚の骨を長くし、何個かを癒合させればいい。動物の姿形(すがたかたち)のちがいは、骨の形と大きさ、手首とくるぶし、および指をつくっている骨の数のちがいによっているのだ。四肢は果たす役割とその外見が根本的に異なっているのにもかかわらず、その根底には、この青写真がつねに存在するのである。

オーウェンにとって、四肢のデザインの発見は、ほんの手始めでしかなかった。頭骨と背骨を調べたとき、実際にはそれだけでなく体の構造全体を考察したとき、彼は同じことを見つけた。すべての動物の骨格に基本的なデザインが存在する。カエル、コウモリ、ヒト、トカゲは、すべて、一つの主題(テーマ)の変奏でしかない。その主題は、オーウェンにとっては、創造主の計画(プラン)であった。

オーウェンが古典的な論文『四肢の本性について』でこの発見を公表してからすぐのち

に、チャールズ・ダーウィンは、それに関する鮮やかな説明を提供した。コウモリの翼とヒトの腕が共通の骨格パターンをもつ理由は、両者が共通の祖先をもっているからだというのだ。同じ論法は、ヒトの腕と鳥類の翼、ヒトの脚とカエルの脚にも適用できる——四肢をもつすべての動物にあてはまる。オーウェンの理論とダーウィンの理論には大きなちがいがある。ダーウィンの理論は、非常に正確な予測を可能にする。ダーウィン説にしたがえば、オーウェンの青写真に、四肢をまったくもたない動物において明らかにされるような前史があることを、発見できると予測していいだろう。とすれば、四肢のパターンの前史をどこに探し求めればいいのか？　ここで、魚類とその鰭（ひれ）の骨格に目を向けることにしよう。

魚類をじっくり見てみる

オーウェンやダーウィンの時代には、鰭と四肢のあいだの断絶はとりつく島もないほど広大に思われていた。魚類の鰭には、はっきりと四肢に似たところはどこにもない。外から見れば、ほとんどの鰭は、大部分が鰭膜（きまく）で構成されている。ヒトの四肢にそれと似たものはないし、他のどんな現生動物の四肢にもそんなものはない。内部の骨格を見るために、鰭膜を取り除いたところで、いささかも比較がしやすくなるわけではない。たいていの魚類には、一個の骨－二個の骨－小さな骨の塊－指というオーウェンのパターンに匹敵するようなものはどこにもない。すべての四肢は、その基部に一個の長い骨をもっている。腕ならば上腕骨、脚では大腿骨である。魚類では、骨格全体がまったくちがった姿をしている。ふつうの鰭の基部では、内部に四つないしそれ以上の骨がある。

一九世紀の中頃、解剖学者たちは、南方諸大陸に謎に満ちた現生魚類がいることを知りはじめた。最初の発見の一つは、南アメリカで研究していたドイツの解剖学者によってなされた。それは、ふつうの魚のような姿で、鰭や鱗（うろこ）をもっていたが、喉の奥に血管が張りめぐらされた大きな袋、すなわち肺があった。にもかかわらず、この動物は鱗と鰭をもっていた。発見者たちは非常に困惑して、この動物に、レピドシレン・パラドクサ、すなわち「矛盾したことに、鱗をもつ両生類」という名前を付けた。まもなく、肺をもつ別の魚がアフリカとオーストラリアで発見され、肺魚（はいぎょ）というふさわしい名前を与えられた。アフリカ探検家たちが一尾をオーウェンのところへもちこんだ。トマス・ハクスリーや解剖学者のカール・ゲーゲンバウアーなどの学者は、肺魚が本質的には、両生類と魚類の両方の性質を兼ね備えていることを見いだした。現地民たちはこの魚が美味なことを知った。

これらの魚の鰭に見られる一見瑣末（さまつ）とも思えるパターンが、科学に甚大な影響を与えたのだ。肺魚の鰭は基部に肩とつながる一個の骨をもっている。解剖学者にとって、これが何に対比されるべきものかは明らかだった。ヒトの上腕には骨が一個あり、この上腕骨という一個の骨が肩とつながっているのである。肺魚は、上腕骨をもつ魚ということになる。

そして、奇妙なことに、それはただの魚ではない。肺をもっている魚でもあるのだ。単なる偶然の一致だろうか？

一九世紀に、こうした現生種が一握りほど知られるようになる一方で、もう一つ別の情報源から手がかりがやってきはじめた。想像がつくと思うが、その手がかりは太古の魚類からやってきたのだ。

最初に、そうした太古の魚類の化石の一つが、ケベック州にあるガスペ半島の、およそ三億八〇〇〇万年前の地層から発見された。この魚は、エウステノプテロンという舌がもつれそうな名前を与えられた。エウステノプテロンには、両生類と魚類に見られる特徴が驚くほどみごとに混ざり合っていた。オーウェンの一個の骨‐二個の骨‐小さな骨の塊‐指という四肢の構造プランのうち、エウステノプテロンは一個の骨‐二個の骨の部分をもっていたが、それはまだ鰭のなかにあった。したがって、四肢におけるのとよく似た構造をもつ魚がいたことになる。オーウェンの元型（アーキタイプ）は神が授けたすべての生物に不変のものではなかった。それには前史があり、その歴史はデボン紀の地層、すなわち三億九〇〇〇万年前から三億六〇〇〇万年前の岩石のなかに発見されるはずだ。この意義深い洞察は、まったく新しい研究課題をもつ、まったく新しい研究プログラムを明確なものにした。デボン紀の地層のどこかに、指の起源が見つかるにちがいない。

一九二〇年代には、岩石はさらなる驚きを提供した。若きスウェーデン人古生物学者グ

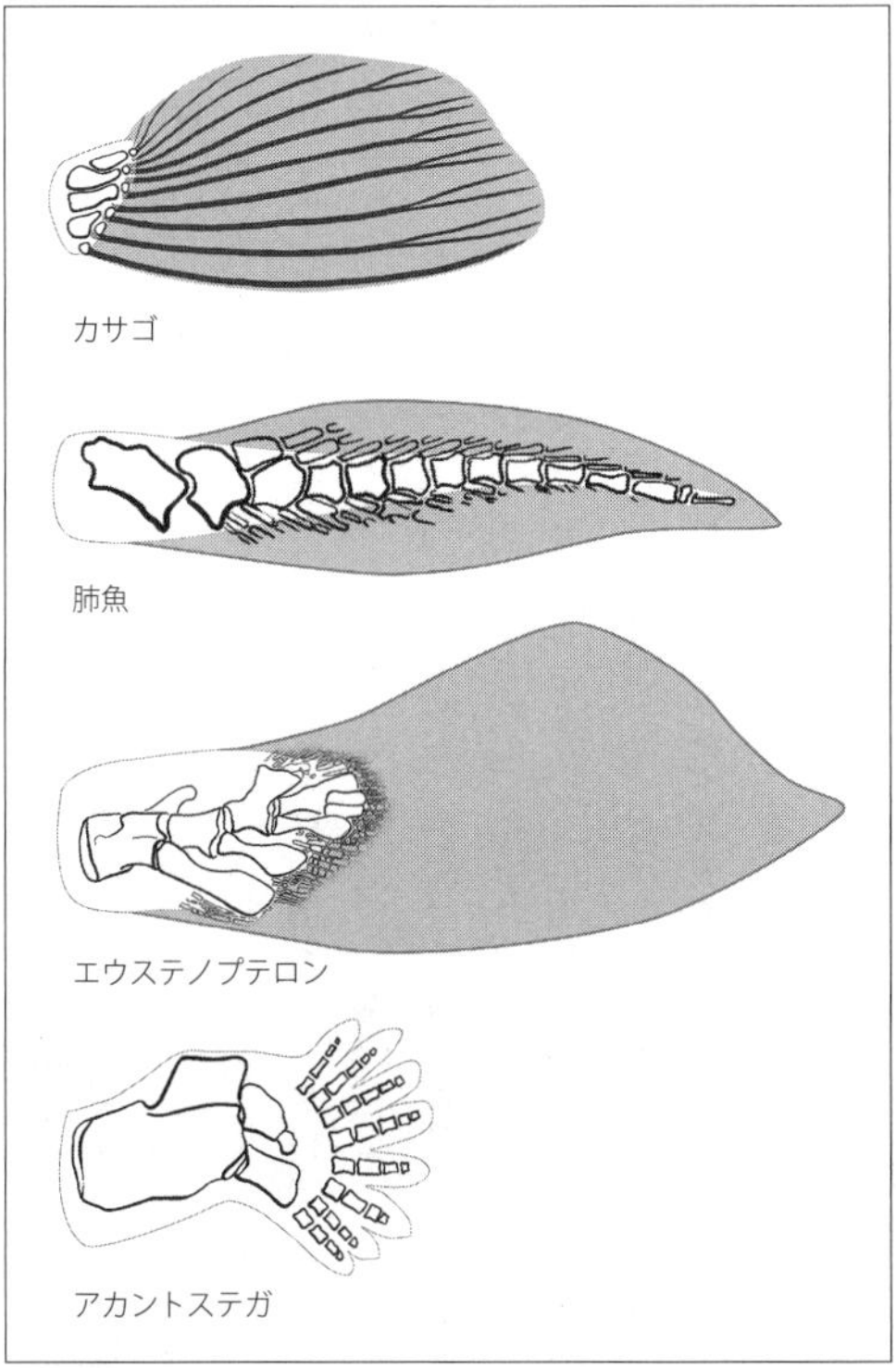

ほとんどの魚類——たとえばカサゴ（上段）——は、大量の鰭膜をもち、基部には多数の骨がある。肺魚はヒトと同じように肢の基部に1個の骨をもっているがゆえに、人々の関心を捉えた。エウステノプテロン（中段）は、化石がいかにして魚類と四肢動物の隙間を埋めはじめたかを示している——ヒトの上腕と前腕に対応する骨があるのだ。アカントステガ（下段）は、エウステノプテロンの腕の骨のパターンを共有しているが、完全に形成された指が付け加わっている。

ンナー・サヴェ＝ソデルベルイは、化石を求めてグリーンランド東海岸を探検するという類いまれな機会を与えられた。この地域は未知の世界だったが、サヴェ＝ソデルベルイはそこが、広大なデボン紀の地層の堆積を特色とすることを知っていた。彼はあらゆる時代を通じてもずば抜けた野外古生物学者の一人であり、大胆な冒険精神と細部への正確な関心を併せ持って、短い経歴のあいだに注目すべき化石をいくつも発掘していた（不幸にして彼は、野外調査の瞠目すべき成功の直後、結核のために若くして死んでしまった）。一九二九年から一九三四年にかけての数度の探検調査で、サヴェ＝ソデルベルイのチームは、当時は重要なミッシング・リンクとみなされたものを発見した。世界中の新聞が彼の発見を褒め称え、論説でその重要性を解説し、漫画はそれを風刺した。問題の化石は、まぎれもないモザイクだった――魚のような頭と尾をもっていたが、完全にできあがった四肢（指もついた）ももっていて、背骨は驚くほど両生類に似ていたのである。サヴェ＝ソデルベルイの死後、化石は共同研究者であったエリック・ヤルヴィクによって記載され、彼は新種の一つに、盟友の栄誉を称えて、イクチオステガ・ソデルベルイという学名をつけた。

目下の話題についていえば、イクチオステガはちょっとばかり期待はずれである。確かに、その頭部と背骨については、多くの点で注目すべき中間型ではあるが、イクチオステガは四肢の起源に関してはほとんど何も語ってくれない。なぜなら、すべての両生類と同じように、すでに指をもっているからである。しかし、サヴェ＝ソデルベルイが発表したときにほとんど関心を引かなかったもう一つの動物が、数十年後に真の洞察を提供することになる。この四肢をもつ二番めの動物は、一九八八年まで、謎のままにとどまっていた。この年、私の同僚の一人で、第1章で紹介した古生物学者、ジェニー・クラックがサヴェ＝ソデルベルイの採掘場に戻り、そこでさらに多くの化石を発見した。かつて一九二〇年代にサヴェ＝ソデルベルイが発見した断片をもとにアカントステガ・グンナリと命名された動物が、いまや、指を備えた完全な四肢をもつことが明らかにされた。しかし、それだけではなく、もう一つ正真正銘の驚きももたらされた。ジェニーは、その肢がほとんどアザラシの鰭脚と同じような形状をしていることを発見したのだ。ジェニーはこのことから、最初期の四肢が、動物にとって歩くよりも泳ぐための助けとして生じたのだろうと推測した。この洞察は大きな前進だったが、問題が一つ残った。アカントステガは完全に形成された指をもち、本物の手首もあり、鰭膜がなかったのである。アカントステガは、きわめて原始的なものとはいえ、肢をもっていたのだ。手と足、手首と足首の起源に迫る探究は、さらに深く年代をさかのぼらなければならなかった。これが、一九九五年までの状況である。

魚の指と手首を見つける

一九九五年、テッド・ダシュラーと私は、新しい地層切断面を探す目的でペンシルヴェニア州中部を車で走破したあと、フィラデルフィアにある彼の家に戻ってきたばかりだった。この時、私たちはウィリアムスポートの北を走る国道一五号線ですばらしい切断面を見つけていた。そのあたりはペンシルヴェニア運輸局が、およそ三億六五〇〇万年前の砂岩層に巨大な絶壁をつくりだしていた場所である。運輸局は崖にダイナマイトを仕掛け、高速道路沿いに岩石（巨礫）の山を残していた。これは、私たちにとって申し分のない化石採集場で、車を止めて、岩石の山に這いのぼった。岩石の多くはほぼ小型の電子レンジくらいの大きさだった。魚の鱗が表面に散らばった岩石があったので、いくつかフィラデルフィアの家までもって帰ることに決めた。テッドの家に帰り着くとすぐに、彼の四歳の娘のデイジーが、パパに向かって走り寄ってきて、何を見つけたのと聞いてきた。

　デイジーに一個の岩石を見せているとき、私たちはふと、そこから突き出ているのが大型魚のものと思われる鰭の小片であることに気づいた。野外では完全に見逃していた。そして、やがて知ることになったのだが、それはありきたりの魚の鰭ではなかった。明らかに内部に多数の骨をもっていたからだ。研究室で、石から鰭を取り外すまで、およそ一カ月を要した——そして、そこにはオーウェンのパターンをもつ魚がいることが、はじめて明らかになった。体にいちばん近いところには一個の骨があった。この一個の骨は二個の骨とつながっていた。鰭の先端には八個ほどの棒状の骨があった。これはどう考えても指

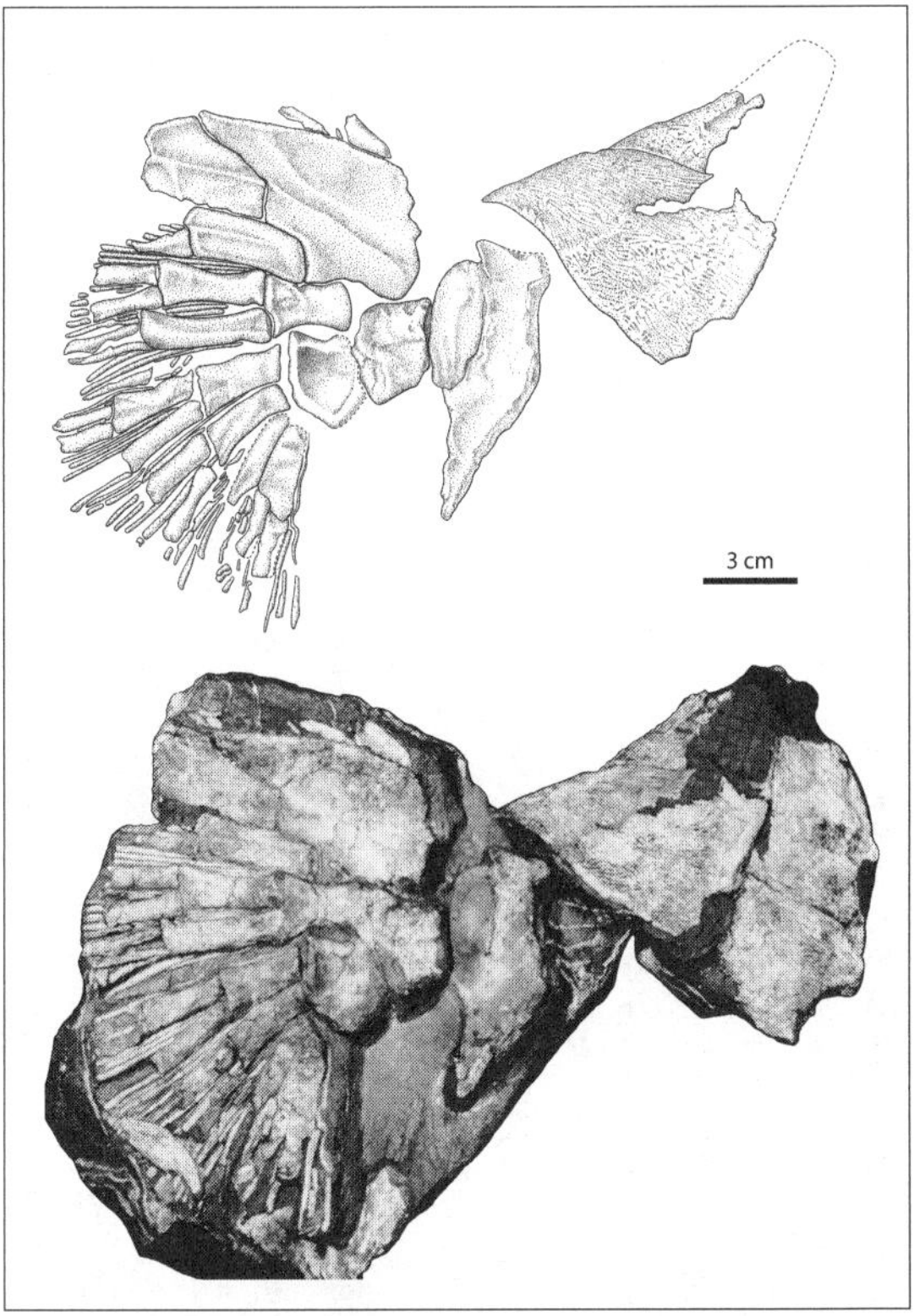

私たちの関心をかきたてた鰭。悲しいかな、この切り離された断片しか見つけることができなかった。点描図は、アルカディア大学のスコット・ローリンズの許可を得て使用。写真は著者撮影。

をもつ魚としか見えなかった。

この鰭は、鰭膜と鱗、さらには魚によく似た肩さえ含めて、一式を完備していたが、その奥深い内部には、「標準的な」肢のほとんどに対応する骨があった。残念なことに、私たちが手に入れたのは、切り離された一つの鰭だけだった。私たちに必要なのは、全身を無傷でそっくり回収できるような場所を見つけだすことだった。体から切り離された鰭だけでは、この動物はその鰭を何のために使ったのか、そして、この魚は私たちの手と同じように働く骨と関節を実際にもっていたのかという、本当の疑問に答えるのにけっして役に立たない。答は全身の骨格からしか得られない。

それを見つけるのに、私たちは一〇年近くかけて探索しなければならなかった。そして、自分たちが調べているものの正体に最初に気づいたのは私ではなかった。最初に気づいたのは、二人のプロの化石プレパレーター、フレッド・マリソンとボブ・マセクだった。プレパレーターの仕事は、歯科器具を使って、私たちが野外で見つけてきた岩石を削り、中にある化石を露出させることだ。プレパレーターが、私たちの持ち込んだような化石の詰まった大きな石を、美しい、研究に耐える品質の標本に仕上げるまでには、何年とまではいわなくとも、何ヵ月を要することがある。

二〇〇四年の調査探検で私たちは、エルズミア島のデボン紀の地層から、それぞれ機内持ち込み手荷物ほどの大きさの、三つの岩石の塊を採集した。どれも扁平な頭をもつ動物を含んでいた。一つは採石場の底の氷のなかから私が見つけたもの、もう一つはスティーヴの標本、そして三つめの標本は、この探検の最後の週に私たちが発見したものだった。現場で頭を含むところを切り離したが、そのとき、体の残りの部分を研究室に戻ってから調べることができるように、まわりに十分な岩石を残したままにしておいた。そのあと、石膏で岩石を包んで、研究室まで送った。研究室でこうした種類の石膏の覆いを開けるのは、埋めておいたタイムカプセルを掘り出すのに似ている。そこには、フィールドノートや標本についてのメモだけでなく、北極のツンドラ地帯で私たちが過ごした日々の断片がある。石膏を砕いて開けるときには、ツンドラのにおいさえ、この石膏の包みからただよってくる。

フィラデルフィアのフレッドとシカゴのボブは、同じ年代の異なる岩石を削っていた。こうした北極の石塊の一つから、ボブはこの魚（まだ私たちはそれをティクターリクと命名していなかった）の大きな鰭のなかにある特別な小さい骨を掘りだした。この立方体状の小さな骨が外見上、鰭の他のどの骨ともちがっていたのは、一端に他の四つの骨が嵌るスペースをもつ関節があったことだった。つまり、この小さな骨はおそろしいまでに、手首の骨に似ていたのだ――しかし、ボブがクリーニング中だった石塊のなかの鰭は、確信をもって言うにはあまりにもゴチャゴチャに入り乱れていた。次なる証拠は、一週間後にフィラデルフィアからやってきた。歯科器具の魔術師であるフレッドは、自分の石塊から、

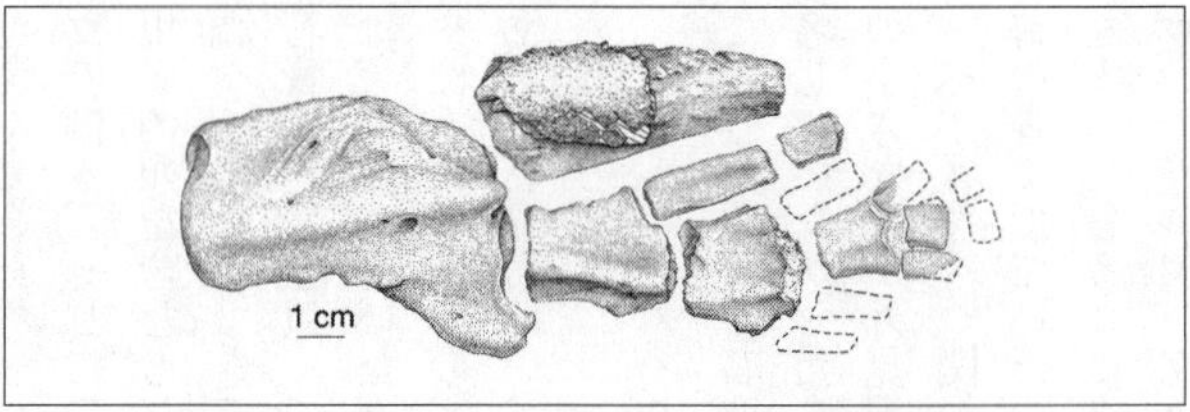

ティクターリク――手首をもつ魚――の前鰭の骨

完全な鰭を露出させた。鰭は、まさにあるべき場所、すなわち前腕の末端に、その骨をもっていた。そしてその骨は、その先の四個の骨につながっていた。私たちは、この三億七五〇〇万年前の魚の内部に、自らの体の部品(ピース)の起源を見つめていた。とうとう手首をもつ魚を手に入れたのだ。

その後の数カ月をかけて、この肢の残りのほとんども見ることができるようになった。それは部分的に鰭で、部分的に肢だった。私たちの魚は、鰭膜をもっていたが、内部には、オーウェンの一個の骨―二個の骨―小さな骨の塊―指という配置が、原始的な形で揃っていた。まさにダーウィン説が予想した通りだった。すなわち、私たちは、適切な年代に、適切な場所で、二種類の見かけのまったく異なる動物のあいだの中間型を発見したのだ。

鰭を見つけたのは、この発見のほんの始まりでしかなかった。テッド、ファーリッシュ、そして私にとっての真の喜びは、この鰭がなにをしていて、どういうふうに動いたかを理解し、そもそも手首の関節がなぜ生まれたかを推測できたときに得られた。そうした謎を解くカギは、骨と関節の構造そのものにある。

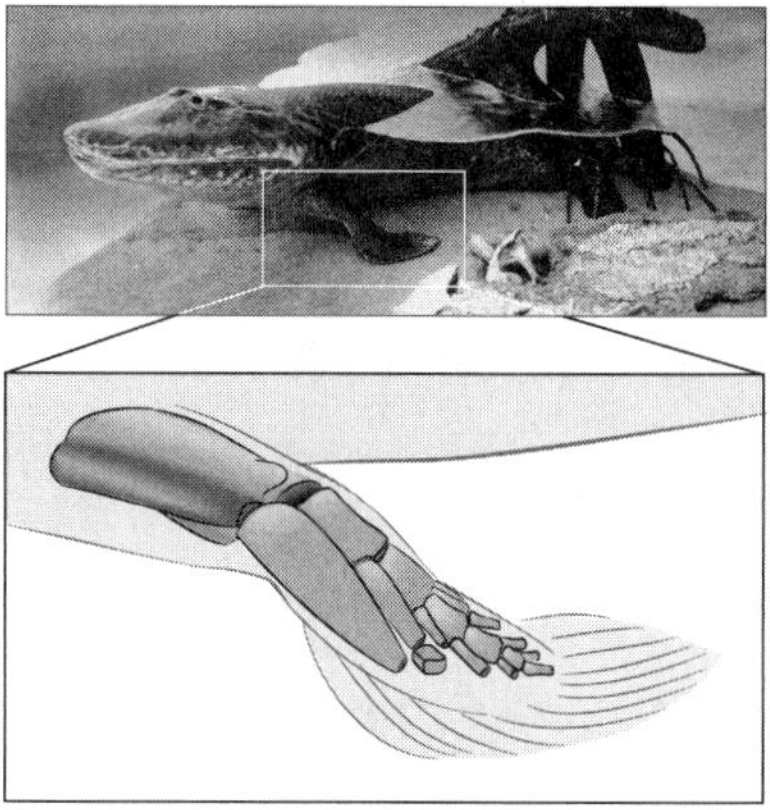

ティクターリクの実物大模型（上）と鰭の図解（下）。この鰭は、肩、肘、および原始的な手首をそなえていて、腕立て伏せのような運動をおこなうことができた。

ティクターリクの鰭を取り出したときに私たちが見いだしたものは、掛け値なしに驚くべき事実だった。つまり、関節面がなみはずれて良好な状態で保存されていたのである。ティクターリクは、ヒトの上腕、前腕、手首と同じ骨で構成された肩、肘、手首をもっている。一つ一つの骨が互いにどういう具合に動いたかを判定するために、これらの関節の構造を調べたところ、ティクターリクがかなり意外な機能を果たすように特殊化していることがわかった。なんと、ティクターリクは腕立て伏せができたのだ。

私たちが腕立て伏せをするとき、手を地面にぴったりつけ、肘を曲げ、胸の筋肉を使って上下動する。ティクターリクの体はこのすべてができる。肘はヒトと同じように曲げることができ、手首を曲げて魚の「掌（てのひら）」をつくって地面に平らにつけることができる。胸の筋肉に関しては、ティクターリクはおそらく豊かにもっていた。肩と、そこにつながっていたはずの腕の骨の下面を調べてみると、大きな胸筋がついていたと思われる太い稜(りょう)と付着痕が見つかる。これなら上官から「腕立て伏せ二〇回」と命令されても大丈夫だ。

それにしても、いったいなぜ、魚が腕立て伏せをする必要があるのだろう？　それがわかれば、他の動物について考えるときに役に立つ。扁平な頭部、頂部の眼、および肋骨をもつティクターリクは、たぶん川や池の底または浅瀬を進み、さらには土手沿いの干潟(ひがた)の上をバタバタと動きまわることさえできる体のつくりをしていた。こうした条件が揃った環境で動きまわる必要のあった魚にとって、体を支えることができる鰭は非常に役に立ったことだろう。この解釈は、ティクターリクの化石が発見された採掘場の地質学的条件とも一致する。地層の構造、および岩石に含まれる粒子のパターンそのものが、季節的にできる大きな干潟に囲まれた浅い川で最初に形成された堆積層の典型的な特徴をもっているのだ。

しかし、そもそもなぜこのような環境で暮らしていたのか？　何が魚を水から出させたり、岸辺で暮らさせたりすることになったのか？　こう考えてみてほしい。こうした三億七五〇〇万年前の川で泳いでいた魚類の事実上すべての種が、なんらかの捕食者であった。なかには、体長二メートル、ティクターリクのほぼ二倍に達するものもいた。ティクターリクとならんでもっともよく見つかる魚は体長二メートルで、バスケットボールほどの頭をもっている。歯は犬釘(いぬくぎ)ほどの大きさの棘だった。こういうおっかない太古の川で泳ぎたいと思うだろうか？

これは魚どうしが食いあう世界だといって過言ではない。この状況で成功するための戦略は実に明白だった。大きくなるか、武装するか、水から出るかである。私たちのはるかな祖先は、戦いを避けたかのように思われる。

しかし、ここで闘争を避けたことは、人類にとってもっと重大な意味をもっていた。私たち自身の四肢の構造の多くは、この、戦いを回避した魚の鰭まで起源をさかのぼることができるのである。手首を前後に曲げ、手を結んでは開いてみてほしい。そのときあなたは、ティクターリクのような魚に最初に出現した関節を使っているのだ。それ以前にはこうした関節は存在しなかった。それ以後は、四肢にそれが見いだされるのだ。

ティクターリクから、両生類、そして哺乳類まで進んでいくと、一つの事柄が非常に明瞭になってくる。すなわち、私たちの上腕、前腕、手首や掌さえもつことになった最古の動物は、鱗と鰭膜ももっていた、ということだ。そして、その動物は魚だった。

となれば、オーウェンが創造主の御業(みわざ)に帰した一個の骨－二個の骨－小さな骨の塊－指という構造プランをどう理解すればいいのだろう？　一部の魚類、たとえば肺魚は基部に一個の骨をもっている。別の魚類、たとえばエウステノプテロンは、一個の骨－二個の骨という配置をもっている。さらに、一個の骨－二個の骨－小さな骨の塊をもつティクターリクのような動物もいる。私たちの四肢には、たった一種類の魚がいるだけではない。一つの水族館丸ごとの魚がいるのだ。つまり、オーウェンの構造プランの青写真は魚で描かれていたことになる。

ただ、ティクターリクは腕立て伏せができたかもしれないが、野球のボールを投げたり、ピアノを演奏したり、二本脚で歩いたりすることはけっしてできなかった。ティクターリクから人類へは長い道のりがある。重要で、ややもすれば驚くべき事実は、人類が歩いたり、モノを投げたり握ったりするのに使う主要な骨の大部分が何千万年ないし何億年も前に、動物にはじめて出現するということである。ヒトの上腕と脚の最初の断片は、エウステノプテロンのような三億八〇〇〇万年前の魚のなかにある。ティクターリクは、ヒトの手首、掌、および指における進化の初期段階を明らかにしている。最初の本物の指は、三億六五〇〇万年前のアカントステガのような魚に見られる。そしていよいよ、ヒトの手と足に見られる手首と足首の関節の完成型が、二億五〇〇〇万年以上前の爬虫類に見られることになる。私たちの手と足の基本的な骨格は、魚類に始まり、のちには両生類と爬虫類に至るまでの、数億年という時間をかけて形づくられたのである。

しかし、ヒトが手を使い、二本脚で歩くことを可能にした主要な変化とは何だったのだろう？　そうした移行はどのように起こったのだろう？　なんらかの答を得るために、四肢に関する二つの単純な例をとって考察してみよう。

私たちは、他の多くの哺乳類と同じように、肘を中心にして親指を回すことができる。この単純な機能が、私たちの日常生活の手の使用において非常に重要である。肘を中心にして手を回転させることができないのに、モノを食べたり、書いたり、あるいはボールを投げようとすることを想像してみてほしい。私たちにそれができるのは、前腕骨のうちの一本である橈骨（とうこつ）を肘関節の回転軸に沿って回すことができるからである。肘関節の構造はこの機能にみごとに適応した形になっている。つまり、ヒトの上腕骨の下端はボール状になっていて、そこにつながる橈骨の先端は、この球にぴったりはまる小さな美しいソケットを形成している。このボールとソケットからなる球関節が、回内（かいない）、回外（かいがい）と呼ばれる私たちの手の回転を許しているのである。こういうことができるようになったのは、どのあたりからなのだろう。ティクターリクのような動物においてだ。ティクターリクでは、上腕骨の先端が細長い隆起を形づくっていて、そこへ橈骨のカップ型の関節がはまるようになっている。ティクターリクが肘を曲げるとき、その橈骨の末端が肘を中心にして回転、すなわち回内する。この能力の洗練されたのが両生類と爬虫類で、これらの動物では、上腕骨の末端は真のボール状になっていて、ヒトにずっとよく似てくる。

つぎに後肢を調べてみると、私たちに歩く能力を授ける重要な特徴、他の哺乳類と共通の特徴が見つかる。魚類や両生類とちがって、私たちの膝と肘は、反対を向きあっている。この特徴は決定的に重要である。膝頭が後ろを向いた状態で歩こうとするのを考えてみてほしい。エウステノプテロンのような魚では、非常に異なった状況が存在し、膝と肘に相当するものはほぼ同じ方向を向いている。ヒトの腕と脚は、肘と膝がエウステノプテロンと同じようにほぼ同じ方向を向いている小さな四肢から発生を開始する。子宮の中で発育するにつれて、私たちの膝と肘は回転して、現在の人類に見られるような状態になるのである。

私たちの二足歩行のパターンは、ティクターリクのような動物の這い歩き姿勢とはちがって、立ったままの姿勢で前へ進むために、腰、膝、足首、および足の動きを使う。大きなちがいの一つは、私たちの腰の位置である。私たちの脚は、ワニ、両生類、あるいは魚類のように、横に突き出してはいない。むしろ、体の下に突き出している。この姿勢の変化は、股関節、骨盤、大腿骨の変化によって出現した。私たちの骨盤は椀状になり、腰のソケット（寛骨臼（かんこつきゅう））は深くなり、大腿骨ははっきりした頸部を獲得したが、この特徴は脚が体の横にではなく、体の下に突き出ることを可能にするものである。

私たちの太古の歴史が物語る事実は、人類が現生動物のなかで特別なものでも無類のものでもないことを意味しているのだろうか？　もちろんちがう。実際には、人類の古い起源についてなにかがわかれば、それは、私たちがここにこうして存在するという事実のすばらしさを増すだけのことである。すなわち、人類のなみはずれた能力のすべてが、太古の魚類やその他の動物で進化した基本的な構成要素から生じたものなのだ。共通の部品から、非常に特異な構築物が生まれたのだ。私たちは他の生物の世界から切り離されているわけではない。やがて見るように、私たちの骨に至るまで、私たちの遺伝子さえ、生物の世界の一部なのである。

ふりかえってみれば、私がはじめて魚の手首を見た瞬間は、人体解剖室で私がはじめて死体の指の包みをほどいたときと同じだけ深い意味があった。どちらのときにも、私は人間としての自分と他の生物のあいだの深い結びつきをそこに見いだしていたのである。

第3章　手の遺伝子のかくも深き由緒

二〇〇四年の七月に私が仲間たちとティクターリクを発掘しているあいだ、私の研究室員のランディ（ランドール）・ダンはシカゴのサウスサイドで、サメとガンギエイ（エイの一種）の胚についての遺伝学的な実験で奮闘をつづけていた。「人魚の財布」と呼ばれる小さな黒い卵殻を、あなたもおそらく一度は海岸で見たことがあるはずだ。あの「人魚の財布」のなかには卵黄をもつ卵が入っていたのであり、その卵が孵って、サメやエイの稚魚になる。何年にもわたってランディは、こうした卵殻のなかの胚の実験に何百時間をも費やし、深夜まで研究をつづけることがたびたびあった。二〇〇四年の運命的な夏のあいだ、サメやエイの卵殻を取り上げ、卵にビタミンAの作用をもつ分子を注入した。そのあと、卵が孵化するまで、数カ月間にわたって発生をつづけさせた。

彼の実験は、一年の大半を費やすにしては奇妙な手法のように思えるかもしれない。前途洋々たる学者生活に乗り出そうとしている若い科学者がそんなことをするのなら、なおさらだ。なぜサメなのか？　なぜビタミンAの一種なのか？

　この実験の意義を理解するためには、出発点に戻って、それで何が説明できると期待されているかを考えてみる必要がある。本章で私たちが本当に突き止めようとしているのは、DNAに書き込まれた、一個の卵から私たちの体をつくるためのレシピである。精子が卵を受精させたとき、受精卵は、たとえば小さな手をもっているわけではない。手は、その受精卵という一つの細胞に含まれた情報によって形づくられる。このことは、私たちにきわめて根本的な問題を突きつける。魚の鰭（ひれ）の骨とヒトの手の骨を比較するのは、一つの方法だ。ならば、魚の鰭を形づくる遺伝的レシピと私たちの手を形づくるレシピを比較してみれば、どうなるだろう。この問いに対する答を見つけるために、ランディと同じように、ヒトの手からサメの鰭、さらには鳥の翼にまで導く発見の軌跡をたどることにしよう。

　すでに見たように、内部の体のつくりが私たちヒトと異なっていて、しばしばより単純な形のものをもつ動物が発見されるとき、はるかな過去を直接にのぞきこめるすばらしい窓が開（ひら）ける。しかし、化石での研究には大きな限界がある。とうの昔に死んでしまった動物では実験ができないのだ。実験がすばらしいのは、なにかを実際に操作して、その結果を見ることができるところだ。そういう理由で、私の研究室はすっぱり二つに分けてある。半分は化石を専門にし、残りの半分は胚とDNAを専門にしている。私の研究室での生活

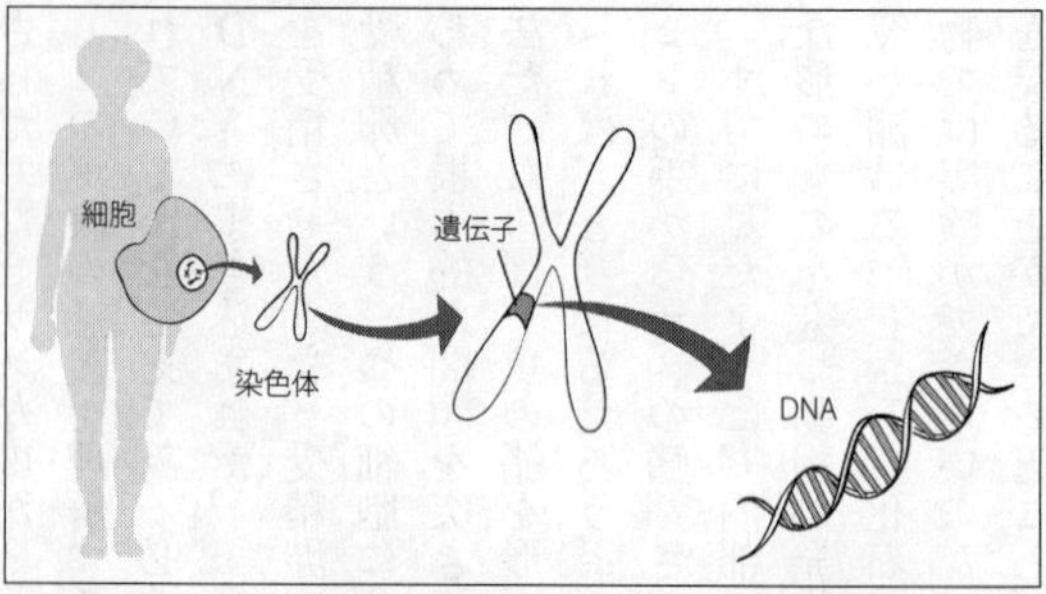

遺伝子は、体のすべての細胞に含まれている紐状のDNAである。

は分裂症（統合失調症）的である。ティクタークの標本を収蔵している鍵のかかったキャビネットの隣りに、貴重なDNAサンプルを収めた冷凍庫（フリーザー）があるというわけなのだ。

DNAを使った実験は、私たちの内なる魚を明らかにするとてつもなく大きな可能性を秘めている。魚の胚をさまざまな化学物質で処理し、その体を実際に変えてしまい、その鰭の一部を手のような姿にしてしまえたとしたら、どうだろう。魚の鰭をつくる遺伝子が、手をつくる遺伝子と事実上同じであることを示せたとしたらどうだろう。

一つの明白な謎から始めよう。私たちの体は数百種類の異なる細胞からできあがっている。このような細胞の多様性が、組織や器官に独特の形状と機能を与えている。私たちの骨、神経、腸、その他をつくっている細胞は、まったくちがった見かけをし、まったく異なった振る舞いをする。こうしたちがいがあるにもかかわらず、私たちの体内にあるすべての細胞には深い類似性がある。つまり、すべての細胞が同じDNAをもっているのだ。もしDNAが、私たちの体、組織、器官をつくるための情報をもっているのだとしたら、同じDNAをもっている筋肉、神経、骨に見られる細胞が、あれほどまでにちがっているのは、どういうことなのか？

この疑問に答えるには、それぞれの細胞において、DNAのどの断片のスイッチが（すなわち、どの遺伝子のスイッチが、ということだが）実際に入れられるかがわからなければならない。皮膚の細胞が神経細胞（ニューロン）と異なっているのは、それぞれの細胞で異なった遺伝子が活性化しているからである。一つの遺伝子のスイッチがオンされると、その細胞がどのような姿をとり、どのように振る舞うかに影響を与えることができるタンパク質をつくる。したがって、眼の細胞と手の骨の細胞をちがったものにしているのが何かを理解するためには、それぞれの細胞や組織で遺伝子の活性を制御している遺伝的スイッチについて知る必要がある。

これは重要な事実である。つまり、そうした遺伝的スイッチが私たちの体をつくりあげるのに役立っているのだ。受胎のとき、私たちは体を形づくるのに必要なすべてのDNAをもった単一の細胞として出発する。体丸ごとのプランが、この顕微鏡的な大きさの一個の細胞のなかに含まれている指示を介して展開されるのである。この未分化の卵細胞から、ぴったり正しいやり方で組織立てられた数兆個もの分化した細胞をもつ完全なヒトの体に至るには、すべての遺伝子が、個体発生の適切な段階で正しくスイッチがオンあるいはオフされる必要がある。多数の楽器で演奏される個別の音から構成されるコンサートのように、私たちの体は、個体発生を通じて、個々の細胞内でスイッチをオン・オフされる個別の遺伝子から構成されているのである。

この情報は、体について理解しようと研究している人間にとっては大きな恵みである。なぜなら、新しい器官の起源にどのような種類の変化がかかわっているかを判定するのに、さまざまな遺伝子の活性を比較することができるからだ。例として、四肢を取り上げてみよう。魚の鰭の発生において活性をもつ遺伝子群を、ヒトの手の発生において活性をもつ遺伝子群と比べていけば、鰭と四肢の遺伝的相違の目録をつくることができる。こうしたタイプの比較をおこなうことによって、可能性のあるいくつかの容疑者――四肢の起源に際して変化したかもしれない遺伝的スイッチの候補――が浮かび上がる。そうなれば、私たちは、胚のなかでそうした遺伝子が何をしているのかを研究できる。遺伝子を操作して、体が実際に、さまざまな条件や刺激に反応してどのように変化するかを見るような実験さえおこなうことができる。

私たちの手や足を形づくっている遺伝子を理解するためには、テレビドラマ《CSI――科学捜査班》の筋書をお手本にしなければならない。すなわち、遺体(ボディ)ならぬ生物の体(ボディ)から出発して、その内部に分け入っていくのだ。私たちはまず、ヒトの四肢の構造を調べることから始め、それから、その構造をつくっている組織、細胞、遺伝子へとカメラをズー

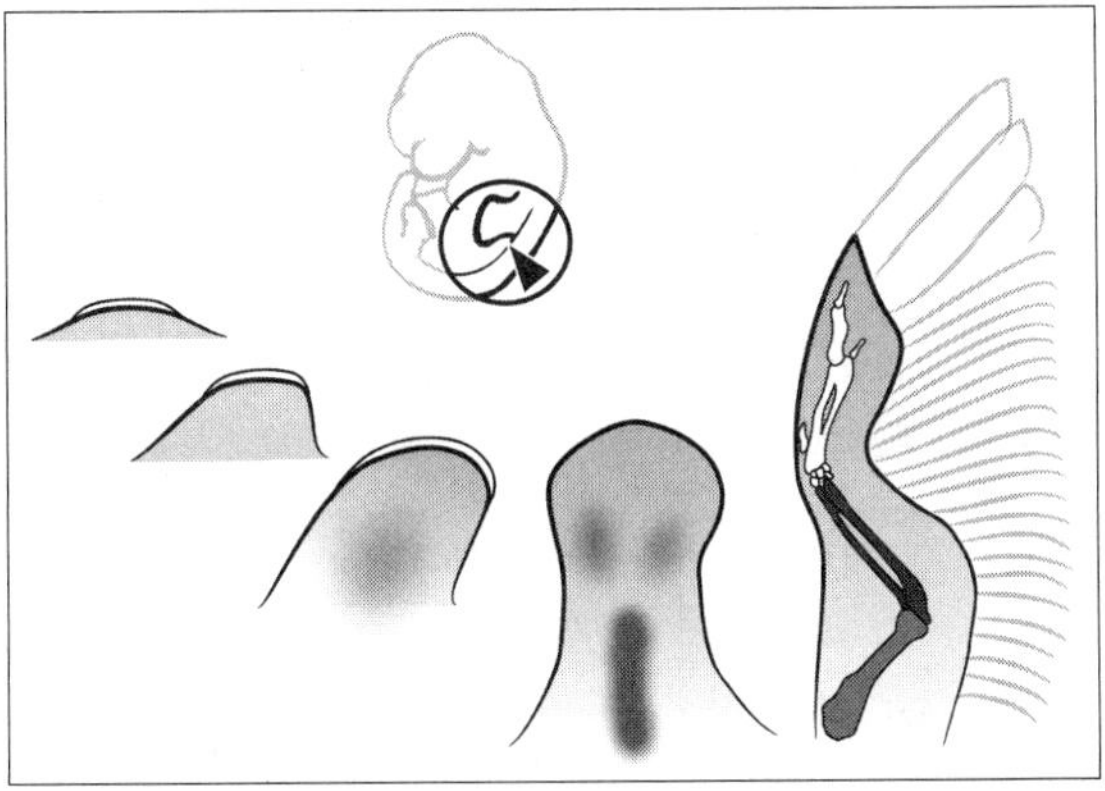

肢の発生。この場合にはニワトリの翼の発生。翼の骨格の発生における決定的な段階はすべて卵のなかで起こる。

ムしていくことにしよう。

手のつくり方

私たちの四肢は三次元空間に存在している。つまり、上下があり、親指側と小指側があり、付け根と指先がある。私たちの指の先端にある骨は、肩にある骨とはちがっている。同じように、私たちの手は一方の側と反対側とではちがっている。小指は親指とちがった形をしている。私たちの発生学的研究における聖盃、すなわち究極の目標は、どの遺伝子が肢のさまざまな骨を分化させるのか、どの遺伝子がこうした三次元での発生を制御しているのかを理解することである。どのDNAが実際に小指と親指をちがったものにしているのだろう？　どのDNAが指の骨を腕の骨とちがったものにしているのだろう？　もし、そのようなパターンを制御する遺伝子を理解できれば、私たちは、体を形づくるレシピの秘密を手に入れることができるようになるだろう。

手の指、腕の骨、足の指をつくる遺伝的なスイッチはすべて、受精後三週間から八週間のあいだに仕事をやってのける。四肢は、まだ胚という状態にある私たちの体から伸び出した小さな芽として、その発生を開始する。この芽（肢芽）は二週間にわたって成長をつづけ、先端が小さなパドル（櫂）のような形になる。このパドルの内部には、何百万もの細胞があり、それらが最終的に、残りの人生を通じてもちつづける骨格、神経および筋肉を生じるのである。

このパターンがどのようにして出現するかを研究するためには、胚を調べ、ときどきその発生を妨げて、エラーが生じるとどうなるかを見きわめる必要がある。さらに、突然変異体にも目を向けて、その内部構造と遺伝子を調べる必要もある。そうした研究は、慎重な交配を繰り返して突然変異体だけから構成される集団をつくることによってなされることが多い。当然のことながら、ヒトについて、こういうやり方で研究することはできない。この分野におけるパイオニアたちにとっての難題は、ヒトの個体発生をのぞきこむ有効な窓となる動物を見つけることだった。一九三〇年代から四〇年代にかけて、はじめて四肢に関心をもった実験発生学者たちは、いくつかの問題に直面した。彼らには、容易に観察し実験することができる四肢動物が必要だった。外科的な処置をほどこす必要上、その動物の胚は比較的大きくなければならなかった。その胚を保護された場所、すなわち押されたり、その他の環境的な攪乱をうけたりすることのない容器のなかで成長させられる、というのも重要な条件だった。さらに決定的なのは、胚は豊富に、一年中手に入るものでなければならないことだった。この科学的な要件に応える明らかな解決策が、近所の食料品店にある。それはニワトリの卵だ。

一九五〇年代から六〇年代にかけて、エドガー・ツウィリングやジョン・ソーンダーズをはじめとする何人かの生物学者が、骨格のパターン形成の仕組みを理解するための、なみはずれて創造的な実験をニワトリの卵でおこなった。当時は、言ってみれば薄切りと賽の目切りの「めった切り」時代だった［ホラー映画のことを口語英語で「スライス・アンド・ダイス・フィルム」と言う］。胚は切り刻まれ、さまざまな組織があちこちに移しかえられ、それが発生にどういう影響を与えるかが調べられた。厚さ一ミリメートル以下の組織片を扱う、きわめて注意深い顕微鏡手術もおこなわれた。このようにして、発生中の肢の組織をあちこち移しかえることによって、ソーンダーズとツウィリングは、四肢を鳥の翼、鯨の鰭、ヒトの手という非常に異なったものとしてつくりあげる基本的なメカニズムのいくつかを明らかにした。

彼らは、二つの小さな組織片が基本的に、四肢の内部の骨のパターンを制御していることを発見した。肢芽の最先端にある一片の組織が、すべての肢の発生に不可欠なのである。

これを取り除くと肢の発生は停止する。発生初期にここを取り除くと、上腕だけ、あるいは腕の一部だけしかできない。それよりわずか後に取り除くと、上腕と前腕ができるだけで終わってしまう。さらに後に取り除くと、指が短くなり、変形したものになるのを除けば、ほぼ完璧な腕ができる。

ジョン・ソーンダーズの実験室で、メアリー・ガッセリングがはじめて手がけたもう一つ別の実験が、新しい有力な一連の研究をもたらした。発生の早い段階で、肢芽の第五指になる側の小さな組織領域を取りだし、反対側の第一指が形成される場所のすぐ下に移植する。そのニワトリ胚を発生させ、翼を形成させる。その結果は、ほとんどすべての人間を驚かせた。翼は正常に発生したが、完全な二セットの指をもっていたのである。もっと驚くべきことは、その指のパターンだった。新しい指は正常な指と鏡像関係にあったのだ。どう考えても、この組織片の内部にある何か、なんらかの分子または遺伝子が、指のパターンの発生を指令することができたにちがいない。この結果、新しい実験の嵐が巻き起こり、この効果が他のさまざまな手段によって模倣できることがわかった。たとえば、ニワトリの胚を取りだし、肢芽に少量のビタミンAを塗りつけるか、あるいは単純に卵のなかにビタミンAを注入し、胚を発生させてみる。もしビタミンAを適切な発生段階に、適正な濃度で与えたとすれば、ガッセリング、ソーンダーズ、およびツウィリングが移植実験で得たのと同じように、鏡像関係にある重複肢が得られることになる。この組織領域は極

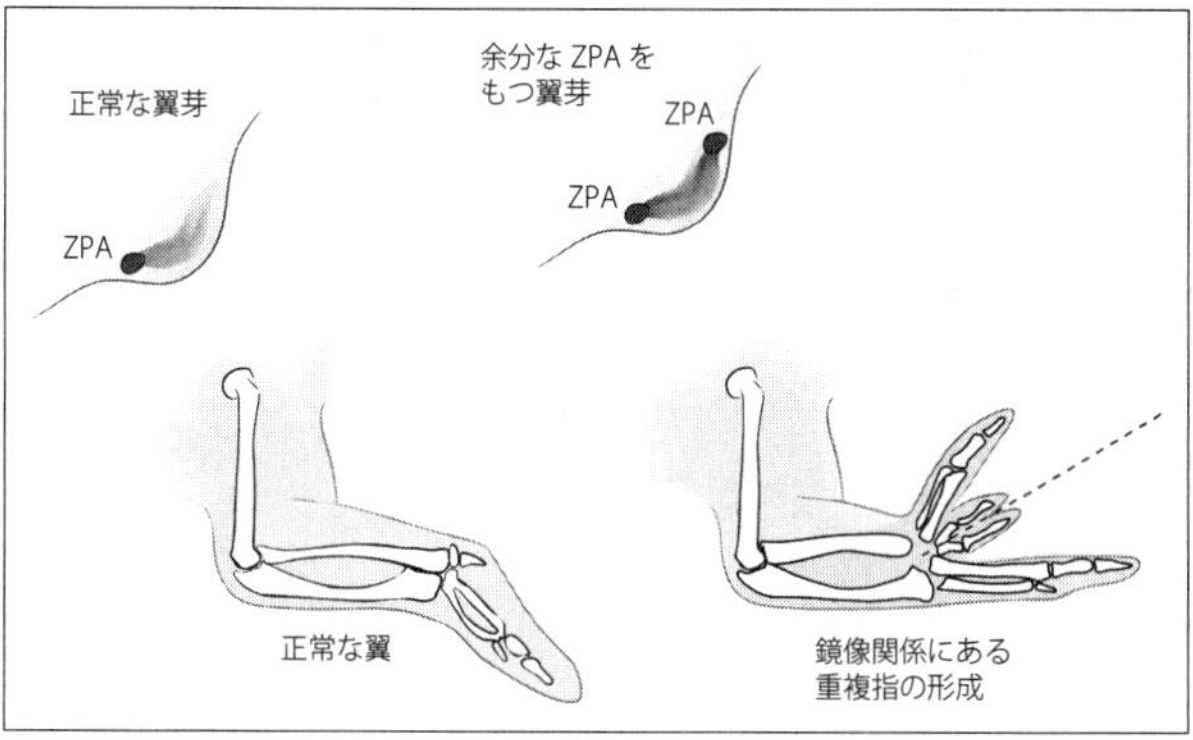

ZPAと呼ばれる小さな組織領域の移植が指の重複を引き起こす。

性化活性域（zone of polarizing activity, ZPAと略記）と名づけられた。ZPAは、早い話が、小指側と親指側をちがったものにする能力をもつ組織領域である。誰でも知っているとおり、ニワトリは小指も親指ももっていない。ここで使われている用語法は、何番めの指かという意味で、ヒトの小指は他の動物の第五指に、親指は第一指に相当する。

ZPAが興味を引きつけるのは、それが、なんらかの方法で手足の指の形成を制御しているように思われるからである。だが、どのようにして？　ある人々は、ZPAに含まれる細胞がある分子をつくり、それが肢にひろがっていき、細胞にちがった指をつくるように指令するのだと信じていた。その主張の核心は、この名称不明の分子こそが重要な要因なのだという点にあった。この分子が高濃度で存在するZPAに近い領域では、細胞は、小指をつくるという反応をするだろう。発生中の手の反対側では、Z

PAから遠く離れていてこの分子の濃度がずっと薄まるため、細胞は親指をつくるという反応をするだろう。中間領域の細胞は、この分子の濃度に応じて、第二指、第三指、第四指をつくるだろう。

この濃度依存性という考え方が正しいか否か、明確な検証もおこなわれている。一九七九年にデニス・サマーベルという研究者が、ZPA領域と肢の残りの部分とのあいだにごく小さな金属の薄片をおいた。この障壁を使うことによって、ZPAから反対側に向かう、あらゆる種類の分子の拡散を阻止したらどうなるか、という発想である。サマーベルは、この障壁を挟んだ両側の細胞に何が起こるかを調べた。すると、ZPA側にある細胞は指を形成した。一方、反対側にある細胞は指を形成しないことが多く、形成した場合でも、指ははなはだしい奇形を呈していた。結論は明白だった。ZPAから、指をどのように形成し、どのような姿にするかを制御している何かが放出されていたのだ。その何かの正体をつきとめるために、研究者たちはDNAを調べる必要があった。

DNAのレシピ

このプロジェクトは、新しい世代の科学者に託された。新しい分子生物学的な技術が使えるようになる一九九〇年代になるまで、ZPA移植実験の根底にいかなる遺伝的制御機構があるのかは解明されなかった。

一九九三年に一大飛躍（ブレイクスルー）が起こった。この年、ハーヴァード大学のクリフ・タビン研究室が、ZPAを制御している遺伝子の探索を開始したのである。彼らが追う獲物は、私たちの小指と親指を異なったものにする能力をZPAに与えている分子的なメカニズムだった。一九九〇年代の初めに、彼のグループが研究を開始したころには、前述したようないくつかの実験から、ある種の分子がすべての事態を引き起こしているにちがいないと、私たちは考えるようになっていた。これは、研究の方向を定める一般理論（グランドセオリー）と言えるものだったが、その分子が何かということは誰にもわかっていなかった。人々はつぎつぎといろいろな分子を提案したが、どれ一つとしてその任に堪（た）えるものはないことが明らかになっただけだった。最後にタビンの研究室は、本書のテーマに深いかかわりをもつ一つの新しい考えを思いついた。その答がどんなものであるかを述べるためにハエに目を向けよう。

少し時間をさかのぼるが、当時すでに、一九八〇年代の遺伝学的実験によって、たった一個の卵細胞からハエの体を形づくる遺伝子活性のみごとなパターンが明らかにされていた。ショウジョウバエの体は、前から後ろに向かって組織化されていて、頭が前方にあり、後方には翅がくるようになっている。ハエの個体発生を通じて、すべての遺伝子のスイッチがオンになったりオフになったりする。この遺伝子活性化のパターンがショウジョウバエのさまざまな領域を異なったものにする役目を担っている。

タビンは後で知ったのだが、他の二つの研究室——アンディ・マクマホンとフィル・インガムの研究室――がすでに、それぞれ独立に、同じような大枠の考え方を思いついていた。そこで出現したのが、三つの異なる研究グループによる共同研究であり、そこから目覚ましい成果が得られることになるのだ。ショウジョウバエのもつ遺伝子のうちの一つが、タビン、マクマホン、およびインガムの関心を捉えた。彼らは、この遺伝子が一つの体節の一端を他端とはちがったものにしていることに着目した。ショウジョウバエ遺伝学者によってすでに、この遺伝子にはヘッジホッグという名前がつけられていた。ところで、ハエの体におけるこのヘッジホッグ遺伝子の機能――ある領域を他の領域と異なったものにする――は、小指と親指を異なったものにするときにZPAがしているのと同じものであるように、あなたには思えないだろうか？　この類似性を、三つの研究室は見逃さなかった。そこで彼らは、ニワトリ、マウス、および魚類などの動物で、ヘッジホッグ遺伝子を探すことをはじめた。

　ショウジョウバエのヘッジホッグ遺伝子の塩基配列がわかっていたので、研究室のメンバーは、ニワトリでこの遺伝子を探しだすための探索イメージをもちあわせていた。それぞれの遺伝子には特有の塩基配列がある。したがって、いくつかの分子生物学的な道具（ツール）を用いれば、ニワトリのDNAをスキャンし、ヘッジホッグと同じ塩基配列を探すことができる。何度となく試行錯誤を繰り返したあげく、彼らはついにニワトリのヘッジホッグ遺伝子を見つけ出した。

古生物学者が新種に名前をつけるのと同じように、遺伝学者は新しい遺伝子に名前をつける。ヘッジホッグ遺伝子を発見したショウジョウバエ遺伝学者たちは、その遺伝子の突然変異をもつショウジョウバエが小さなハリネズミを思わせるような剛毛をもっているところから、そう名づけたのだ。タビン、マクマホン、インガムの三人は、この遺伝子のニワトリ版に、セガジェネシスのテレビゲーム（のキャラクターであるソニック・ザ・ヘッジホッグ）からとって、ソニック・ヘッジホッグと名づけた。

いよいよ、お待ちかねの疑問だ。ソニック・ヘッジホッグは、実際に肢でどんなことをしているのか？　タビンのグループは、この遺伝子にくっつく性質をもつ分子に染料を着け、肢のどこでこの遺伝子が活性をもつか目に見えるようにした。非常に驚いたことに、彼らは、肢の小さな領域、すなわちZPAにある細胞だけが活性をもつことを見いだしたのである。

そうなると、次にとるべきステップは明白になった。ソニック・ヘッジホッグ遺伝子の活性化のパターンはZPA組織のパターンと同様のものであるにちがいない。ニワトリの肢を、ビタミンAの一種であるレチノイン酸で処理したときに、もともとある指の反対側にZPA活性が得られ、鏡像関係にある指が余計に現れたことを思いだしてほしい。では、同じように肢をレチノイン酸で処理し、ソニック・ヘッジホッグが活性化している場所をマップしていけばどうなるか、もうおわかりだろう。ソニック・ヘッジホッグの場合も、

ZPAをレチノイン酸で処理したときとまったく同じように、両側――小指側と親指側――で活性化が見られるようになる。

ニワトリのソニック・ヘッジホッグ遺伝子の構造がわかったいま、他の研究者は、カエルからヒトまで、指をもつどんな動物においても、この遺伝子を探す道具を与えられたも同然だった。あらゆる四肢動物はソニック・ヘッジホッグ遺伝子をもっている。そしてこれまで研究されたすべての動物で、ソニック・ヘッジホッグ遺伝子は、ZPA領域で活性化している。あなた自身の個体発生の第八週めに、もしソニック・ヘッジホッグ遺伝子のスイッチが正しくオンしなければ、あなたは多指症になるか、あるいは親指と小指が同じ形になってしまうかである。まれに、ソニック・ヘッジホッグ遺伝子に不具合が生じると、手は、どれも同じように見える一二本もの指がついた、幅の広い櫂のようになってしまう。

現在ではソニック・ヘッジホッグが、適切なときにスイッチをオン・オフすることによって肩から指先に至るまで私たちの四肢を形づくっている、数十の遺伝子のうちの一つであることがわかっている。驚くべきことに、ニワトリ、カエル、マウスでの研究からもすべて、同じことが言えるとわかった。上腕、前腕、手首、および指をつくるDNAのレシピは、四肢をもつすべての動物で事実上同じなのである。

ソニック・ヘッジホッグやその他の肢をつくるDNAは、どのくらい古い時代までさかのぼれるのだろう？　これと同じ代物（しろもの）が魚の鰭の骨格をつくるときにも活性化しているのだろうか？　それとも手は、遺伝的には、魚の鰭とまったく異なったものなのだろうか？　私たちは、自らの腕や手の解剖学的特徴のうちに、内なる魚を見た。それをつくるＤＮＡについてはどうなのだろう？

人魚の財布を携えたランディ・ダンの出番だ。

サメに手を与える

ランディ・ダンは、単純だが非常にエレガントなアイデアをもって、私の研究室に入ってきた。エイ（具体的にはガンギエイ）の胚を、クリフ・タビンがニワトリの卵でやったのとまったく同じやり方で処理するというものだった。ランディの目標は、ソーンダーズやツウィリングの組織移植からクリフ・タビンの遺伝子実験まで、生物学者がニワトリの卵でやったあらゆる実験を、エイを用いておこなうことだった。エイは、ある種の殻と卵黄をもつ卵のなかで発生する。エイはニワトリと同じように、大きな胚をもってもいる。こういう都合の良さがあるので、ニワトリを理解するために人々が開発した遺伝的・実験的道具の多くを、エイに適用することができた。

サメ・エイ類の鰭の発生とニワトリの脚の発生を比較することで、何がわかるというのだろう？　もっとはっきりいえば、こういったことをしたからといって、私たち自身について、何を知ることができるのだろう？

ソーンダーズ、ツウィリング、およびタビンが示したように、ニワトリはヒトの四肢の驚くほどすばらしい代用になる。ソーンダーズとツウィリングが切り出し・移植実験で、タビンがDNA研究で発見したことのすべてが、私たちの四肢にも適用される。私たちはZPAをもち、ソニック・ヘッジホッグをもち、どちらも私たちの健康に大きな影響をおよぼすのだ。すでに見たように、ZPAの機能不全やソニック・ヘッジホッグの突然変異は、人間の手に重大な形成異常を引き起こすことがありうる。

ランディはこの生物学上の仕組みが、私たちの手をつくる仕組みとどう異なるのかを究明したいと思っていた。私たちと他の生物とのつながりは、どれほど深いものなのか？私たちの手をつくるレシピは歴史の浅いものなのか、それとも他の動物に古い起源をもっているのだろうか？

サメとそれに近い仲間は、内部に骨格を備えた鰭をもつ最初期の動物である。ランディの問いに答えるためには、理想をいえば、四億年前のサメの化石を研究室に運び込んで、それをすりつぶして、その遺伝的構造を調べてみたいところだ。そして、現在のヒトの四肢におけるのとほぼ同じ部域でソニック・ヘッジホッグが活性化しているかどうかを知るために、その化石の胚を操作できればなおいい。それはすばらしい実験になるだろうが、不可能なことである。そんなに古い化石からDNAを抽出することはできないし、たとえできたとしても、実験できるような化石動物の胚を見つけることはけっしてできないだろう。

だから、次善の策として、現生のサメ類やその近縁種を用いるのである。サメの鰭とヒトの手を取り違えたりする人間はけっしていないだろう。これ以上に異なった種類の付属肢をもつ動物はまずない。サメとヒトは類縁が遠く隔たっているだけでなく、その付属肢の骨格構造はまるで似たところもない。サメの鰭の内部にはオーウェンの一個の骨－二個の骨－小さな骨の塊－指というパターンに、かすかにさえ似たものは存在しない。むしろサメの場合、内部の骨は棒のような形をしていて、長短、太いのと細いのとがある。しかもそれらは軟骨でできているのにもかかわらず骨と呼ばれている代物なのだ（サメ・エイ類は軟骨魚類と称されるが、それはその骨格に硬い骨が一切ないからである）。もし、四肢におけるソニック・ヘッジホッグの役割が、四肢動物に特有のものかどうかを確かめたいのなら、ほとんどあらゆる点でまるで異なる種を用いるにしくはない。それに加えて、鰭であろうと肢であろうと、なんらかの対の付属肢をもつもっとも原始的な現生の魚といえる種が望ましい、ということもある。サメ類はどちらの条件にも完璧にあてはまるではないか。

こうしてサメを選んだ私たちが、最初にぶちあたった問題は単純なものだった。サメ・エイ類の胚の信頼できる供給源が必要だったのだ。サメ類はきちんと定期的に捕獲するのがむずかしいが、その近い親戚であるエイ類では話がちがうことがわかった。そこで私たちはサメで実験を始め、サメの供給が減ったときにエイを代わりに使った。毎月あるいは二カ月に一回、胚の入った卵殻を二〇個から三〇個ずつ送ってくれる提供者を見つけた。私たちは毎月、まるで積荷信仰の信者のごとく、貴重な卵殻の積荷を首を長くして待った。

タビンのグループやその他の人々による研究は、ランディに研究を始めるための重要な手がかりを与えた。一九九三年のタビンの研究以降、魚からヒトに至るさまざまに異なった多数の種で、ソニック・ヘッジホッグ遺伝子が発見されていた。この遺伝子の構造がわかっていたので、ランディはソニック・ヘッジホッグ遺伝子を求めて、サメとエイのDNA全体をスキャンすることができた。ごく短い時間で、求めるものが見つかった。サメのソニック・ヘッジホッグ遺伝子である。

答えるべきもっとも重要な問いは、どこでソニック・ヘッジホッグ遺伝子が活性化しているかであり、それよりもさらに重要なのは、それが何をしているのかという問いである。

ランディはこの卵殻を使って、エイの個体発生において、いつどこでソニック・ヘッジホッグ遺伝子が活性化しているかを目に見えるようにした。彼はまず、エイの個体発生においてソニック・ヘッジホッグ遺伝子にスイッチの入るのが、ニワトリの四肢におけるのと同じ時期かどうかを調べた。答はイエスだった。つぎに彼は、それにスイッチが入る場所が、私たちの小指側に当たる鰭の後端の組織領域のなかであるかどうかを調べた。答はまたしてもイエスだった。そこでいよいよビタミンA実験をおこなった。これこそまさに

「値千金」の瞬間だったと言えよう。もし、ニワトリあるいは哺乳類の肢をこの化合物で処理すれば、本来生ずる組織の反対側にソニック・ヘッジホッグ遺伝子の活性をもつ組織領域が得られることになり、結果として骨の重複形成がともなう。ランディは卵にビタミンAを注入し、約一日待ってから、ニワトリの場合と同じように、本来の肢の反対側でソニック・ヘッジホッグ遺伝子のスイッチ・オンを引き起こしたかどうかを調べた。結果はその通りだった。だが、今度は長い待ち時間がやってきた。ソニック・ヘッジホッグは、ヒトの手、エイ類・サメ類の鰭のなかで、同じやり方で振る舞うことはわかった。しかし、こういったことすべてが、骨格にどういう影響をもつのか？　その答を得るまで、私たちは二カ月待たなければならなかった。

胚は、不透明な卵殻の内側で発生をつづけていたので、私たちにわかるのは、その動物が生きているかどうかということだけだった。鰭の内部を見ることはできなかったのだ。

最終的には、ヒト、サメ、エイのあいだに類似性があることを示す、呆然とするほどみごとな実例が得られた。鏡像の鰭ができていたのだ。背鰭は、前から後ろへのきれいなパターンはそのままに、同じ構造のものが二つ並んでいて、それは肢でおこなった実験で見たのとまったく同じだった。四肢では肢の構造が重複するが、サメの場合鰭の構造が重複し、エイでも同じことがおこる。ソニック・ヘッジホッグは、今日地球上で見られるもっとも異なった種類の付属肢の骨格にさえ、同じような効果を及ぼすのだ。

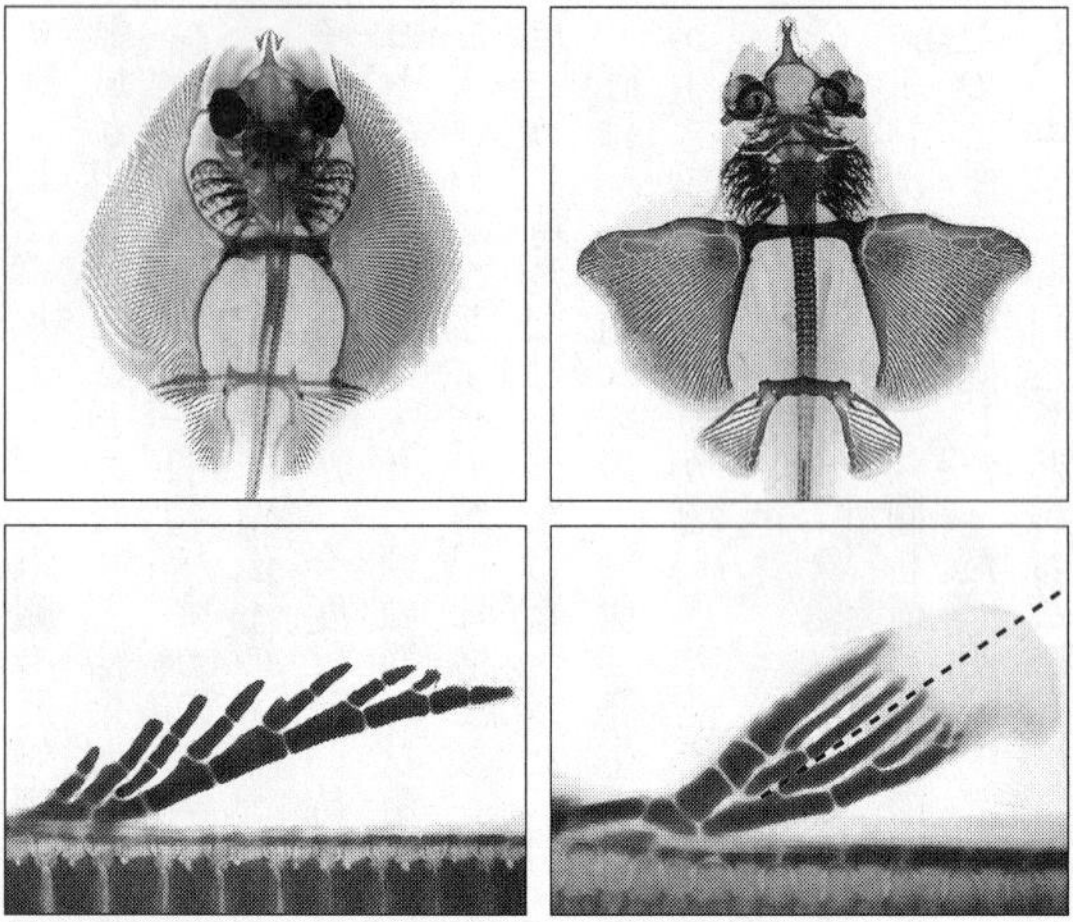

正常な鰭（左）とランディが処理を加えた鰭。処理を加えられたエイの鰭は、ニワトリの翼の場合と同じように、鏡像的な重複を示した。写真はシカゴ大学のランドール・ダンの好意による。

　よもやお忘れではないだろうが、ソニック・ヘッジホッグの及ぼす一つの効果は、指を互いにちがった形にするということだった。ZPAに関して見たように、どういう種類の指が発生してくるかは、ソニック・ヘッジホッグの活性源にどれほど近いかによって決まる。正常なエイの成魚の鰭は、多数の棒状の骨をもっているが、どれもみな同じような形をしている。これらの棒状の骨を、私たちの指のように、お互いにちがったものにすることはできるだろうか？　ランディは、ソニック・ヘッジホッグ遺伝子がつくったタンパク質を染みこませた小さなビーズを、同じ形をした棒状の骨のあいだに入れた。彼の実験の要点は、マウスのソニック・ヘッジホッグ遺伝子を使うことにある。これが実に巧妙な工夫で、エイの胚に挿入された小さなビーズは、マウスのソニック・ヘッジホッグ遺伝子がつくるタンパク質を徐々に漏出させていく。このマウスのタンパク質は、サメやエイになんらかの影響をおよぼすだろうか。

このような実験には二つの正反対な結果がありうる。一つは何ごとも起こらないというもの。これは、エイはマウスとあまりにも大きく異なっているので、ソニック・ヘッジホッグ・タンパク質がなんの効果もないということを意味するだろう。しかし、それとは逆の結果が得られたなら、私たちの内なる魚について驚倒するような実例が提供されることになるだろう。すなわち、棒状の骨が互いに異なった形となり、ソニック・ヘッジホッグ遺伝子がエイの体内でヒトにおけるのと似たような仕事をしているのを実証する、というわけである。ここで、ランディが哺乳類のタンパク質を使っていることをお忘れなく。それは、種がちがっても、用いている遺伝的なレシピは実によく似たものである、ということを意味する。

結局、棒状の骨は最終的にお互いに異なった形になっただけでなく、ソニック・ヘッジホッグ遺伝子に対して、この遺伝子がつくるタンパク質を分泌するビーズからの近さに基づいて、指と同じように反応した。すなわち、より近い棒状の骨は遠いところにあるものとは異なった形になったのである。何より驚くべきは、エイにおいてそれほど効果的な仕事をなしとげたのが、マウスのタンパク質だったということだ。

ランディが見つけた「内なる魚」は一個の骨ではなく、骨格の一部分でもなかった。ランディの内なる魚は、実際に鰭を形づくる生物学的な道具（ツール）のなかにいるのだ。マウス、サメ、ハエというまるで異なった動物での実験につぐ実験は、ソニック・ヘッジホッグで得られた教訓が非常に一般的なものであることを示している。あらゆる付属肢は、それが鰭であろうと肢であろうと、同じような種類の遺伝子によって形づくられる。このことは、先の二章で私たちが考察した問題――魚の鰭から肢への移行――にとって、どういう意味をもつのだろうか？　それが意味するのは、この重大な進化上の転換に新しいDNAの出現がかかわっていないということである。おそらくこの移行は主に、サメの鰭の発生に関与する遺伝子のような大昔からの遺伝子を、指つきの四肢をつくるという新しい用途に使うことによって成しとげられるのだろう。

　しかし、肢と鰭に関するこうした実験にはさらに深い美しさがある。タビンの研究室は、ヒトの先天性欠損症について情報を与えてくれるニワトリの遺伝子を見つけるために、ショウジョウバエでの成果を使った。ランディは、ヒトとエイとの関連についてなんらかの情報を得るために、タビン研究室の発見を使った。「内なるハエ」が「内なるニワトリ」の発見を助け、それが最終的に、ランディによる「内なるエイ」の発見を助けたのだ。生きている動物どうしの結びつきは、かくも根の深いものなのである。

第４章　いたるところ歯だらけ

歯は解剖学の授業では、軽く片づけてしまわれる。全部の歯についてたった五分しか使わない。好きな器官の殿堂入りリスト——読者がそれぞれ自分のリストをつくるのにお任せするが——で、歯が上位五番以内にくることはめったにない。けれども、小さな歯にはヒトと他の動物との結びつきがあまりにもたくさん含まれているため、歯を知らずして人体について理解することは事実上不可能である。歯は私にとって特別な意味もある。というのは、私がはじめて化石の見つけ方と、化石調査のやり方を教わったのが、歯の化石探しだったからである。

歯の仕事は大きな餌動物を小さく引き裂くことである。動かすことのできる顎をもつ動物では、歯を使ってモノを薄く切り、細切れにし、やわらかくする。口はある程度までしか大きくならないが、歯のおかげで動物は口よりも大きなものを食べることができる。口に入れる前に食べ物を引き裂いたり、切ったりできる手や爪をもたない動物では、とりわけそうである。大きな魚が自分より小さな魚を食べる傾向があるのは本当だ。しかし歯は偉大な平等化の手段になりうる。小さな魚でも、すぐれた歯をもっていれば、大きな魚をむさぼり食うことができる。小さな魚は、歯を使って、大きな魚の鱗を剝ぎ取ったり、欠片を食べたり、あるいは肉の塊をざっくり切り取ることができる。

私たちは歯を調べるだけで、その動物について多くを知ることができる。歯の隆起、くぼみ、畝はその歯の持ち主が何を食べていたかを反映していることが多い。ネコ科などの肉食動物は、肉を切り裂くことができる刃のような臼歯をもっているが、草食動物の口には、植物の葉や果実をすりつぶすことができる平らな歯がずらっとならんでいる。歯がもつ情報的な価値は歴史上の解剖学者たちにも認識されていた。フランスの解剖学者ジョルジュ・キュヴィエは、歯が一本ありさえすれば、その動物の全骨格を復元できると豪語したことで有名である。これはちょっと言い過ぎだが、全体的な要旨は妥当である。歯は動物の生活様式をのぞきこめる強力な窓なのだ。

ヒトの口を見れば、私たちが汎食性であることはすぐわかる。なぜなら、人間の口には数種類の歯があるからだ。私たちの前歯である切歯（門歯）は、モノを切ることに特殊化した平刃状である。奥歯、すなわち大臼歯はより平らな形をし、歯冠には植物や動物の繊維をすりつぶすことができる独特のパターンがある。両者の中間にある小臼歯（前臼歯）

は切歯と大臼歯の中間の機能をもっている。

私たちの口のもっとも目覚ましい特徴と言えば、ものを嚙むときの正確さである。口を開いてから閉じてみてほしい。あなたの歯はつねに同じ位置でぶつかり、上の歯と下の歯がぴったりと咬み合う。上の歯と下の歯の咬頭（こうとう）、溝、畝がぴったりと一致するので、私たちは食べ物を最大の効率で嚙み砕くことができるのである。実際に、上の歯と下の歯の咬みあわせが悪いと、歯を傷つけ、歯医者の懐（ふところ）を暖めさせることになる。

古生物学者は、歯が驚くほど豊かな情報源であることを知っている。歯は、私たちの体のなかでもっとも硬い部分である。なぜなら、エナメル質には鉱物質のヒドロキシアパタイト［リン酸カルシウムの一種］が高い割合で——骨におけるよりも高い割合で——含まれているからである。その硬さのおかげで、歯は、多くの地質年代から発見される動物の化石のなかでもっとも保存状態のいいものであることが多い。これはありがたいことである。歯は動物の食性を知るうえで非常に大きな手がかりになるので、化石の記録が、さまざまな食性がどのようにして出現したかを知るすばらしい糸口になりうるからだ。この点は、哺乳類の歴史にはとりわけよくあてはまる。多くの爬虫類は同じような歯をもっているが、哺乳類の歯はそれぞれ独特である。通常の古生物学課程の哺乳類の部（セクション）は、ほとんど歯科初級講座のようだと言っていい。

現生の爬虫類——ワニ類、トカゲ類、ヘビ類——は、哺乳類の口に固有の特徴のほとんどを欠いている。たとえばワニ類の歯は、すべて同じようなブレード（刃）状をしている。

唯一のちがいは、あるものが大きく、あるものが小さいということだけである。爬虫類はまた、ヒトやその他の哺乳類がもっている正確な咬合（こうごう）――上下の歯がうまく咬み合う――も欠いている。さらに、私たち哺乳類は一回だけ歯が生え替わるのに対して、ふつう爬虫類では、生涯にわたって歯の妖精が訪れて、摩耗したり、壊れたりした歯をたえず取り替えてくれるのである。

私たちをヒトたらしめているきわめて基本的な要素（ピース）の一つである哺乳類特有の正確な咀嚼法（そしゃくほう）というものは、二億二五〇〇万年前から一億九五〇〇万年前の世界中の地層に含まれた化石記録のなかに出現する。この地質年代の最下層、もっとも古い年代の岩石のなかには、驚くほどイヌによく似た姿の爬虫類が多数見つかる。彼らは四本脚で歩き、大きな頭骨をもち、多くのものが鋭い歯をもっている。だが似ているのはここまでだ。イヌとちがって、これらの爬虫類は多数の骨からできた顎をもち、歯は本当の意味では咬み合っていない。また、歯はまぎれもなく爬虫類的なやり方で生え替わる。生涯を通じて、新しい歯が生えてはまた抜けていくのだ。

地層を上に向かって昇っていくと、まったくちがったものが見られる。哺乳類らしさの出現である。顎の骨が小さくなり、耳に向かって移動するのである。ここに至ってようやく、上下の歯が正確な形で咬み合う最初の証拠を見ることができる。顎の形状も変わる。

爬虫類では単純な棒状であったのが、哺乳類ではブーメランに似たような形になる。また、この時点になると歯は、私たちと同じように、生涯で一度だけしか生え替わらない。こうした変化の跡はすべて化石記録、とくにヨーロッパ、南アフリカ、中国の特定の採掘場から得られる化石で、たどることができる。

およそ二億年前の地層からは、モルガヌコドンやエオゾストロドンなど、はじめて哺乳類らしい姿を見せはじめた、齧歯類（げっしるい）によく似た動物の化石が見つかる。これらの動物は、せいぜいネズミくらいの大きさだが、その内部には、ヒトを構成する重要な成分（ピース）が含まれている。写真や絵ではこうした初期の哺乳類がどれほどすばらしいものであるかをうまく伝えることができない。私にとっては、こうした動物をはじめて見るのは、文字通り身震いするような感動であった。

大学院に入ったとき、私は初期の哺乳類を研究したいと思っていた。私はハーヴァード大学を選んだが、それは、第1章で紹介したファーリッシュ・A・ジェンキンズ・ジュニアがリーダーになって、咀嚼という固有の能力を哺乳類が発達させてきた過程の痕跡を組織的に探索するために、アメリカ西部探検調査をおこなっていたからである。この仕事は本当の探査だった。ファーリッシュらのチームは、他の人間がすでに発見した場所を訪ねるのではなく、新しい土地と採掘場を探していた。ファーリッシュは、ハーヴァード比較動物学博物館の館員たちと数人のフリーの傭員からなる有能な化石発見グループを集めていた。主立った顔ぶれは、ビル・アマラル、チャック・シャッフ、そして今は亡きウィル・ダウンズだった。これらの人々が、私を古生物学の世界に道案内してくれた。ファーリッシュとそのチームは、地質図と航空写真を使って、初期の哺乳類を発見できる見込みのありそうな地域を選びだしていた。それから毎夏、トラックに乗って、ワイオミング、アリゾナ、ユタの砂漠に向かった。私が調査に参加した一九八三年には、すでに彼らはいくつかの重要な新しい哺乳類と、化石採掘場を見つけていた。私は、化石探査において予測というものが発揮する威力の大きさに衝撃を受けた。ファーリッシュ・チームのメンバーは科学論文や書籍を読むだけで、初期の哺乳類が見つかりそうな場所と見つかりそうにない場所をみきわめることができたのだ。

私は野外古生物学に関して、チャック、ビルとアリゾナ砂漠を歩いていたときに洗礼をほどこされた。最初は、この探索の営み全体がまるっきり行き当たりばったりになされているように思えた。私が予想していたのは、軍事行動のように、組織的な共同作戦による一帯の偵察に似たものだった。しかし、私が目にしたのは、それとまるっきり正反対に思えるものだった。チームは、岩の特定の一画に腰を下ろし、めいめいが思い思いのばらばらな方向に散らばって、表面に出ている骨の断片を探すのである。この探検調査の最初の数週間、彼らは私を一人でほったらかしにした。私は化石探しを始め、目についたあらゆる岩をきちんと一つずつ、表面に骨の欠片がないかどうか調べていった。毎日の終わりには、キャンプに帰って自分の発見した戦利品を見せびらかす。チャックはバッグ数個ぶんの骨をもっている。ビルもそれに負けないくらいの量のものをもっていたものだ。たいていは、小さな頭骨かその他の貴重なものだった。そして私には何もなかった。空っぽのバッグは、私が学ばなければならないことがどれほど多かったかを物語る悲しい思い出である。

その二、三週間後、私はチャックと一緒に歩かせてもらうのがいいだろうと考えた。彼は毎日、目一杯に詰まったバッグをもって帰るように思えた。だったら、達人からちょっとばかりヒントをもらってもかまわないだろう？　チャックは喜んで私と一緒に歩いてくれ、野外古生物学における長い経歴についてくわしく説明してくれた。チャックはかすかにブルックリンの匂いをさせてはいたが、根っからのテキサス州西部人だった。カウボーイ・ブーツをはき、西部人の価値観をもつが、ニューヨーク訛りがあった。彼が過去の探検調査の話で私を喜ばせてくれているあいだ、自分が心底情けなくなるような体験の数々をさせられることになった。第一に、チャックはすべての岩を調べたりせず、どれか一つを選ぶのだが、そのときなぜそれが選ばれたのか、私にはどうしてもわからなかった。彼についてまわって調査すると、思わず恥じ入らずにはいられなくなる。つまり、チャックと私は地面の同じ一画を調べるのに、私には岩――むきだしの砂漠の床――しか見えない。チャックには化石の歯、顎、あるいは頭骨の断片さえ見えるのだ。

空から見れば、はてしないように見える平原の真ん中を歩いていく二人の姿が映っていたことだろう。そこは、くすんだ赤と緑の砂岩でできた台地、小丘、悪地という景観が何キロメートルにもわたってひろがっている。しかし、チャックと私は地面、石の欠片、そして砂漠の床の急斜面だけを見つめている。私たちの探している化石はちっぽけで、長さは数センチメートルしかなく、私たちが相手にしている世界はこのうえなくちっぽけなものだった。この自分の関心の及ぶ範囲の狭さは、まわりを取り囲む砂漠のパノラマの広大さと著しい対照をなしていた。まるで、一緒に歩いてくれるパートナーが全宇宙でたった一人の人間であり、私の全存在は、石の欠片に集約されているかのように感じられた。私が毎日のようにどこを歩くのがいいかという質問をして困らせたにもかかわらず、チャックはおどろくほど忍耐強かった。私は、骨の見つけ方を正確に説明してほしかった。彼は何度も繰り返して、「なにかちがうもの」を、岩石ではなく骨の感触をもつもの、歯のようにキラッと光るもの、砂岩の欠片ではなく、腕の骨のように見えるものを探せと語った。言葉で聞くと簡単なようだが、彼が言っていることの本質をつかむことはできなかった。どんなに努力しても、私はまだ依然として、毎日手ぶらで帰らなければならなかった。チャックからアドバイスをもらいながら、同じ岩石層を調べていたのに、チャックだけはいくつものバッグをもって帰るのだから、なおさら情けない。

ある日ついに私は、砂漠の太陽にきらめく最初の歯を一つ見つけた。それは、なにかの砂岩の欠片のなかに収まっていたが、一目瞭然の状態で存在した。その歯のエナメル質は、他のいかなる岩石にもない光沢をもっていた。これまで私が見たどんなものにも似ていなかった。まあ、正確にはそうではなかった――私は、似たようなものを毎日見ていたのだ。ちがうのは、このとき私についにそれが見えた、つまり、岩石と骨のちがいが見えたということだった。歯はキラキラと光り、それが光るのを見たとき、私は咬頭の位置がわかった。一本の歯全体は、基部から下方に突き出ている歯根を含めないと、一〇セント硬貨ほどの大きさだった。私にとってそれは、博物館のホールにある最大級の恐竜に劣らぬ栄光に満ちたものだった。

まったく突然、砂漠が骨で満ちあふれて見えた。それまで岩にしか見えなかったところで、私はいまや、化石の小さな欠片や断片をいたるところで見ていた。まるで、特別な新しい眼鏡をかけ、さまざまな骨のすべてにスポットライトが当たっているかのようだった。歯の次は、他の骨の小さな断片で、それからさらに多くの歯が見つかった。私は、風化によって露出し、バラバラになった顎を見ていたのだ。それから私は毎晩、小さなバッグで獲物を持ち帰るようになった。

ついに私は自分で骨を見つけることができるようになり、それまで行き当たりばったりの集団的営為のように見えたものが、まぎれもなく秩序だった営みに見えはじめた。みんながでたらめに砂漠に散らばっていっているだけではなかった。そこには口にはされないが、実質的なルールがあった。ルールその一。それまでの経験で自分が獲得している探索像または視覚的な手がかりなど、なんでもいいのだが、それから判断してもっとも化石がたくさん出そうな岩に向かえ。ルールその二。他の人間の歩いたところをたどるな。新しい地面を探せ（チャックは寛大にも私にこのルールを破らせてくれた）。ルールその三。もし絶好の場所だと思ったところにすでに他の誰かがいれば、新しい絶好の場所を見つけるか、それほど見込みのなさそうな場所を探すしかない。要は、早い者勝ちなのだ。

やがてそのうち私は、長い骨、顎骨（がくこつ）、頭骨の一部など、他の種類の骨についての視覚的な手がかりも習得しはじめた。一度そうしたものを見わけられるようになると、それらを見つける能力はけっして失われることがない。漁の達人が海を読み、水中の魚を見ることができるのと同じように、化石探索者も、手持ちの「探索イメージ」をあれこれ駆使して、岩から化石を跳びださせるのだ。私は、化石骨がさまざまな岩石のなかで、さまざまな照明条件のもとでどのように見えるかという、自分なりの視覚的な印象を摑みはじめていた。朝日のなかで化石を探すときは、午後に探すときとはまったく別のやり方をとらなくてはならない。地面への光のあたり方がちがうせいである。

それから二〇年たった今では、モロッコの三畳紀の地層からエルズミア島のデボン紀の地層にいたるまで、どこか新しい場所で化石探しをするたびに同じような体験を経なければならないことがわかってきた。最初の数日間は、二〇年前にアリゾナでチャックについて歩いたときとほとんど同じように、もがき苦しむことになる。ちがうのは、現在では自分の「探索イメージ」が最後にはものをいうだろうという多少の確信を私がもっていることだ。

私とチャックがした探査の究極の目標は、多数の骨が見つかる場所を見つけることで、そういう場所は掘りだすことができる化石を豊かに含む地層であることの証となる。私が隊員として参加したころには、ファーリッシュのチームはすでにそうした地帯を一つ見つけていた。それは長さ三〇メートルにわたる岩の一区画で、小動物の骨格が続々と発掘されていた。

ファーリッシュの化石採掘場は、非常に細かな粒子の泥岩中にあった。そこで作業するための秘訣は、化石が、厚さ一ミリメートルほどしかない薄い一層から出てくるという事実を肝に銘じることだった。その面を露出させさえすれば、骨を見つける確率は非常に高い。骨はどれも小さくて、長さは二～五センチメートルほどしかなく、黒い色をしていて、褐色の岩を背景にすると、ほとんど黒い染みのようにしか見えない。私たちが見つけた小動物には、カエル（最古のカエル類の数種）、脚のない両生類（無足類）、トカゲ類およびその他の爬虫類、そして重要なことに、最古の哺乳類も数種が含まれていた。

大事な点は、初期の哺乳類が小さかったということである。非常に小さく、歯は長さが二ミリメートルほどにすぎなかった。それを見分けるためには細心の注意が必要だし、往々にして非常な幸運に恵まれなければならない。もし歯が小さな岩の欠片に覆われていれば、あるいはたった数粒の砂に覆われていてさえ、見つけることはけっしてできないかもしれない。

私が心底からこの仕事の虜（とりこ）となったのは、こうした初期の哺乳類の姿を目にしたのがきっかけだった。私はこの地層を露出させ、それから、倍率一〇倍の拡大鏡で、その表面全体を精査していった。手と膝をつき、眼と拡大鏡を地面からわずか五センチメートルのところにもっていって、全体を注意深く調べていく。そんなふうに夢中になるあまり、私はしばしば、自分がどこにいるかを忘れてしまい、隣の人の領分をうっかり不法侵害してしまう。すると、頭の上から泥だらけのバッグをドサッと落とされて、自分の領分を守ることを痛切に思いださせられる羽目になる。しかしまれに、大当たりにぶち当たり、化石が示す深い、誰も知らなかったつながりに気づくことがあった。歯が咬頭と歯根をもつ小さな刃（ブレード）のような姿をしていたりする。こうした小さな歯の咬頭が、重要な事実を知る手がかりとなった。歯というものはどれも、上下の歯が咬み合う表面に、その歯のみに特徴的な摩耗のパターンをもっている。私がそこに見いだそうとしていたのは、一億九〇〇〇万年前のちっぽけな哺乳類が、私たちと同じような正確な咬合を備えていたということの、いまだ誰もつかんだことのない証拠だった。

そのときに受けた衝撃を、私はけっして忘れることはないだろう。今この場所で、埃にまみれて岩を砕きながら、これまで誰にも思いもよらなかったことを物語るかもしれないモノを私は発見しつつあった。非常に子供じみて、惨めとさえいえる作業と、人間の偉大な知的目標の一つが背中合わせであることを、私はしっかりと認識していた。どこか新しい場所を発掘するとき、私は毎回そのことを自分に言い聞かせるようにしている。

その年の秋に大学に戻ると、私の「調査探検やりたい虫」はすっかり大きく育ってしまった。自分で調査探検隊を率いてみたかったが、大きなことをするだけの資金源がなかったので、コネチカット州の二億年ほど前の地層の調査を始めた。そこは、一九世紀にくわしく研究されていて、いくつもの重要な化石が発掘された舞台であった。もし、そうした同じ地層に行き当たり、拡大鏡と私のすばらしい成功を収めてきた初期哺乳類に関する探索イメージをもってすれば、たくさんのすばらしい化石を見つけられるのではないかと思ったのだ。私はミニバンを借り、採集バッグの入った鞄をつかんで、出発した。

しかし、また一つ教訓を得ただけだった。何も見つけられなかったのだ。一から出直し、あるいはもっと正確には、大学の地質学の図書室から出直しだった。

二億年前の地層がいい状態で露出している場所が必要だった。コネチカット州では、高速道路沿いの地質切断面しかなかった。理想的なのは、海岸沿いで、波の作用で砕けたばかりの岩石がいつでも豊富にあり、調べることができるような場所だった。地図を調べてみて、目指すべきところははっきりした。カナダのノヴァスコシア州の北部で、地表に三畳紀からジュラ紀（およそ二億年前）の地層が横たわっている。おまけに、この地域の旅行案内書には、ここが、まれに一五メートルを超える世界最高の潮位差をもつことが宣伝されていた。私は自分の幸運が信じられなかった。

私は、この地層の専門家であるポール・オルセンに電話をした。当時、彼はコロンビア大学で教鞭をとりはじめたばかりだった。ポールに話をする前の私が、化石が見つかるかもしれないという期待で興奮していたとすれば、話したあとは口から泡を飛ばしていきりたっていた。彼は太古の小さな哺乳類または爬虫類を見つけるための理想的な地質学的条件を説明してくれた。それは、小さな骨を保存するのにぴったりの性質をもつ太古の川や干潟（ひがた）だという。さらにうまいことに、彼はすでに、ノヴァスコシア州のパースボロの町の近くにある海岸の一画で、いくつかの恐竜の骨と足跡を見つけていた。ポールと私は、一緒にパースボロを訪れて、小さな化石を求めてその海岸を探索するという計画をたてた。これはポールの側からすればすばらしく寛大な申し出であった。なぜなら、この地域の採掘権をもっている彼には、共同研究はもとより、私の手助けをすべき義理はまったくなかったからである。

この新しい計画についてファーリッシュに相談したところ、彼は研究費を提供してくれただけでなく、化石探しの達人であるビルとチャックも連れて行ってはどうかと言ってくれた。資金、ビル、チャック、そしてきれいに露出したずばぬけていい地層——これ以上、

ノヴァスコシアの岩礁干潟で足跡を発見しているポール・オルセン。高潮のときには水が左側の崖まで上がってくる。矢印は、調査にでるタイミングが悪いと、一時的に何時間も足止めをくらってしまう地点を指している。写真は著者撮影。

なにを望めるというのだ？　翌年の夏、私は、まさに最初の自分の化石調査隊を率いたのだった。

レンタルしたステーションワゴンで、隊員のビル、チャックとともに、ノヴァスコシアの海岸に向かって出発した。この隊員というジョークは、もちろん私をからかったものである。私が迎えた誕生日の回数よりも長年にわたって野外経験を積んできたビルとチャックが一緒では、私は名前だけの隊長だった。私が昼食の代金を払っているとき、二人は化石が見つかるぞと断言した。

ノヴァスコシアの地層は、ファンディ湾に沿った、ひたすら鮮やかなオレンジ色の砂岩だけでできた断崖に露出していた。潮は毎日、八〇〇メートルほど出入りし、引いたときにオレンジ色の広大な岩盤を露出させた。いくつもの異なる区域から私たちが骨を見つけはじめるまで、そんなに時間はかからなかった。断崖に沿って、小さな白い骨の薄片が出現していた。ポールは至るところで、毎日潮が引いて露出した平らな岩盤でさえ足跡の化石を見つけていた。

チャック、ビル、ポールと私はノヴァスコシアで二週間を発掘に過ごし、岩から突きだしている骨のかけらや薄片、断片を見つけた。この調査隊の化石プレパレーターであるビルは、野外ではあまり骨を露出させず、砂岩に覆われた状態のままで包装して研究室に持ち帰って、もっと整った条件のもとで顕微鏡で骨を調べることができるようにしろと、たえず警告していた。私たちは言われるようにしたが、持ち帰った内容にがっかりさせられることになるかもしれないと覚悟はしていた。戦利品は、骨の小さな欠片や薄片をもつ岩石が入った靴箱が数箱だけだったからだ。車を運転しながら戻るとき、たいしたものは見つけられなかったが、とてもいい経験だったと考えていたことを思い出す。そのあと、私は一週間の休暇をとったが、チャックとビルは研究室に戻っていった。

ボストンに帰ったとき、チャックとビルは昼食を食べに出ていた。何人かの同僚が博物館を訪れていたが、私の姿をとらえると、やってきて私の手を取って、おめでとうと言い、私の背中をポンと叩いた。凱旋(がいせん)してきた英雄のような扱いだったが、私にはその訳が皆目(かいもく)わからなかった。おかしなジョークか何かで、まるで私を大がかりなペテンにかけようとしているかのように思えた。彼らは私に、ビルの研究室に行って、自分の戦果(トロフィー)を見てきたらと言った。いったい何のことか見当もつかなかったが、私は走った。

ビルの顕微鏡の下に、長さ一センチメートルちょっとしかない小さな顎が載っていた。この顎の持ち主は明らかに爬虫類だった。なぜなら、歯の基部に歯根が一つしかなかったからで、哺乳類なら複数の歯根がある。しかし歯には、肉眼でさえ見える小さな溝と畝（うね）があった。顕微鏡のもとにある歯をよくよく観察してみて、私は跳び上がるほど驚いた。咬頭に摩耗を示す小さな一画があったのだ。この動物は歯と歯を咬合させることができる爬虫類だった。私が見ている化石は、部分的に哺乳類で、部分的に爬虫類だった。

ビルが私の知らないうちに、骨の薄片が見えていた岩石の塊の一つの包装を解いて、顕微鏡で見ながら針でクリーニングをしていたのだ。現場では誰もそのことを知らなかったが、私たちの調査探検は大成功だったのだ。すべてはビルのおかげだった。

あの夏に私はなにを学んだのだろう。第一に、私はチャックとビルの言葉に耳を傾けることを学んだ。第二に、最大級の発見の多くが現場（フィールド）においてではなく、化石プレパレーターの手の中で起こることを学んだ。しかし、やがてわかるとおり、フィールドワークに関する最大の教訓を、このあと私はさらに学ぶことになる。

ビルが発見した爬虫類はトリテレドン類（トリテレドント）という南アフリカから出土した動物で、現在ではノヴァスコシアからも見つかっている。この化石は非常にまれなものだったので、私たちは翌年の夏にもう一度ノヴァスコシアに戻り、もっとたくさん見つけたいと思っていた。冬のあいだずっと、期待でキリキリしながら過ごした。もし冬の氷を割って化石を発見できるものなら、私はきっとそうしていたことだろう。

一九八五年の夏、私たちはトリテレドン類を見つけた場所に戻った。化石床(しょう)はちょうど海岸の高さにあり、そこは、数年前に崖の小さな一部分が崩落した場所だった。私たちはそこをちょうどいい時間に訪れるようにしなければならなかった。高潮のときにはその地点のまわりの水位があまりにも高くなりすぎて、たどりつけなくなってしまうからである。崖の突端を回って、鮮やかなオレンジ色の岩からなる、私たちの小さな区画を発見した最初の日の興奮をけっして忘れることはできないだろう。そして、そこで失われていたもののゆえに、この体験は記念すべきものであった。なぜなら、前年私たちが作業していた区域のほとんどがなくなっていたのだ。前年の冬の風化によって消滅したわけである。美しいトリテレドン類を含んでいた、私たちの愛しい化石採掘場は潮とともに去ってしまったのだ。

それを「幸い」と言ってよければの話だが、幸いだったのは、海岸沿いにもっとたくさんの精査すべきオレンジ色の砂岩があったことである。海岸のほとんど、とくに私たちが毎朝巡回していた地点は、二億年前の溶岩流から生じた玄武岩からできていた。そこでは化石は何も見つけられまいと私たちは確信していた。なぜなら、これらの岩石はかつて超高温であったために、化石骨をけっして含んでいないだろうというのは、ほとんど自明の理と言えたからである。私たちは、潮時を見計らってその場所を訪れ、そこを越えてオレンジ色の砂岩をいじくりまわして五日以上を費やしたが、まったく何一つ発見できなかった。

転機は、地元のライオンズクラブの会長がある晩、地元の美人コンテスト、パースボロのミス・オールドホームウィークの女王を決める審査員を捜しに、私たちの小屋に立ち寄ったときに訪れた。この町はいつも、このやっかいな仕事を観光客に頼っていた。なぜなら、こういう催しのあいだには、内輪どうしの熱狂がともすれば過熱しがちだからである。ケベック州からやってくる年寄りのカップルがいつもは審査員をつとめるのだが、この年は来ていなかった。そこで私と隊員がその代理として招待されたのである。

しかし、美人コンテストの審査をし、その結果について議論しているうちに、夜更かしをしすぎて翌朝の潮のことを忘れてしまい、玄武岩の断崖の突端あたりに取り残されることになってしまった。およそ二時間、私たちは幅一五メートルほどの小さな岬に釘付けになってしまった。岩石は火山岩で、化石探しに選ぶことは絶対にないようなタイプのものだった。私たちは石を投げて水切りをして遊んだが、飽きたので、岩石を調べることにした。ひょっとしたら、面白い結晶や鉱物が見つかるかもしれなかった。ビルは突端を回って姿を消し、私は背後の玄武岩をいくつか眺めていた。一五分くらいたったとき、私の名前を呼ぶ声が聞こえた。「あのさ、ニール、ちょっとこっちへ来てみないか」。突端を回ったところで、私はビルの目に興奮の色を見た。それから、彼の足下の岩を見た。そこから突きだしているのは、小さな白い断片だった。化石の骨が数えきれないほどあったのだ。

これこそまさに、私たちが探し求めていたもの、小さな骨のでる現場だった。あとでわかったのだが、ここの火山岩は完全な火山性ではなく、砂岩の筋が断崖を横切っていた。その岩石は火山爆発に付随した土石流によってつくりだされたものだった。化石が太古の泥のなかに閉じこめられていたのだ。

私たちはこうした岩石を山のように持ち帰った。その内部にはもっと多くのトリテレドン類が含まれていて、あるものは原始的なワニに似ており、他のものはトカゲに似た爬虫類だった。もちろん、トリテレドン類こそが宝玉だった。なぜなら、彼らは、ある種の爬虫類が私たち哺乳類と同じ種類の咀嚼法をとっていたことを示していたからである。

ファーリッシュのチームがアリゾナで発掘したような初期哺乳類は、非常に厳密な対応の咬合パターンをもっていた。上の歯の咬頭のこすれた跡が、下の歯のこすれた跡とピッタリ鏡像関係で咬み合うのである。こうした摩耗のパターンはきわめて精妙なものであるため、初期哺乳類の種は、歯の摩耗と咬合のちがいによって識別できるほどである。ファーリッシュがアリゾナで見つけた哺乳類は、南米、ヨーロッパ、あるいは中国で出た同じ年代の哺乳類とは異なった咬頭と咀嚼のパターンをもっている。もし、比較するべきものが現生の爬虫類しかなかったとすれば、哺乳類式の摂餌法がいかにして起源し得たかは、大きな謎に見えただろう。すでに説明したように、ワニ類もトカゲ類も、歯が咬合するようないかなる種類の対応パターンももっていない。このギャップを埋めるものとして、トリテレドン類のような動物が登場するのだ。時代をさかのぼって、ノヴァスコシアにあるような、それより一〇〇〇万年前ほど前の地層にまでいくと、このような咀嚼法の初期バージョンをもつトリテレドン類が見つかる。トリテレドン類では、個々の咬頭が哺乳類におけるように厳密な形で咬み合っているわけではない。その代わりに、上の歯の内側の表面全体と下の歯の外側の表面全体とで、ほとんどハサミと同じように剪断するのである。もちろん、咬合におけるこのような変化は、それだけが単独で起こったわけではない。哺乳類式の咀嚼法を見せた最初の動物が、下顎、頭骨、および骨格に哺乳類的な特徴を示していたとしても、驚くにはあたらないだろう。

歯は化石記録としてきわめて良好な状態で保存されるため、時間の経過のなかで、咀嚼法の主要なパターン——および新しい食物を利用する能力——がどのようにして生じたかについて、私たちは非常に詳細な情報をもっている。哺乳類の物語の大部分は、食物の新しい処理法の物語である。化石記録の中にトリテレドン類が出現するよりわずかに新しい年代になると、新しい種類の歯だけでなく、新しい咬合の方法と新しい使い方をもった、ありとあらゆる新しい哺乳類が見つかるようになりはじめる。およそ一億五〇〇〇万年前になると、世界中の地層から、新しい種類の歯列をもった小型齧歯類ほどの大きさの哺乳

トリテレドンとノヴァスコシア州で発見されたその上顎の一部。顎の断片の図解はラズロ・メスゾリーによる。

類が見つかる。彼らこそが、私たちヒトに至る進化の道を切り開いたのである。これらの動物を特別なものにしているのは、その口の複雑さだった。顎に異なった種類の歯のセットをもっていたのだ。口は一種の分業制を編み出したのである。前歯である切歯（門歯）は食物を切ることに特化し、その後ろにある犬歯は食物を突き刺し、一番奥にある大臼歯は食物を挟み切ったり、すりつぶしたりするのに特化した。ネズミに似たこうした小さな哺乳類は、その体の中に、ヒトの歴史における不可欠な部品(ピース)をもっている。もしお疑いなら、門歯なしでリンゴをかじるところを、あるいはいっそのこと、大臼歯なしで大きなニンジンを食べるところを想像してみてほしい。果実から肉、ケーキにいたるまでの、ヒトの多様な食べ物は、はるかな昔の哺乳類の祖先がきっちりと咬合できる、異なった種類の歯をもつ口を生みだしてくれたからこそ可能なのである。そして、この最初の段階がトリテレドン類およびその他の太古の近縁種に見られる――前にある歯が後方の歯とは異なったパターンの刃（ブレード）と咬頭をもっているのである。

歯と骨――硬い素材

もろもろの器官のうちで歯を特別なものにしているのが、その硬さであることはほとんど言う必要さえないだろう。歯は噛み砕くべき食べ物よりも硬くなければならない。スポンジでステーキを切ろうとするところを想像してみてほしい。多くの点で、歯は岩ほどに硬いのであり、その理由は、内部にある結晶分子を含んでいることである。ヒドロキシアパタイトと呼ばれるその分子は、歯と骨のどちらの分子的、細胞的な基幹構造（インフラストラクチャー）にも染みこみ、曲げ、圧縮、その他の力に対する抵抗力を与えている。歯の場合は骨を上回る硬さをもっている。というのも、外層であるエナメル質には、骨を含めて体の他のいかなる構造よりもはるかに高濃度のヒドロキシアパタイトが含まれているからである。エナメル質は歯に白い輝きを与える。象牙質（ぞうげしつ）などの内側の層にも、ヒドロキシアパタイトが詰まっている。

硬い組織をもつ動物はたくさんいる――たとえば、二枚貝類やエビ類だ。しかし、これらの動物はヒドロキシアパタイトを使っていない。エビ類や二枚貝類は、炭酸カルシウムやキチンといった他の素材を使っている。また、これらの動物は、私たちとはちがって、体を覆う外骨格をもっている。私たちの硬さは体内にあるのだ。

口の中の歯と体内の骨をもつヒトに見られる特別な種類（ブランド）の硬さは、現在の私たちにとって不可欠な部分である。ヒドロキシアパタイトを含む組織のおかげで、モノを食べ、動きまわり、息をし、ある種の無機物（ミネラル）を代謝することさえできる。こうした能力が私たちに与えられたのは、すべての魚類との共通の祖先のおかげと言えよう。地球上のすべての魚類、両生類、爬虫類、鳥類、および哺乳類は、ヒトと似ている。このすべての動物は、ヒドロキシアパタイトを含む構造をもっているからだ。しかし、これはいったいどこからやってきたのだろうか？

ここには、解決されるべき一つの重要な謎がある。硬い骨と歯がいつ、どこで、どのようにして出現したかがわかれば、その理由を理解できるだろう。なぜ、私たちがもっているような種類の硬い組織が生じたのか？ それらは、動物を環境から身を守るために出現したのだろうか？ それとも運動を助けるために出現したのだろうか？ こうした疑問に対する答は、化石記録、およそ五億年前の地層のなかに横たわっている。

五億年前から二億五〇〇〇万年前の太古の海でもっとも数の多い化石はコノドント（コノドント類）である。コノドントは一八三〇年代に、以下の数章でもふたたび登場するロシアの生物学者クリスティアン・パンダーによって発見された。コノドントは小さな殻状の生物で、何本かの棘（とげ）を突きだしている。パンダーの時代以来、コノドントは世界のすべての大陸から発見されている。岩を砕けば、かならず膨大な数のコノドントが見つかるという場所が存在し、現在では数百種類のコノドントが知られている。

長いあいだ、コノドントは謎だった。それが動物であるか植物であるか、あるいは鉱物であるか、科学者のあいだで意見がわかれていた。すべての人間がそれぞれお気に入りの説をもっているように思われた。コノドントは二枚貝、カイメン、植物の一部、あるいは環形動物の一部だとさえ主張された。しかし、化石記録のなかに全身が姿を現しはじめたとき、憶測に終止符が打たれた。

すべての疑問を氷解させた最初の標本は、エジンバラ大学の地下室をくまなく探しまわった一人の古生物学教授によって発見された。そこに、ヤツメウナギに似たものがなかに入った厚板状の岩石があった。生物学の授業で習ったヤツメウナギのことを思い起こしてみるといいだろう――顎をもたない非常に原始的な魚（無顎類（むがくるい））である。ヤツメウナギは他の魚にとりついて、その体液を吸うことによって生きている。このヤツメウナギの印象化石の前端に埋め込まれているのは、奇妙に見慣れたもののように思える非常に小さな化石、すなわちコノドントだった。ほかにもヤツメウナギに似た化石が、南アフリカから、そしてのちには米国の地層からも出現しはじめた。これらの動物はすべて、一つの珍しい特性をもっていた。つまり、口のなかにコノドントの一式すべてをもっていたのである。結論はきわめて明白となった。コノドントは歯だったのだ。しかもただの歯ではなかった。

コノドントは太古の無顎類の歯だったのである。

私たちは、最古の歯の化石を手に入れておきながら、それが歯だということに気づくまでに一五〇年以上もかかってしまった。なぜそんなことになったかは、化石がどのようにして保存されるかという問題が関わってくる。硬い部分、たとえば歯は、保存されやすいという傾向がある。一方、筋肉、皮膚、腸管といった柔らかい部分はふつう化石になることなく分解されてしまう。骨格、貝殻、そして歯がいっぱい詰まった博物館の収納棚（キャビネット）はあるが、腸管や脳は非常にまれである。ごくたまに柔らかい組織が発見されるということがあっても、ふつう印象化石あるいは雄型としてしか保存されていない。だから、私たちの化石記録にコノドントの歯はたっぷりあるが、体が発見されるまで一五〇年を要したのである。コノドントが属する体については、他にも注目すべきことがある。彼らは硬い骨をもっていないのである。

何年ものあいだ、ヒドロキシアパタイトを含む硬い骨格がそもそもなぜ生じたかをめぐって、古生物学者たちは論争をしてきた。骨格が顎、背骨、あるいは体を守る装甲から始まったと信じる人々にとって、コノドントはいうならば、「不都合な真実」を暴露する、「不都合な歯」にほかならない。最初のヒドロキシアパタイトを含む体の硬い部分は歯だった。つまり、硬い骨は、動物の身を守るためにではなく、餌動物を食べるために生じたのである。これをもって、魚が魚を食う世界が本当の意味で本格的に始まったのである。

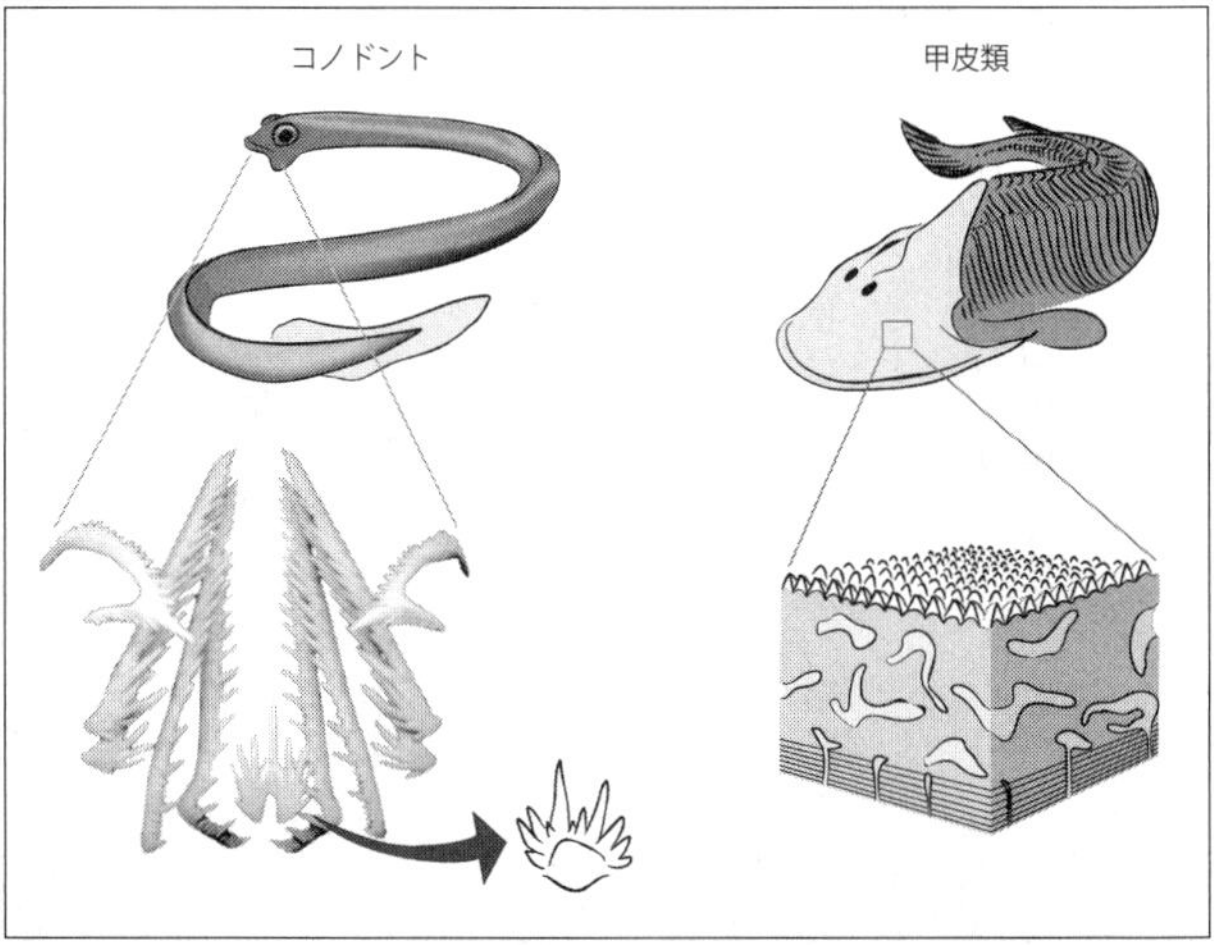

コノドント（左）と甲皮類（右）。コノドントは最初各部分がバラバラになった状態で発見された。やがて、全体像が知られるようになり、それが多数集まって、この柔らかい体をもつ無顎類の魚の口のなかで歯列として機能していたことがわかった。甲皮類の頭部は骨質の楯で覆われている。この楯を顕微鏡で調べると小さな歯に似た構造から構成された多数の層からできているように見える。コノドントの歯列の復元図は、レスター大学のマーク・パーネル博士と、ブリストル大学のフィリップ・ドナヒュー博士の好意により転載。

最初は大きな魚が小さな魚を食べ、それから軍拡競争が始まった。小さな魚は装甲を発達させ、大きな魚はその装甲を砕くより大きな顎を獲得する、といったことが繰り返された。歯と骨は生きものたちの生存競争の有り様を一変させてしまったのだ。

骨質の頭をもつ最初の魚のいくつかを眺めていくとき、事態はさらに興味深いものになる。最古のコノドント動物が発見される年代の地層から、地質柱状図を上に向かって、すなわち現代に向けて移動すると、骨質の頭をもつ動物の骨格がどのような姿をしていたかが見えてくる。その動物は五億年ほど前の、甲皮類と呼ばれる魚で、北極からボリビアまで、世界中の地層から見つかっている。これらの動物は肉質の尾をつけたハンバーガーのような姿をしている。

甲皮類の頭部は、骨の楯で覆われた大きな円盤状で、ほとんど兜のように見える。もし、博物館の引き出しを開けて、これを見せれば、あなたはすぐに、奇妙なことに気づくだろう。この頭は、私たちの歯や魚の鱗とそっくりに、本当にキラキラと輝いているのだ。

科学者であることの喜びの一つは、自然界が人を感嘆させ、驚かせる力をもっていることだ。その典型的な例の一つが、太古の無顎類の、所属のはっきりしないグループとしての甲皮類である。甲皮類は骨質の頭をもつ最古の動物の一つである。頭蓋の骨を切り開いて、プラスチックに包埋し、顕微鏡の視野においてのぞくとき、そこにあなたは、ただの古い組織でできた構造ではなく、ヒトの歯と実質的にまったく同じ構造を見いだすことになるだろう。そこにはエナメル層があり、歯髄層さえある。この楯全体が、互いに癒合した何千という小さな歯からできているのである。この骨質の頭蓋――化石記録のなかで最古のものの一つ――は、ことごとく小さな歯だけでつくられている。歯は最初、餌となる動物を噛むために出現し、のちに変形を受けた歯が身を守る新しい手段に使われるようになったのだ。

歯・腺・羽毛

歯は、まったく新しい生活様式の到来を告げるだけでなく、器官をつくるまったく新しい方法の起源を明らかにしてもくれる。歯は、発生の途上にある皮膚の二層の組織の相互作用によって分化してくる。基本的には、この二つの層が互いに接近し、細胞が分裂したあと、それぞれの層は形を変え、タンパク質をつくる。外側の層はエナメル質の前駆体となる分子、内側の層は歯の内側の歯髄および象牙質の前駆体となる分子を吐きだす。やがて、歯の構造が定まり、微調整を加えて、それぞれの種を識別する咬頭と溝のパターンが形成される。

歯の発生にとって決定的に重要なのは、外側のシート状の細胞と、内側のゆるやかな細胞の集まりでできた層という、二つの組織層の相互作用が、組織の折れたたみを引き起こし、両方の層に器官を構築する分子を分泌させることである。皮膚の内部で分化するすべ

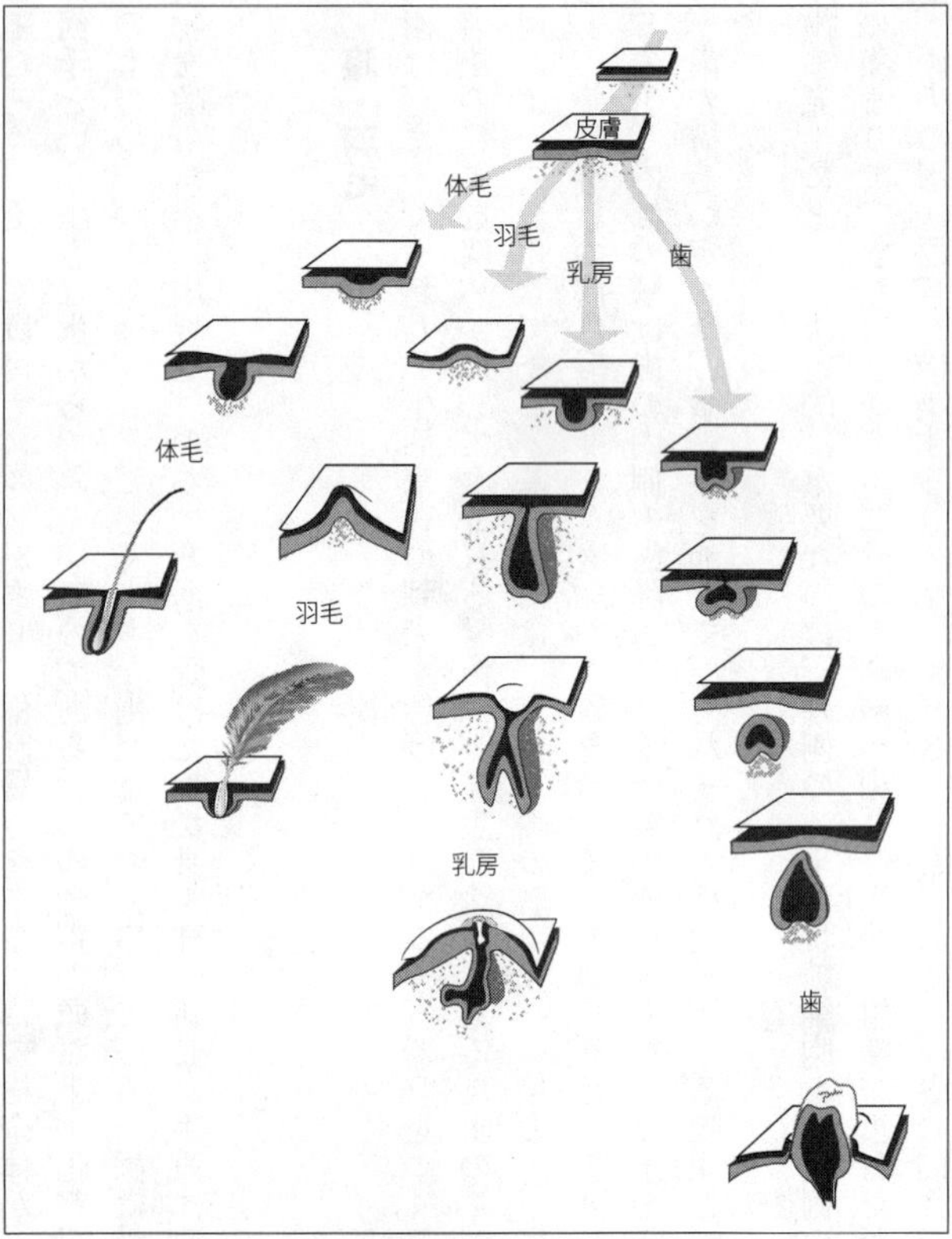

歯、乳房、羽毛および体毛は、すべて皮膚の層のあいだの
相互作用によって発生する。

ての構造、すなわち鱗、体毛、羽毛、汗腺、さらには乳腺でさえ、その発生の根底に、これとそっくり同じ過程が存在することが明らかになっている。いずれの場合も、二つの層が出会い、折りたたまれ、分子が分泌される。実際に、各種の組織におけるこの過程ではたらいている一連の主要な遺伝的スイッチは、ほとんど同じなのである。

この例は、新しい工場ないしは組立工程をつくるのと似ている。ひとたびプラスチック射出成形［加熱したプラスチックを金型に押し込んで成型する加工法］が発明されると、自動車部品からヨーヨーに至るまで、あらゆる製品の製造に使われた。歯もそれと同じことだ。ひとたび歯をつくる過程が出現すると、それを変形して、皮膚内の多様な器官がつくられた。それが極端なところまで推し進められた例を、甲皮類で見た。鳥類、爬虫類、人類も、多くの点で、同じように極端をきわめている。そもそも歯をもっていなければ、私たちが鱗、羽毛、あるいは乳房をもつことはけっしてなかっただろう。歯をつくった発生学的な道具が、他の重要な皮膚の構造をつくるのに転用されてきたのである。きわめて実際的な意味で、歯、羽毛、乳房という非常に異なった器官は、歴史によって、密接につながりあっているのである。

ここまで最初の四章の主題（テーマ）は、さまざまに異なる動物の同じ器官の歴史をどのようにして追跡できるかというものである。第1章では、太古の岩石中に私たちの器官の祖型があることを予測し、発見できることを見た。第2章では、同じ骨の歴史を、魚からヒトに至るまでたどることができた。第3章は、私たちの体のうち本当の意味で遺伝する部分――器官をつくりあげるDNAと遺伝的なレシピ――が、まるで異なった動物にいかにして受け継がれるかを示している。本章では、歯、乳腺、羽毛に、同じような主題を見ている。こうした多様な器官をつくる生物学的な過程は、同じ一つのモノのさまざまな変形版（バージョン）である。異なった器官や体に見られるこうした深い類似性を理解したとき、私たちの世界の多様な住人たちが、一つの主題の変奏にすぎないということに、あなたは気づきはじめるのである。

第5章　少しずつやりくりしながら発展していく

　解剖学の期末試験の二晩前のこと、私は、午前二時に研究室にいて、脳神経の名前を暗記していた。脳神経は一二あり、それぞれが枝分かれし、奇妙に折れ曲がりながら、頭骨の内部を縫うように走っていた。それを勉強するために、私たちは額から顎にかけてまっ二つに切り、頬の骨のいくつかをのこぎりで切った。それから私は、両手にそれぞれ頭の半分をもちながら、神経が脳から内部のさまざまな筋肉や感覚器官にいたる捩(ねじ)れた経路をたどっていたのである。

　私は脳神経のうちの二つ、三叉(さんさ)神経と顔面神経にうっとりとさせられた。その入り組んだパターンも煎じ詰めれば、非常に単純なものとなるのであり、それがあまりにも簡単なために、私はヒトの頭を新しい目で見ることになった。この洞察は、サメにおけるはるかに単純な状況を理解することによって生まれた。悟ったことがらのあまりの優雅さ——ただし、新しさではない。比較解剖学者たちは一世紀以上も前に気づいていた——と、迫ってくる試験のプレッシャーに気圧（けお）されて、私は自分がどこにいるのかも忘れていた。しばらくたってふと、私はまわりを見まわした。もう真夜中で、研究室には私一人しかいなかった。さらに、私はたまたま、シートに覆われた二五人の人間の死体に取り囲まれてもいた。後にも先にもたった一度きりだが、私は心底ゾッとした。あまりにも取り乱したために、首筋が総毛立ち、全速力で駆け出して、刹那（ナノ秒）のうちにバス停にたどりつき、息を切らしていた。私がバカバカしいと思ったのは言うまでもない。「シュービン、おまえはイカレてしまったのか」と自分に言い聞かせていたのを思いだす。しかし、それは長くはつづかなかった。すぐに、研究室に自分の家の鍵を置き忘れてきたことに気づいたからだ。

　私をひどくイカレさせてしまったのは、頭の解剖学的特性が、本当に、心底うっとりさせる美しさをもっているという事実だった。科学にたずさわる喜びの一つは、おりにふれて、最初は混沌のごとく見えたもののなかに、秩序を明らかにするようなパターンを見てとれることである。支離滅裂なものが、単純なプランの一部となり、あなたは、自分が何かを、その本質までも見透しているという手ごたえが感じられるようになるだろう。本章のテーマは、私たち自身の頭の内部にあるその本質をいかに見通すか、ということにある。その本質はもちろん、魚の頭にもあるのだが。

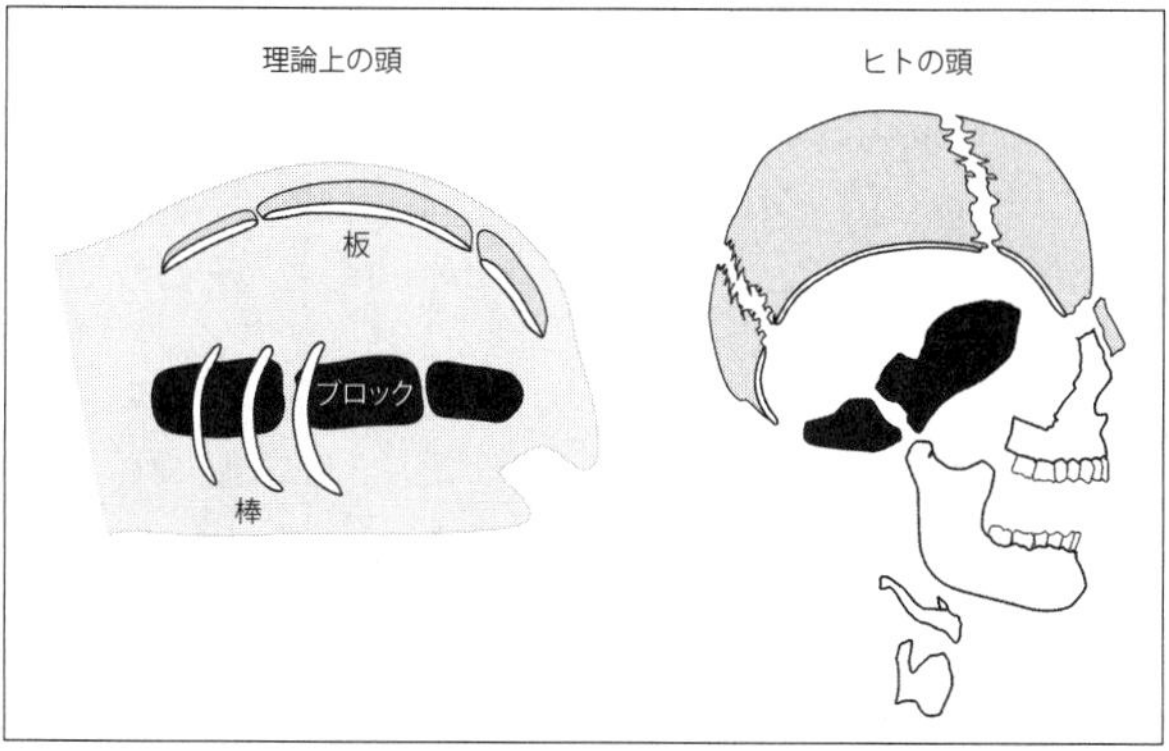

板状、ブロック状、棒状の骨。これらは頭骨の骨の基本要素。私たちの頭骨のすべての骨はこの３つの要素のどれかに起源を求めることができる。

頭の内なるカオス

　頭の解剖学は、込み入って複雑なだけでなく、見るのもむずかしい。なぜなら、体の他の部分とはちがって、頭の組織は骨の函(はこ)に入っているからである。血管や器官を見るためには、文字通り、頬骨、額、および脳函(のうかん)を透かして見なければならないのである。というわけで、ヒトの頭を開けると、絡(から)まりあった釣り糸のような塊(かたまり)が見つかる。血管と神経が、まるで頭蓋の内部を遍歴しているかのように、奇妙なループや屈曲部をつくっている。無数の神経の枝、筋肉、骨が、この小さな函のなかに収まっている。一見したところでは、その配置全体は呆然とするほど無秩序である。

　私たちの頭骨は、三種類の基本的な部品からできている。それは板(プレート)状とブロック状と棒(バー)状の骨である。板状の骨は脳を覆っている。頭のてっぺんを自分で軽く叩いてみれば、それを実感することができる。こうした大きな板状の骨は、ジグソーパズルのピースのように、ぴったり嵌りあって、頭蓋の大部分を形成している。しかし、私たちが生まれたとき、これらの板状の骨はばらばらに離れていたのだ。赤ん坊では、その隙間の空間である泉門が外から見えるときには、その下の脳組織が動悸を打っているのがわかる。成長するにつれて、骨は拡大し、二歳になるころには癒合している。

私たちの頭骨のもう一つ別の部分が脳の下側にあり、脳を支える基盤を形成している。頂部の板状の骨とちがって、これらの骨は入り組んだ形のブロックに似た姿をしており、多数の動脈と神経がその中を走っている。三つめの棒状の骨は頬、耳の中のいくつかの骨、および喉の骨などをつくっている。これらの骨は、最終的には細かく分かれて形を変え、私たちの咀嚼・嚥下・聴覚などに役立っている。

頭蓋の内部には、いくつもの区画と空間があり、そこにさまざまな器官が収められている。明らかなことだが、脳がそのうちで最大である。その他の空間には、両眼、耳の一部、鼻などが含まれている。脳の解剖学を理解するうえでの難題のほとんどは、こうした多様な空間と器官を三次元で見ようとすることから来る。

頭の骨および器官には、私たちがモノを嚙み、言葉をしゃべり、眼や頭全体を動かすための筋肉がついている。一二の脳神経がこれらの筋肉に情報を提供しており、それぞれ脳から出て、頭の内部の多様な領域までつながっている。

頭の基本構造を解明するための鍵は、脳神経がでたらめに絡みあっているのではないと見抜くことである。実際には、そのほとんどは本当に単純なのである。もっとも単純な脳神経はたった一つの機能しかもたず、一つの筋肉か器官としかつながっていない。鼻につながっている脳神経、すなわち嗅神経は、たった一つの仕事しかない。鼻の組織からの情報を脳に伝えるのである。私たちの眼や耳に行っている神経のいくつかも、その点ではやはり単純である。視神経は視覚に関係し、聴神経（内耳神経）は聴覚上の役割を果たしている。他の四つほどの脳神経は、筋肉を動かす役目しかない――たとえば、眼窩のなかで眼を動かす動眼神経や頸を回して頭を動かす副神経などがそうである。

しかし、脳神経のうちの四つは、何十年にもわたって医学生を困らせてきた。それにはもっともな理由がある。というのも、この四つは非常に複雑な機能をもち、その仕事を果たすために、頭の中で曲がりくねった経路をとっているのだ。三叉神経と顔面神経については特別に触れておく価値があるだろう。両方とも脳から発し、細かく分かれて、驚くべき枝分かれのネットワークをつくりあげている。テレビ、インターネット、音声情報を電送することができるケーブルとよく似て、三叉神経や顔面神経の一本の枝は、感覚情報と運動情報の両方を伝達することができる。感覚のための神経繊維と運動のための神経繊維は脳の異なった部位から発し、ケーブル（最終的に三叉神経や顔面神経と呼ばれているもの）の中で統合され、のちに再び分離して、頭全体に枝分かれしていく。

三叉神経の分枝は二つの重要な役割を果たしている。筋肉を制御し、顔のほとんどから得られる感覚情報を脳に戻すのである。三叉神経によって制御される筋肉には、咀嚼に使う筋肉のほかに、内耳の奥にある小さな筋肉も含まれる。三叉神経は顔面の感覚を伝える主要な神経でもある。顔をぴしゃりと叩かれたとき、感情的な苦痛を超えて、あれほど痛く感じるのは、三叉神経が顔の皮膚からの感覚情報を脳まで運ぶからである。歯医者も、あなたの三叉神経の枝をよく知っている。私たちの歯の歯根にはそれぞれ複数の神経の枝が入り込んでいるので、そのうちの一部にちょっと麻酔を施すだけで、歯列のさまざまな部位の感覚を失わせることができる。

顔面神経も筋肉を制御し、感覚情報を伝えている。名前が暗示しているように、それは、顔の表情筋を制御する主要な神経である。私たちはそうした小さな筋肉を使って、微笑み、顔をしかめ、眉を上げ下げし、鼻の穴をひろげ、といったことをする。顔をしかめるときに使う主要な筋肉の一つ——口角(こうかく)を下げる筋肉——は、口角下制筋(こうかくかせいきん)と呼ばれている。もう一つ、思い悩んだときに眉にしわを寄せるのに用いる筋肉に属する大物として、皺眉筋(しゅうび)というのがある。また、鼻の穴をひろげるときに用いられるのが鼻筋である。こうした筋肉のそれぞれは、顔の表情をつかさどる他のあらゆる筋肉と同じように、顔面神経のさまざまな枝によって制御されている。歪んだ微笑みや、左右非対称に瞼(まぶた)が垂れ下がるといった事態は、その人の顔の片側の顔面神経になにかしら異常があることの徴(しるし)である。

ここまでお話ししてきたところで、私がそうした神経について勉強するために深夜遅くまで実験室にとどまっていた理由が、そろそろおわかりになってきたのではないだろうか。この件については、何から何まで辻褄の合わないことばかりのように思える。たとえば、三叉神経と顔面神経のどちらも耳の内部の筋肉に小さな枝を送り込んでいる。なぜ、顔面と顎のまったく異なる部位を支配している二本の異なる神経が、互いに隣接した耳の筋肉に枝を送り込んでいるのか？　もっと困惑させられることに、三叉神経と顔面神経は、顔面と顎に枝を送り込むのに、ほとんど交叉するのだ。なぜだろう？　そのように奇妙に重複した機能と曲がりくねった経路をもっているので、その構造にはなんの道理もなく、まして や、頭骨を構成している板状、ブロック状、棒状の骨とこれらの神経との対応の仕方にもなんの理由もないように思われる。

これらの神経について考えをめぐらすと、二〇〇一年にシカゴ大学で過ごした最初の数日のことを思いだす。私は築一〇〇年のビルのなかに研究用のスペースを与えられていて、研究室には、新しい電子ケーブル、配管・空調設備が必要だった。建設業者が建物の内部に入り込むためにはじめて壁を開けた日のことを覚えている。壁の内部の配管と配線を見たときの彼らの反応は、私がヒトの頭を開いて、はじめて三叉神経と顔面神経を見たときの反応と、ほとんどそっくり同じだった。壁のなかの電線、ケーブル、パイプ類は、ぐちゃぐちゃに入り乱れていた。まっとうな精神の持ち主で、建物中をケーブル類とパイプ類が奇妙にループし折れ曲がりながら走る、というふうにビルを一から設計(デザイン)する人間は誰もいないだろう。

そして、まさにそこが要点なのだ。私が入ったビルは一八九六年に建造されたもので、その公共設備は旧式のデザインで、改築のたびに間に合わせて付け加えられていったものだった。このビルの配線と配管を理解したいと思うなら、新しい世代の科学者が来るたびに、どのように改築されていったのか、その歴史を理解しなければならない。私の頭にも長い歴史があり、その歴史によって、三叉神経や顔面神経のような複雑に入り組んだ神経を説明することができる。

私たちにとって、その歴史は受精卵とともに始まる。

胚の中の本質

最初から頭をもって命をスタートさせるものは誰もいない。精子と卵子が合体して、単一の細胞をつくる。受胎の瞬間とそのあとの第三週めのあいだに、この単一の細胞は細胞の球、ついでフリスビー型の細胞の集まり、そのあと大まかに管に似た形状へと変化し、その内部に各種の組織を含むようになる。受胎から二三日めと二八日めのあいだに、管の前端が厚くなり、体の上に折りたたまれ、胚は、すでに体を丸めて胎児の姿勢になったかのように見える。この段階で、頭は大きな丸い塊(かたまり)のように見える。この塊の基部が、私たちの頭を形づくる基本的な組織構造の大半にとっての鍵を握っている。

まず、のちに喉になる部域の周辺に、四つの小さな膨らみが発達する。受胎後三週めあたりで最初の二つが見えてくる。他の二つはそのおよそ四日後に出現する。それぞれの膨らみは、外見はまったくみすぼらしい。隣とは小さな皺で隔てられただけの、単なる細胞の丸い塊でしかない。この丸い塊と皺に何が起こるかを追っていくとき、三叉神経と顔面神経を含めて、頭の秩序と美しさが見えはじめてくる。

鰓弓（＝咽頭弓）と呼ばれるこの膨らみの内部の細胞の、あるものは骨の組織を、他のものは筋肉や血管をつくる。それぞれの鰓弓の内部にはさまざまな由来をもつ細胞が混在している。ある細胞はそこで分裂して生じたものであり、別の細胞は長い道のりを経てその鰓弓に入りこんだものである。成体において最後にどこに行くかにしたがって、各鰓弓内の細胞を識別するとき、事態はきわめて理に適ったものになりはじめる。

最終的には、第一鰓弓の組織が上顎、下顎、二つの耳小骨（槌骨と砧骨）、およびそれらに供給される血管と筋肉のすべてを形成する。第二鰓弓は三つめの耳小骨（鐙骨）、小さな喉の骨、および顔の表情を制御する筋肉の大部分を形成する。第三鰓弓は、喉の奥の骨、筋肉、および神経を形成する。モノを呑み込むときにこれらが使われる。最後に第四鰓弓は、喉頭の一部を含めて喉のいちばん奥の部分と、それを取り巻き、機能を支援する筋肉や血管を形成する。

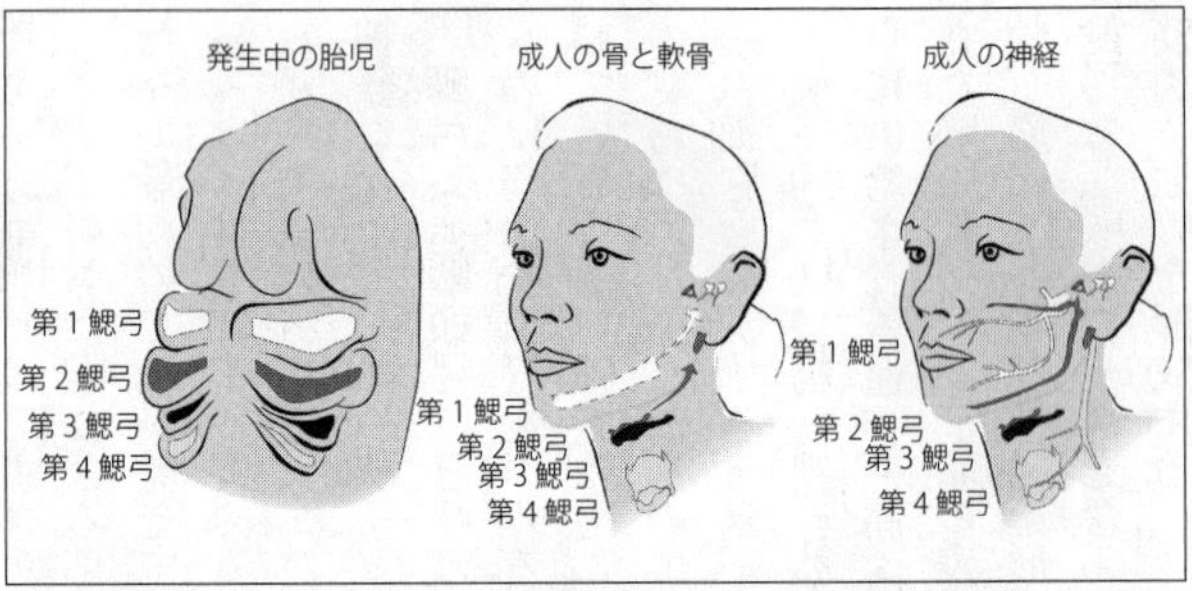

鰓弓（咽頭弓）の変化を胚から成人になるまで追っていけば、顎、耳、喉頭、および喉の起源を跡づけることができる。骨・筋肉・神経・および動脈はすべてこれらの咽頭弓の内部で発生する。

もしあなたが芥子粒ほどの大きさまで縮むことができて、発生中の胚の内部を旅するとしたら、鰓弓という膨らみの一つ一つに対応した凹み（鰓嚢）を見ることができるだろう。そうした凹みは四つある。そして、外に出っ張った鰓弓と同じように、この凹みの上の細胞も重要な構造を形成する。第一鰓嚢は細長く伸びてエウスターキョ管と耳のいくつかの構造を形成する。第二鰓嚢は扁桃腺を収める空間を形成する。第三と第四鰓嚢は、副甲状腺、胸腺、甲状腺を含む重要な腺を形成する。

ここでいま示した情報は、きわめて複雑に入り組んだ三叉神経と頭の大部分を理解するための最大の鍵の一つである。三叉神経について考えるときには、まず、第一鰓弓のことを、顔面神経についてならば第二鰓弓のことを考えよ。三叉神経が顎と耳の両方に行くわけは、この神経が枝を伸ばしている先の構造はすべてもともと第一鰓弓で発生したからだ。同じことは顔面神経と第二鰓弓についても言える。顔の表情筋と、顔面神経が枝を伸ばしている耳の筋肉のあいだには、いったいどんな共通性があるのだろうか？　答――それらはすべて第二鰓弓から派生したものである。第三および第四鰓弓の神経については、あのような複雑な経路ができあがったのは、すべてそれぞれの鰓弓から発生した構造を神経支配しているという事実による。第三および第四鰓弓の神経、とりわけ、舌咽神経と迷走神経は、これまで説明したのと同じパターンにしたがっており、それぞれが自らに関連のある鰓弓から発生した構造に向かって枝を伸ばしている。

このような、頭の基本的な青写真を知っておくと、解剖学における真偽不明の伝説の一つが合理的に説明できる。一八二〇年に、ということになっているのだが、ヨハン・ゲーテがウィーンのユダヤ人墓地を歩いていたところ、腐りかけていた仔ヒツジの骨格を見つけた。背骨はむきだしになり、その上に損傷を受けた頭骨が横たわっていた。ゲーテは、一瞬のひらめきで、壊れた頭骨がねじくれた椎骨を積み上げた山のようであることを見てとった。ゲーテにとって、これは現象の奥深くに隠れていた本質的なパターンを明らかにするものだった。すなわち、頭は癒合した椎骨からできていて、脳と感覚器官を収容するために丸天井のような形になった、というのである。これは革命的なアイデアだった。なぜなら、これは頭と胴を、同じ基本設計プランの二つの変形として結びつけるからであった。この考え方は、一九世紀の初めには、水を飲むように当たり前のこととして受けとられたにちがいない。なぜなら、他の人々、たとえばローレンツ・オーケンといった当時の動物学者が、同じような状況で、事実上同じアイデアにたどりついていたと伝えられているからである。

ゲーテとオーケンはともに、非常に重要なものをとらえていたが、その当時は二人ともその意義を知り得なかった。私たちの体は体節に分かれており、このパターンは脊椎においてもっとも明瞭に見ることができる。つまり、脊椎を構成する椎骨の一つ一つが、私たちの分節化された体節の一つ一つにあたるブロックなのである。神経にも体節性があり、椎骨の分節パターンと緊密に対応している。神経は脊髄から出て、体に枝をはりめぐらす。体節的な配置をとっているのは、体の各部分に関連した脊髄の位置を見てみると明らかである。たとえば、私たちの脚の筋肉には、腕に枝を伸ばしている脊髄よりも低い位置にある脊髄から出ている神経の枝が伸びてきている。頭はそのように見えないかもしれないが、非常に深いところでは、頭も体節パターンに従っている。なぜなら、私たちの鰓弓が、骨、筋肉、動脈、および神経の体節化のあり方を定めているのだ。もっとも、成人を見ても、このパターンは見つからないだろう。それは胚にしか見られない。

私たちが胚から成人に進むにつれて、頭骨は体節的な起源を示す明確な証拠を失ってしまう。頭骨の板状の骨は、私たちの鰓弓、筋肉、神経、動脈の上に形成されるが、これらのものは、初めは非常に単純な体節パターンをもっていたのだが、成体の頭をつくるために配線しなおされている。

個体発生についてなにがしか知っていれば、ある種の先天的欠損をもつ子供の場合、欠損の理由をどこに求めればいいかを予測する助けになる。たとえば、第一鰓弓症候群の子供は、小さな顎と槌骨か砧骨がなく機能を果たせない耳をもつ。欠損するのは、正常なら第一鰓弓から形成される構造なのである。

鰓弓は、きわめて複雑に入り組んだ脳神経から、筋肉、骨、腺にいたるまでの頭骨の内部の主要な部域に行きつくための道案内なのである。さらに鰓弓はほかのこと、すなわち私たちとサメの深いつながりについても、導き手の役割を果たす。

わが内なるサメ

あまたの弁護士ジョークから得られる重要な教訓は、弁護士というのはとりわけ貪欲なサメだということである。手をかえ品をかえ現れるこの手のジョークの一つが流行していたとき、発生学を教えながら私は、このたとえが私たちすべてにあてはまると考えていたのを思い出す。私たちは変形版のサメなのだ——つまり、困ったことに私たちの内には例外なくサメ（ということは弁護士も）が潜んでいるのだ。

すでに見てきたように、頭が秘める謎のほとんどは、鰓弓（咽頭弓）のなかにあり、これの膨らみが、複雑に入り組んだ脳神経と頭内部の枢要な構造の道案内をしてくれる。これ

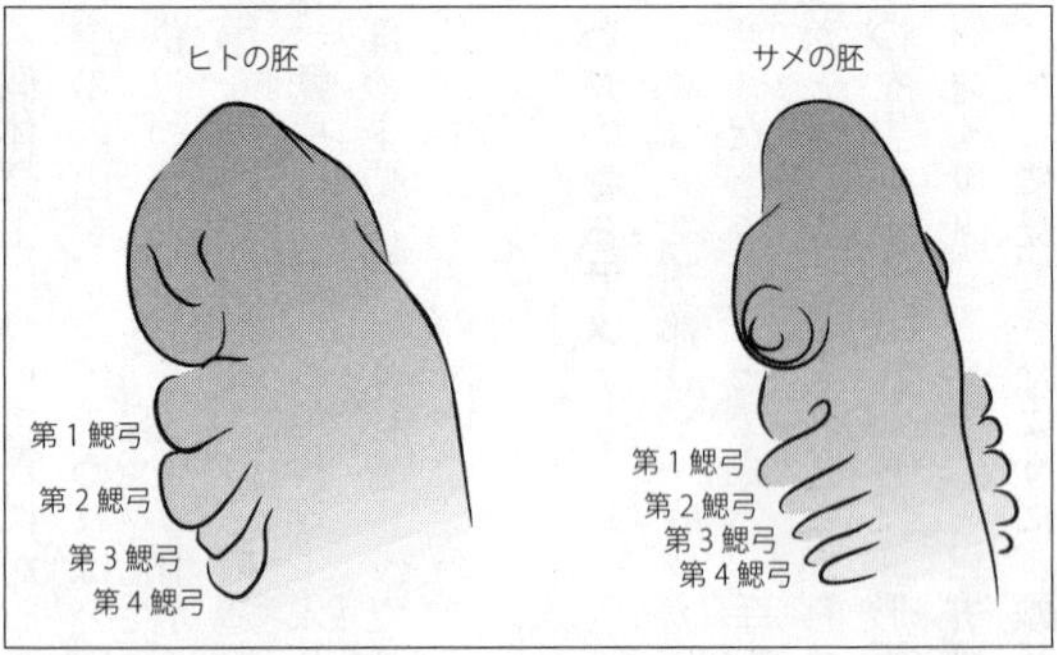

発生中のヒトとサメの鰓部域は、同じ初期段階にあるように見える。

らのさして目立たない膨らみと凹みが、一五〇年間にわたって解剖学者の想像力を捉えてきた。なぜなら、それは（硬骨）魚類やサメ類の喉にある鰓裂によく似ているからである。

魚類の胚も、同じような隆起と凹みをもっている。魚類では、その凹みが最終的に開孔して、鰓の隙間をつくり、そこを水が流れる。ヒトでは、この凹みは通常ふさがれる。異常が生じたケースとして、鰓裂が閉じ損なって、袋（pouch）または嚢（cyst）として開いたまま残ることもある。たとえば鰓裂嚢胞は、頸の内部に開いた袋内に形成される、体液に満たされた良性嚢胞であることが多い。この袋は第三鰓弓および第四鰓弓が閉じ損なうことによってつくられる。まれに、太古の鰓弓軟骨の実際の痕跡、第三鰓弓に由来する棒状の小さな骨をもつ子供がいる。こういう症例では、私の同僚の外科医たちは、運悪く人間を咬みに戻ってきた内なる魚を手術していることになる。

サメからヒトにいたるまでのすべての動物のすべての頭は、個体発生中にこの四つの鰓弓を共有している。この物語の興味深いところは、それぞれの鰓弓の内部で何が起こっているか、ということだ。ここで、ヒトの頭とサメの頭を逐一対応させながら比較していってみよう。

ヒトとサメの第一鰓弓を見てほしい。すると状況が非常によく似ていることに気づくだろう。顎だ。主要なちがいは、ヒトの第一鰓弓がいくつかの耳の骨もつくることで、これはサメには見られない。驚くに当たらないのだが、ヒトおよびサメの顎に枝を伸ばしている脳神経は、第一鰓弓の神経、三叉神経なのである。

第二鰓弓の内部の細胞は、分裂し、変化し、軟骨性の棒と筋肉を生じる。ヒトでは、軟骨の棒はばらばらになって、中耳の三つの骨のうちの一つ（鐙骨（あぶみこつ））と、頭の基部と喉にある他のいくつかの小さな構造をつくる。そうした骨の一つである舌骨（ぜっこつ）は、モノを呑みこむときに役立つ。酒を飲みほし、音楽を聴きながら、あなたの第二鰓弓から形成された構造に感謝すべし。

サメでは、第二鰓弓の棒は分かれて、両顎を支える二つの骨を形成する。ヒトの舌骨に比較される下の一つと、上顎を支える上の一つである。何か――たとえばケージのなかのダイバー――を食べようとしているホオジロザメを観察した経験があれば、このサメが咬みつくとき、上顎を伸ばしたり引っ込めたりできることに、おそらく気づいたはずである。

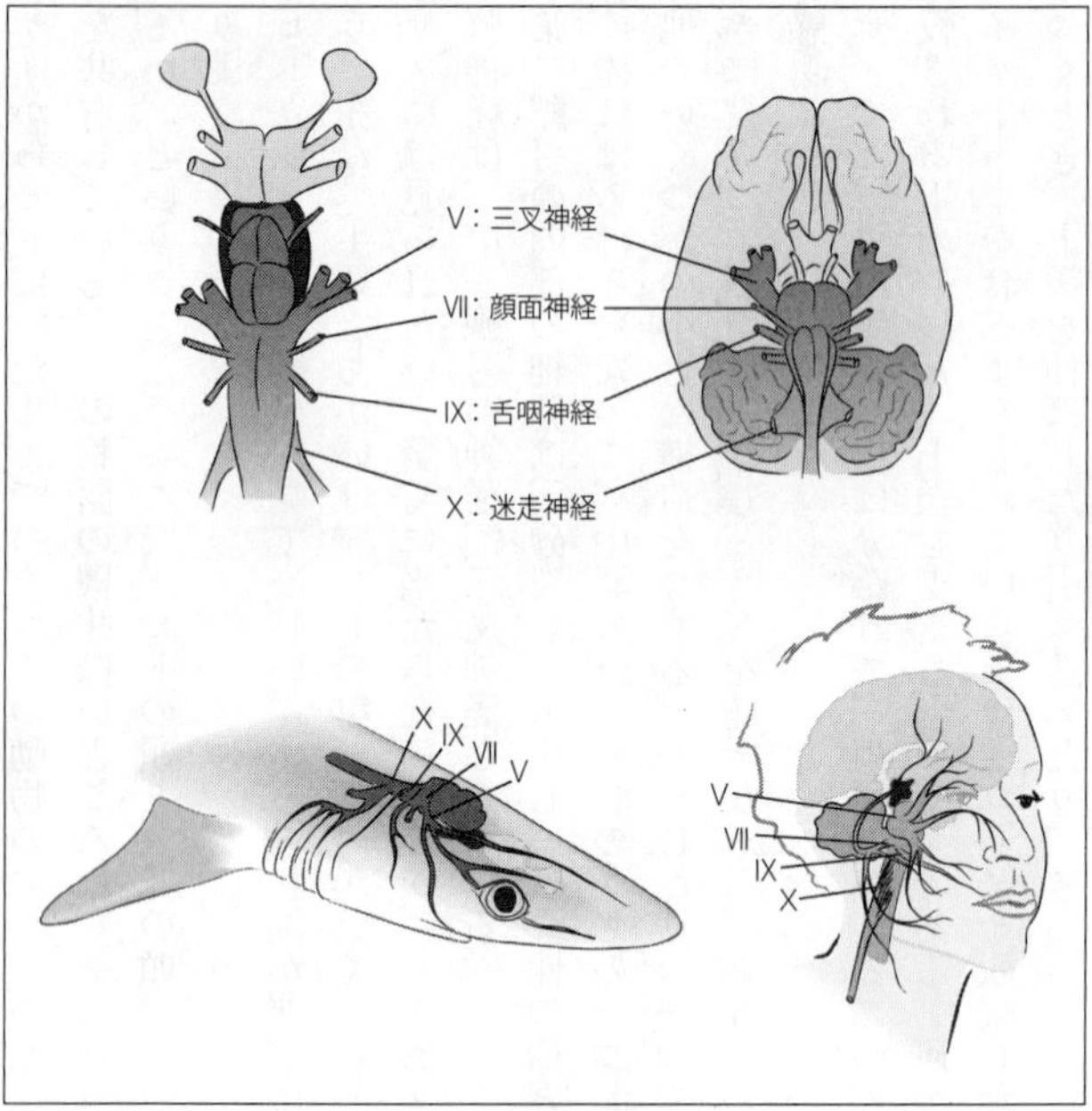

一見したところでは、ヒトの脳神経（下段右）はサメの脳神経（下段左）とはちがっているように思える。しかし、じっくりと見てみると、著しい類似性のあることがわかるだろう。実質的に、ヒトの神経のすべてがサメにも存在する。その類似性はさらに深いところまでいく。サメとヒトの対応する神経は、同じような構造に枝を伸ばしており、さらに同じ順番で脳からでてさえいるのである（上段の左と右）。

この第二鰓弓の上側の骨は、骨の梃子システムの部品で、その回転によって、この動きを可能にする。この上側の骨は、もう一つ別の点でも注目すべきものである。それはヒトの中耳の骨の一つ、鐙骨に相当するものなのだ。サメで上顎と下顎を支えている骨が、ヒトでは嚥下と聴覚に用いられているのである。

第三鰓弓と第四鰓弓については、私たちが言葉をしゃべり、モノを呑みこむのに使っている構造の多くが、サメでは、鰓を支えている組織であることがわかっている。私たちがモノを呑みこんだり、しゃべったりするときに使う筋肉と神経が、サメ類と魚類では鰓を動かしているのである。

人間の脳は信じられないほど複雑に見えるかもしれないが、単純でエレガントな青写真からできている。この世のすべての頭骨は、それがサメのものであれ、硬骨魚類、イモリ、あるいはヒトのものであれ、一つの共通のパターンをもっている。このパターンの発見は一九世紀解剖学の大きな成果であった。この時代、解剖学者たちはあらゆる種類の動物の胚を顕微鏡のもとにおいたのである。一八七二年、オックスフォード大学の解剖学者、フランシス・メイトランド・バルフォアはサメを調べ、膨らみである鰓弓とその内部の構造を見たとき、はじめて頭の基本的なプランを見つけたのである。不幸にして、彼はこのすぐあと、スイス・アルプスでの登山事故で死んでしまった。まだ三十代でしかなかった。

鰓弓の遺伝子

受胎から最初の三週間のあいだに、私たちの鰓弓のなか、および将来の脳になる組織全体で、一連の遺伝子すべてのスイッチがオン・オフされる。そうした遺伝子は、細胞に頭のさまざまな部位をつくるように指示する。私たちの頭のそれぞれの部位がそれぞれ独特のものであるようにする遺伝的なアドレスを獲得していくと考えてみてほしい。この遺伝的アドレスを変更すると、そこで発生してくる構造の種類を変えることができる。たとえば、Otx と呼ばれる遺伝子は、前方の部位で活性化しており、そこに第一鰓弓を形成する。その背後、後頭部に向かっては、多数のいわゆるホックス遺伝子が活性化している。各鰓弓は、その内部で活性化する異なった種類の補足ホックス遺伝子群をもっている。この情報から、ヒトの各鰓弓と、それぞれをつくるのに活動している一群の遺伝子の地図をつくることができる。

いまでは、こんな実験もできる。一つの鰓弓の遺伝的アドレスを別の鰓弓の遺伝的アドレスに変えるのである。カエルの胚をとりあげ、いくつかの遺伝子のスイッチを入れ、第一鰓弓と第二鰓弓の遺伝的信号を同じにすれば、顎を二つもつカエルを生じさせることができる。正常なら舌骨があるべき場所に下顎ができるのだ。これは、鰓弓をつくるに際して遺伝的アドレスがもつ威力を示している。アドレスを変えれば、鰓弓のなかの構造を変えることになる。このアプローチがもつ力は、いまや頭の基本的デザインについて実験できるということにある。つまり、私たちは、内部の遺伝子の活性を変えることによって、鰓弓がその後にたどる運命を、ほとんど思うままに、操作できるのである。

頭の起源をたどる――頭のない不思議な生き物から頭をもつ祖先へ

なぜカエルとサメで止めてしまうのか？　昆虫やその他の無脊椎動物のような他の動物にまで、比較の対象を広げればいいではないか、と言われそうだ。しかし、そうした動物のどれ一つとして、頭骨をもたず、ましてや脳神経などもたないのに、そんなことをしてどうなるのか？　骨をもっているものさえいないのだ。たしかに、魚の世界を抜け出して、無脊椎動物の世界を訪れるとき、私たちは非常に柔らかくて頭のない生き物たちに出会う。とはいえそこにも、よくよく眺めてみれば、私たち自身の断片がある。

学部学生に比較解剖学を教える私たちのような人間は、ふつう授業をナメクジウオのスライドから始める。毎年九月になると、メイン州からカリフォルニア州までの、大学の大教室のスクリーンには、何百枚というナメクジウオのスライド写真が映される。なぜなのか？　無脊椎動物と脊椎動物という単純な二分法を覚えているだろうか？　ナメクジウオは無脊椎動物であるが、魚類、両生類、哺乳類など背骨をもつ動物と多くの特徴を共有している。ナメクジウオに背骨はないが、背骨をもつすべての動物と同じように、背中に沿って走る神経索（さく）をもっている。それに加えて、この神経索と平行して、体の全長にわたって一本の棒が走っている。この棒は脊索（せきさく）と呼ばれていて、なかにはゼリー状の物質が詰まっていて、体を支持する役目を果たしている。私たちヒトも胚のときには脊索をもっているが、ナメクジウオとちがって、ヒトの脊索はバラバラになり、最終的には椎骨のあいだにはさまる椎間板の一部となる。かつて脊索であった椎間板を破壊すれば、かつて脊索であったゼリー状の物質が、神経を圧迫したり、一つの椎骨から次の椎骨へと動きがなめらかに伝わるのを妨（さまた）げたりすることになり、大惨事を引き起こすことがありうる。私たちが椎間板を傷めるとき、壊されているのは私たちのボディプラン（体制）のきわめて古い部分なのである。ありがとう、ナメクジウオ。

ナメクジウオが無脊椎動物のなかで取り上げるべき唯一の存在というわけではない。ヒトとのつながりにおいて取り上げるべき最良の実例としては、現在の海にではなく、中国とカナダの太古の岩石のなかにいるものでもいいのだ。この、五億年前の堆積岩に埋もれているのは、頭も複雑な脳も脳神経もない、小さな無脊椎動物である。岩の中の小さな染みにしか見えないので、大したものには思えないかもしれないが、この化石が保存されているのは信じられないことなのだ。顕微鏡の下においてのぞけば、その柔らかい解剖学的な特徴の詳細、まれには皮膚の印象さえをも示している、みごとに保存された化石が見つかるだろう。これらの化石が物語るすばらしいことはほかにもある。彼らは脊索と神経索をもつ最古の動物なのだ。これらの無脊椎動物は、私たちの体の一部の起源について、何

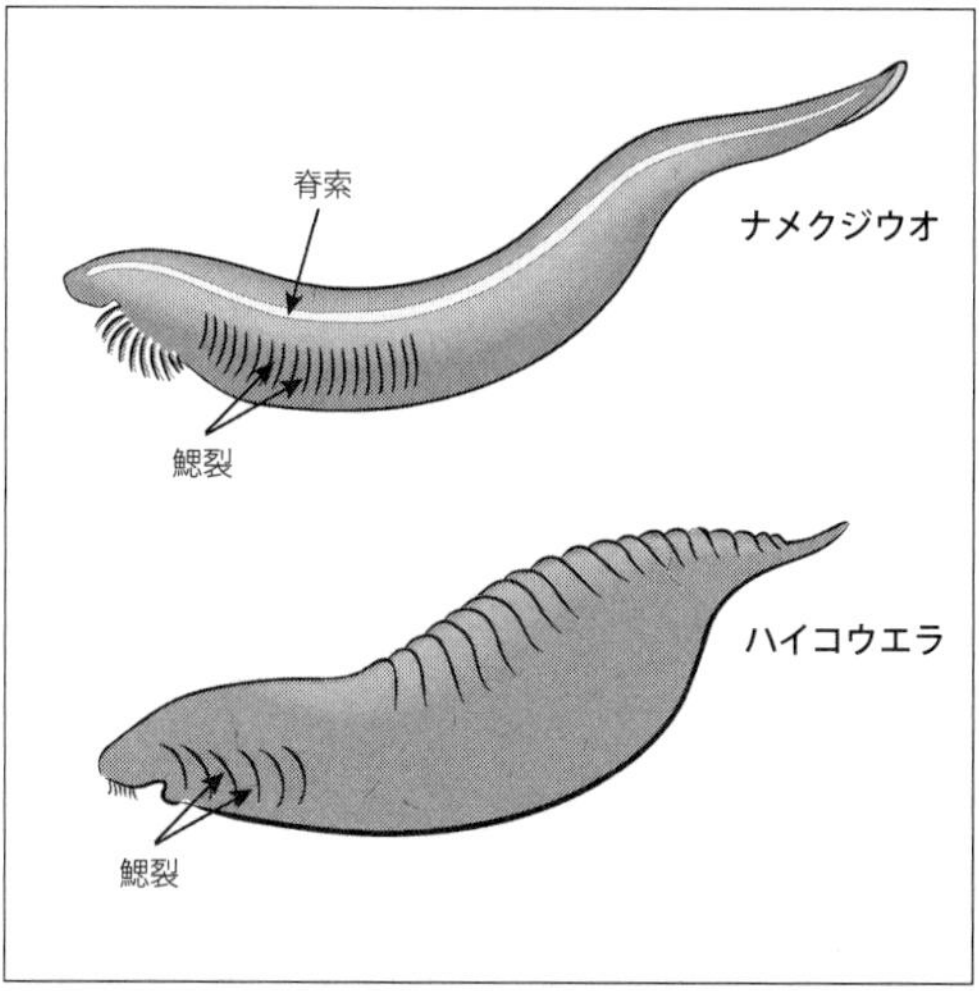

頭をもつ動物にもっとも類縁が近いのは、鰓裂をもつ無脊椎動物である。ここに示したのは、ナメクジウオと5億3000万年前の無脊椎動物（ハイコウエラ）の復元図。どちらも、脊索、神経索、および鰓裂をもつ。この鰓虫類は中国南部からの300体以上の標本で知られている。

ごとかを語っているのである。

実は、これらの小さな無脊椎動物と私たちが共有するものはほかにもまだある。鰓弓だ。たとえば、ナメクジウオは鰓弓を多数もっており、それぞれの鰓弓には小さな棒状の軟骨が付随している。そして、私たちの顎、耳骨、および喉頭の一部を形成している軟骨と同じように、これらの棒が鰓裂を支えている。私たちの頭の本質は、頭さえもたない無脊椎動物のような生物にまで起源をさかのぼるのである。では、ナメクジウオの鰓弓は何をしているのだろう？　食物となる小さな粒子を漉しとるために、水を鰓にくみ上げる、というのがその役割だ。これほど卑小な発端から、私たちヒトの頭の基本的な構造が生じていたとは。歯、遺伝子、四肢が、時代を経るうちに改変され、その機能の用途を組み替えたのとまったく同じように、私たちの頭の基本構造もそのような変化をとげてきたのである。

第6章　完璧な（ボディ）プラン

私たちの体は、非常に厳密なやり方で組み立てられた約二兆個の細胞のまとまりである。体は三次元空間に存在し、細胞や器官はそれぞれ適切な場所に位置している。頭は頂端にあり、脊髄は背の方向にある。腸管は腹側にあり、両腕と両脚は体の側面についている。この基本的な体の構造によって、私たちは、細胞塊もしくは円盤状の細胞集団として体を組織している原始的な動物から区別される。

これと同じデザインは、他の動物の体を形づくる重要な要素でもある。ヒトと同じく、魚、トカゲ、ウシは、前後、背腹、左右に関して対称な体をもっている。どれも体の先端（立った人間の頭頂に対応する）に頭があり、感覚器官を備え、内部に脳をもっている。これらの動物は、背中を全長にわたって走る脊髄をもっている。また、ヒトと同じように、肛門ももっており、これは体の口とは正反対の端にある。頭は、ふつう泳いだり歩いたりするときに、前方に当たる端にある。想像がつくと思うが、「肛門が前端にくる」というデザインはほとんどの状況で、とりわけ水中では、あまりうまくいかない。頭を前にしないと、他の個体との社会的な関係を保つのもむずかしいだろう。

しかし、本当の意味で原始的な動物、たとえばクラゲのなかに私たちの体の基本的なデザインを見いだすのは、それほど簡単ではない。クラゲは私たちとは異なった種類のボディプラン（体制）をもっている。つまり、細胞が上下の区別のある円盤状に編成されているのだ。背腹、頭尾、および左右の軸を欠いているので、クラゲの体の組織構造はヒトとは一見、似ても似つかない。どうか、あなたのボディプランをカイメンと比べようなどという無駄な努力をしないでほしい。試みることは可能だが、そんなことをしようとするだけで、解剖学的というよりもむしろ精神病理学的な問題が露わになるだけだからだ。

私たち自身を、そうした原始的な動物と正しく比較するためには、いくつか道具(ツール)が必要である。頭や四肢と同じように、私たちの歴史は、卵から成体にいたるまでの個体発生のなかに書かれている。胚は、生命の深遠な謎のいくつかを解く手がかりを握っている。そしてまた、私の研究計画を狂わせるほどの魅力をもっている。

共通のプラン——胚を比較する

私は化石哺乳類を研究するために大学院に入ったが、三年後には学位論文のために魚類と両生類を研究することになった。この私の栄光からの失墜――〝失墜〟と呼びたければ呼んでかまわない――は、胚を眺めはじめたときに始まった。研究室には、イモリの幼生、魚の胚、さらには凍結されたニワトリの卵まで、大量の胚があった。私は定期的にそれらを顕微鏡でのぞいて、何が起こるかを見ていた。胚は種を問わずどれも、長さ三ミリメートルたらずで、小さな白い細胞の塊のように見えた。発生過程を観察するのはわくわくするほど刺激的だった。胚が大きくなるにつれて、その栄養源である卵黄はしだいに小さくなっていく。卵黄がすっかりなくなるころには、胚はふつう、十分に孵化できるだけ大きくなっている。

　発生過程を眺めることは、私のなかに非常に大きな知的変身をとげさせた。そのような単純な発端――小さな細胞塊――から、正しい配置でならんだ何兆という細胞から成る、鳥、カエル、サケといった、みごとなまでに複雑な生き物が生じるのだ。しかし、驚かされたのはそれだけではない。魚類、両生類、ニワトリの胚は、私が生物学をやってきて見たことのあるどんなものにも似ていなかった。どれもみな、全体としては同じように見えた。すべて、鰓弓のついた頭をもっていた。どれもみな、三つの膨らみから発生を開始する小さな脳をもっていた。すべてが小さな肢芽をもっていた。実際に、四肢は私の学位論文のテーマとなり、その後の三年間の研究の中心となったほどだ。私はその研究で、鳥類、イモリ、カエル、およびカメにおいて骨格がどのように発生するかを比較するうちに、鳥の翼とカエルの脚のようにちがった四肢が、個体発生の過程ではきわめてよく似た姿をしていることを発見した。そうした胚を見ながら、私は共通の構造というものを見ていたのである。それぞれの種は最終的に異なった姿になるが、全体的に同じような地点から出発していたのだ。胚を眺めていると、哺乳類、鳥類、両生類、および魚類のちがいは、その根本的な類似性にくらべると、まるで些細なことのようにさえ思えてくる。そのあと、私はカール・エルンスト・フォン・ベアの研究について知った。

一九世紀、何人かの自然哲学者が、地球上の生命に共通のプランを見いだそうとして、胚に目を向けた。そうした観察者のなかでも重要なのがカール・エルンスト・フォン・ベアだった。彼は貴族の出身で、最初は医師としての訓練を受けた。学問上の師から彼は、ニワトリの発生を研究し、いかにしてニワトリの器官が発達するかを調べてみてはどうかと勧められた。

残念ながら、フォン・ベアはニワトリの研究に必要な孵卵器を買うことができず、卵を十分なだけ買うこともできなかった。あまり見込みのある状況ではなかった。しかし、幸いなことに彼には、クリスティアン・パンダーという裕福な友人がいて、実験をおこなうだけのお金があった。胚を調べていくにつれて、二人は根本的な事柄を発見した。すなわち、ニワトリのすべての器官は、発生中の胚の三層の組織のどれか一つに起源をさかのぼることができるのだ。これらの三つの層のおのおのは胚葉と呼ばれることになった。この発見によって二人はほとんど伝説的な名声を確立し、その名声は現在でもなお保たれている。

パンダーがこの三つの胚葉を見いだしたおかげで、フォン・ベアはいくつかの重要な問いを立てることができた。すべての動物がこのパターンを共有しているのか？　すべての動物の心臓、肺、筋肉が、これらの胚葉から派生するのだろうか？　そしてこれが重要なのであるが、異なった種でも、同じ胚葉が同じ器官に発生するのだろうか？

フォン・ベアは、パンダーの見つけたニワトリの三胚葉を、魚類、爬虫類、哺乳類と、入手できるかぎりの他のあらゆる動物と比較した。答はイエスで、あらゆる動物の器官は、これら三胚葉のどれかに起源があった。なかでも、この三胚葉がすべての種で同じ器官を形成することが確認できたのは画期的だった。すべての種のあらゆる心臓は、同じ胚葉から形成された。もう一つの胚葉は、あらゆる動物のあらゆる脳を形成した……というように。成体の動物がどれほど異なった姿をしているかは問題ではなく、すべての動物はちっぽけな胚として、同じ発生段階を通過していくのである。

このことがもつ重要性を十全に評価するために、ヒトの受胎後最初の三週間をここで見直してみよう。受精の瞬間、卵の内部で大きな変化が起こる――精子と卵子の遺伝物質が融合し、卵は分裂を始める。分裂した細胞は最終的に球を形成する。ヒトではおよそ五日を過ぎたあたり、単細胞の卵が四度の分裂を重ねて、一六個の細胞から成る球を形づくる。

この胚盤胞と呼ばれる細胞の球は、液体を満たした風船のようなものだ。細胞でできた一枚の薄い球状の壁が、中心にあるいくばくかの液体を取り囲んでいる。この「胚盤胞期」では、まだいかなるボディプランもあるようには見えない――前後の区別もなく、まだ分化した器官や組織が存在しないのは確かだ。受胎からおよそ六日めに、この細胞の球が母親の子宮に着床し、母親と胚の血流が合流できるようにつなげる過程が始まる。まだ、ボディプランの形跡はどこにも見られない。この細胞の球は、ヒトは言うにおよばず、なんらかの哺乳類、爬虫類、あるいは魚類と認められるものには、ほど遠いものである。

運がよければ、私たちの細胞の球は母親の子宮に着床しているはずだ。しかし、胚盤胞がまちがった場所に着床すると――子宮外着床が起きたとき――、結果は危険なものになりうる。子宮外着床の約九六％は、受胎が起こる場所に近い卵管で起こる。ときには、粘液によって妨害されて胚盤胞が容易に子宮まで行き着けなくなり、卵管内での不適切な着床を引き起こすのである。子宮外妊娠は、発見が遅れると、さまざまな組織の破裂を引き起こすことがある。これは本当にまれなケースだが、胚盤胞が母親の、体壁と消化管のあいだの体腔と呼ばれるスペースに押し出されることもある。さらにまれなケースでは、胚盤胞が母親の直腸または子宮の外側の上皮に着床し、胎児が臨月まで生育することさえあるのだ！　こうした胎児は場合によっては腹部切開で分娩することができるが、子宮外着床は、母親が出血死するリスクが、正常な子宮内への着床に比べて九〇倍も高いため、一般に非常に危険である。

いずれにせよ、この発生段階においては、私たちは極度にみすぼらしい格好をした動物である。受胎後第二週めの初めあたりには、胚盤胞はすでに着床しており、球の一部が子宮壁に包み込まれ、他の部分は自由になっている。壁に押し込まれた風船を考えてみてほしい。この平たい円盤がヒトの胚になる。私たちの全身がこの球の頂部、押しつぶされて壁にめり込んだ部分だけから形成される。この円盤の下にある部分は卵黄を包み込んでいる。この発生段階では、私たちはフリスビーに似た姿の、単純な二層からなる円盤である。

この丸いフリスビーがどのようにして、フォン・ベアの三層の胚葉になり、さらには人間らしい姿になっていくのだろう？　まず、細胞は分裂して、移動し、組織は自ら折りたたまれるように仕向けられる。組織が移動し、折りたたまれるにつれて、結果としてヒトの胚は、頭端に折りたたまれた膨らみと、尾部にもう一つの膨らみをもつ一つの管（チューブ）になる。もしここで、この体を真ん中あたりで半分に切ってみれば、管の中にもう一つ管があるのが見つかるだろう。外側の管は体壁であり、内部の管は最終的に消化管になるものである。この二つの管のあいだを隔てているのが、将来の体腔（たいこう）となる空間だ。この管の中の管という構造は、私たちの一生を通じて維持される。消化管はしだいにより複雑になっていき、胃は大きな袋状になり、長い腸はねじれて、曲がりくねる。外側の管も、体毛、皮膚、肋骨、そして突きでた四肢によって複雑になっている。しかし、基本的なプランは維

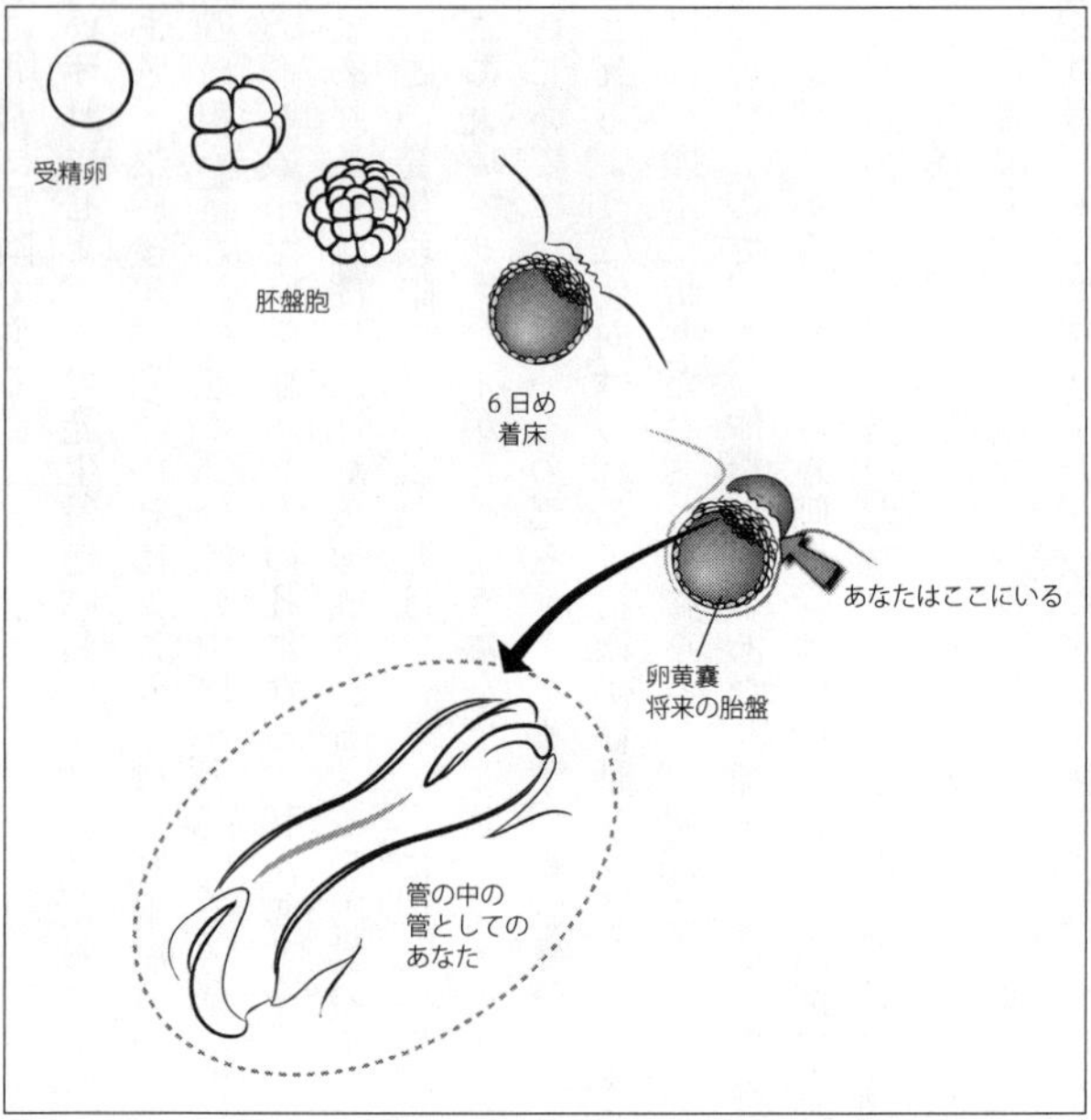

ヒトの初期胚。受胎してから最初の3週間。単一の細胞からスタートして、細胞の球になり、最後には管になる。

持されている。私たちの体は、受胎後二一日めと比べてより複雑になっているかもしれないが、依然として管の中の管であることに変わりはなく、私たちの器官のすべては、受胎後二週めに現れた三層の組織のどれか一つに由来するものなのである。

この三つのきわめて重要な胚葉の名前は、その位置にちなんでいる。すなわち、外側の層は外胚葉、内側の層は内胚葉、中間の層は中胚葉と呼ばれている。外胚葉は、体の外側の部分（皮膚）のほとんどと神経系を形成する。内側の層である内胚葉は、消化管ならびにそれに付随する無数の内分泌腺を含めて、体の内部構造の多くを形成する。中間の層である中胚葉は、骨格と筋肉の大半を含めて、消化管と皮膚のあいだにある組織を形成する。サケ、ニワトリ、カエル、ネズミのどの体であろうとも、その器官のすべては、外胚葉、中胚葉、内胚葉によって形成されるのである。

フォン・ベアは、胚がどのようにして生命の基本的なパターンを現していくかを見きわめた。彼は発生における二種類の特徴を対比させた。すなわち、すべての種に共通する特徴と、種ごとに異なる特徴である。管の中に管という配置のような特徴は、背骨をもつすべての動物、すなわち魚類、両生類、爬虫類、鳥類、哺乳類が共通にもっている。これらの共通の特徴は発生の比較的初期に現れる。一方、個々の動物を他から区別するような特徴――人類の大きな脳、カメの甲羅、鳥類の羽毛といったもの――は、比較的後期に生じる。

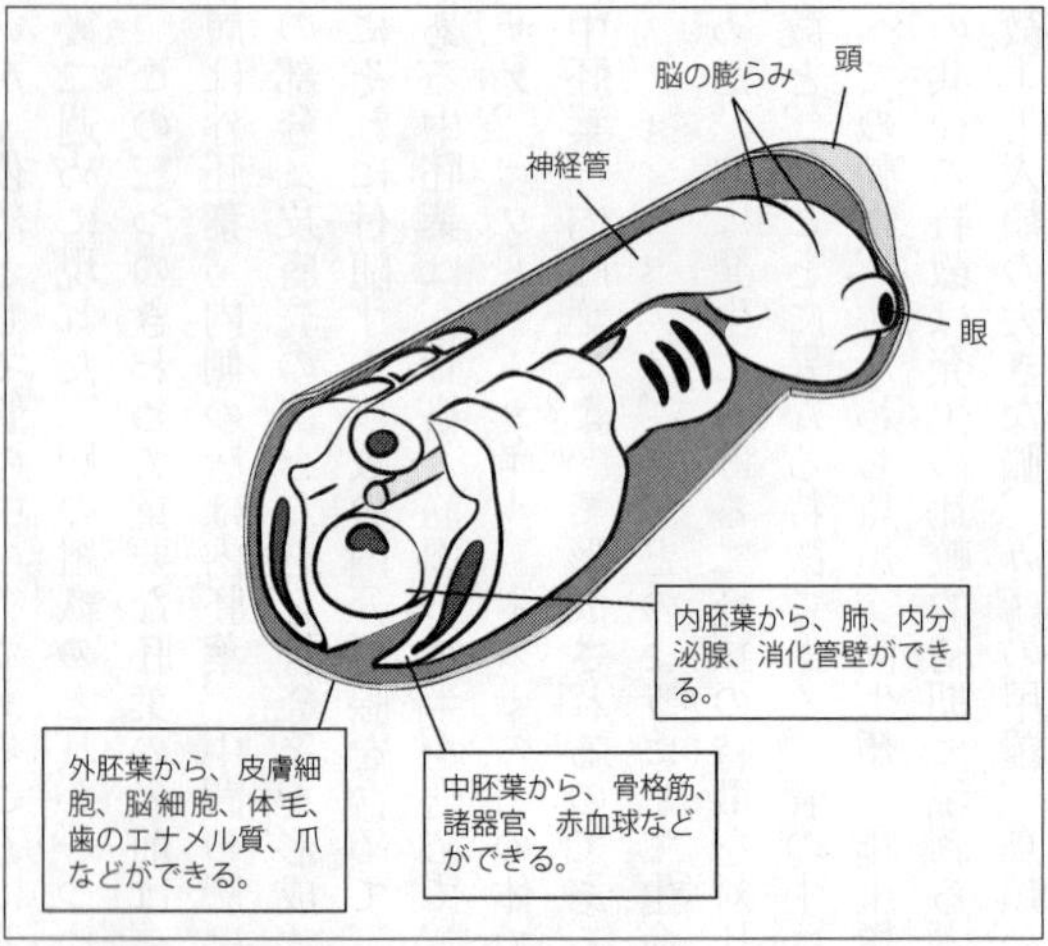
脳の膨らみ
頭
神経管
眼
内胚葉から、肺、内分泌腺、消化管壁ができる。
外胚葉から、皮膚細胞、脳細胞、体毛、歯のエナメル質、爪などができる。
中胚葉から、骨格筋、諸器官、赤血球などができる。

受胎後４週め、管の中の管で、すべての器官を生み出す３層の胚葉をもっている。

フォン・ベアのアプローチは、あなたが学校で習ったかもしれない「個体発生は系統発生を繰り返す」という考えとはまったく異なったものである。フォン・ベアは単純に胚を比較し、異なった種の胚が、それらの成体と比べて互いにずっとよく似ていることに注目したのにすぎない。その数十年後にエルンスト・ヘッケルの唱道した「個体発生は系統発生を繰り返す」というアプローチでは、それぞれの種が、発生の過程でその進化的な歴史の跡をたどるという主張がなされた。それにしたがえば、ヒトの胚は、魚類、爬虫類、および哺乳類の段階（ステージ）を経ていくことになる。そしてヘッケルはのちに、ヒトの胚を魚類またはトカゲの成体にひき比べたのだった。フォン・ベアとヘッケルの考え方のちがいは、些細なものに思えるかもしれないが、そうではない。過去一〇〇年間に、時間の経過と新しい証拠はフォン・ベアにはるかに好意的な扱いをしてきた。一つの種の胚と、別の種の成体とを比べていたヘッケルは、言うなればリンゴとオレンジを比べるようなことをしていたのだ。より意味のある比較とは、進化の原動力となるメカニズムを明らかにできるようなものである。私たちが一つの種の胚を別の種の胚と比べるのはそのためだ。異なる種の胚は、完全に同じというわけではないが、その類似性は深い意味をもつ。すべてが鰓弓と脊索をもち、発生のどこかの段階で管の中の管という姿をとる。そして、重要なことに、魚とヒトほどはっきりと異なる胚が、パンダーとフォン・ベアの三胚葉をもっているのである。

こういった類似性の発見は、問われるべき真の問題へと私たちを導かずにはおかない。いかにして胚は、前端に頭を、後端に肛門を発生させることを「知る」のだろう？　どんなメカニズムが、個体発生の原動力となり、細胞や組織が体を形づくるようにさせるのだろうか？

こうした問いに答えるためには、まったく新しいアプローチが必要だった。フォン・ベアの時代のように、単純に胚を比較するのではなく、問題を分析するための新しい方法を見つけなければならなかった。そして一九世紀の後半に、新しい時代が到来した。それについては第3章で最初に論じたが、この時代には胚は切り出され、移植され、分割され、

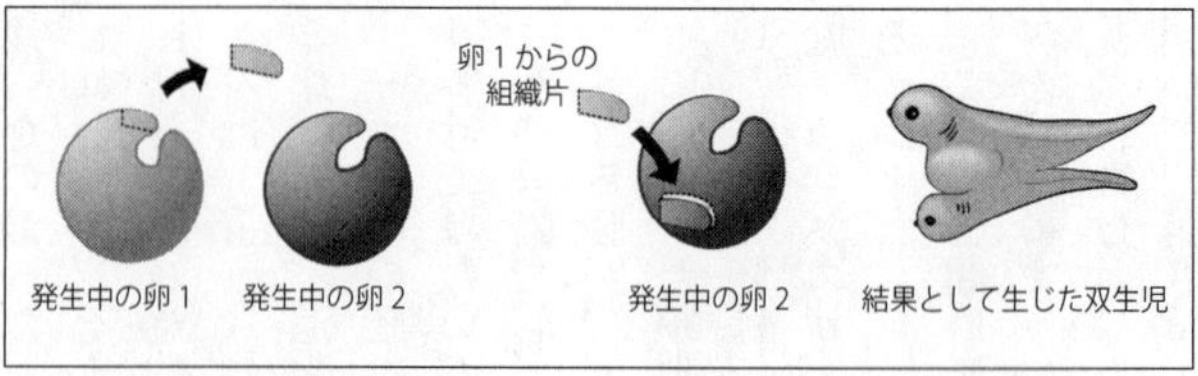

胚の小さな組織片を動かすだけで、マンゴルトは双生児をつくりだした。

そして、文字通りありとあらゆる化学物質によって処置された。すべて、科学の名のもとに。

胚での実験

二〇世紀初めの生物学者たちは、体についての根本的な疑問に取り組みつつあった。胚のどこに、体を形づくる情報が潜んでいるのか？　そして、その情報はどのような形をとっているのか——それは特別な種類の化学物質なのか？

まずは一九〇三年に、ドイツの発生学者ハンス・シュペーマンが、細胞は発生過程において体のつくり方をどのようにして習得するのかを研究しはじめた。彼の目標は、体づくりの情報がどこに収まっているかを見つけることだった。シュペーマンは当時、胚のすべての細胞が全身をつくるだけの情報をもっているのか、それともその情報は、発生中の胚の特定の部分に局在するのかという大問題に頭を悩ませていたのだった。

入手が簡単で、研究室で比較的たやすくいじくれるイモリの卵を用いて、シュペーマンは巧妙な実験を考案した。彼は自分の娘の髪の毛を一本切って、それでミニチュアの投げ縄をつくった。赤ん坊の髪の毛は注目すべき素材である。柔らかく、細く、しなやかなので、イモリの卵のような小さな球をしばるのにはうってつけだ。シュペーマンは、発生中のイモリの卵でまさにその通りのことをし、卵をまん中で半分にくびり切ったのである。彼は細胞の核をほんのわずか操作し、その結果できた代物(しろもの)をそのまま発生させ、なにが起こるかを観察した。すると胚は双子をつくった。二体の完全なイモリが出現し、それぞれが正常なボディプランをもち、完全な生存力をもっていた。結論は明らかだった。すなわち、一つの卵から二匹以上の個体を生じさせることができるのだ。これこそ一卵性双生児の正体である。生物学的に言えば、初期胚における一部の細胞が独自に新しい完全な個体をつくる能力をもつことを、シュペーマンは実証したのである。

この実験は、まったく新しい発見の時代の幕開きでしかなかった。

一九二〇年代に、シュペーマンの研究室の大学院生であるヒルデ・マンゴルトは、小さな胚で研究を開始した。彼女は微妙なコントロールのできる手先の器用さをもっていて、ありえないほど難しい実験をおこなうことができた。マンゴルトが研究した発生段階では、イモリの胚は直径が一・五ミリメートルほどしかない球である。彼女は、胚から芥子粒(けしつぶ)以下の大きさのちっぽけな組織片を切り取り、それを別の種の胚に移植した。実はこのとき、マンゴルトが移植したのはただの区画ではなく、三層の胚葉の大部分を形成することになる細胞が移動してきて折りたたまれる部域だった。マンゴルトは非常に巧みな技をもっていたので、移植された胚は実際に発生を続け、彼女にうれしい驚きをもたらした。移植された区画は、脊索や背、腹、おまけに頭さえ含めた、完全な新しい体の形成を導いたのである。

これがなぜそれほど重要なのか？　マンゴルトは、他の細胞に完全なボディプラン（体制）を形成するよう指令することができる、小さな組織部位を発見したのだ。こうした情報をすべて含む、このちっぽけだがきわめて重要な組織部位は、形成体（オルガナイザー）と呼ばれることになった。

マンゴルトの学位研究に対しては、結局はノーベル賞が与えられることになったが、受賞したのは彼女ではなかった。ヒルデ・マンゴルトは学位論文が発表される前に悲劇的な死を遂げてしまったのだ（台所のガソリンストーブが原因で起きた火事のため）。一九三五年のノーベル生理学医学賞はシュペーマンが受賞したが、その受賞理由は、「形成体と、胚発生におけるその影響を彼が発見した」こととされている。

現在では多くの科学者が、マンゴルトの研究は発生学の歴史において並ぶもののない、もっとも重要な実験であるとみなしている。

マンゴルトがシュペーマンの研究室で実験をおこなっていたのとほとんど同じ時期に、W・フォークト（同じくドイツの科学者である）は、ひとかたまりの細胞に標識（ラベル）をつけ、卵の発生につれて起こることを実験者が観察できるようにする巧妙な手法（テクニック）を考案した。その結果フォークトは、卵のなかのどの部分が将来どんな器官になるかという、「予定運命」を示す原基分布図をつくることに成功した。この、初期胚の細胞の予定運命という考え方に、ボディプランの原型を見ることができる。

草創期の発生学者、フォン・ベア、パンダー、マンゴルト、およびシュペーマンといった人々のおかげで、私たちの成体のすべての器官の原基を、単純な三層のフリスビー状をした胚内の、個々の細胞集団として図示できること、そして、体の全体的な構造の形成がマンゴルトとシュペーマンによって発見された形成体部位によって開始されることがわかった。

切断し、薄切りにし、賽の目切りにして調べてみれば、すべての哺乳類、鳥類、両生類、および魚類が形成体をもっていることがわかるだろう。ときには、ある種の形成体を別の種の形成体と入れ替えることさえできる。ニワトリの胚から形成体部位を取り出し、イモリの胚に移植してみる。すると、双子のイモリが得られるだろう。

しかし形成体とはいったい何なのか？　その内部の何が細胞に体の作り方を伝えるのか？　もちろんＤＮＡである。そして、他の動物と私たちが共有する内なるレシピは、ほかならぬこのＤＮＡのなかから発見されることになる。

ハエとヒト

フォン・ベアは胚の発生を観察し、ある種と別の種を比較し、体の基本的なパターンを見つけた。マンゴルトとシュペーマンは、組織がどのようにして形をつくるか知るために、胚を物理的に操作した。DNAの時代である現代では、私たちは自分の遺伝的組成(そせい)について問うことができるようになった。私たちの遺伝子は、どのようにして組織や体の発生を制御しているのだろう? もし、あなたがハエなど重要でないと一度でも思ったことがあるなら、このことを考えてもみてほしい。そう、ハエの突然変異は、ヒトの胚で活性化している主要なボディプランづくりの遺伝子を知る重要な手がかりを与えてくれるのだ。私たちが手足の指を形づくる遺伝子を発見できたのも、同じような考え方を問題に適用したからだった。では今度は、全身が形づくられる方法について、同様の考え方から何がわかるかを見てみよう。

ハエは一つのボディプラン(体制)をもっている。すなわち、前後、背腹などの区別があるということだ。その触角、翅、その他の付属肢は適切な場所で体から飛び出している。ただし、まれにそうなっていないときもある。ハエの突然変異体(ミュータント)のなかには、頭から肢が生えているものがいる。翅が重複していたり、余分の体節をもっていたりするものもある。実は、私たちの椎骨が頭端から体の肛門側末端に向かってなぜ形が変わるのかについて教えてくれるのは、こういった突然変異体のハエにほかならない。

異常なハエについては、ショウジョウバエを用いて一〇〇年以上にわたって研究がなされてきた。そのなかで、ある特別な種類の異常性をもつ突然変異体がことさらに注目を引くことになった。そうした突然変異（ホメオティック突然変異）をもつハエは、まちがった場所に器官をもっている――触角の生えるべき場所に脚があったり、余分な翅をもっていたり――か、あるいは体節がいくつかなくなっていた。彼らの基本的なボディプランに何かが干渉を加えていたのだ。つまるところこうした突然変異体は、DNAにおけるなんらかのエラーによって生じる。遺伝子が染色体上にならんでいるDNAの連なりであることを思い起こしてほしい。染色体を目に見えるようにするさまざまなテクニックを駆使することで、その突然変異を生じさせたのが染色体のどの部位であるのかをつきとめることができる。基本的には、まず突然変異体どうしを交配させて、すべての個体がその遺伝的エラーをもつ集団をつくりあげる。それから、さまざまな分子的マーカーを用いて、突然変異をもつ個体ともたない個体の遺伝子を比較する。これによって、その突然変異が発現する原因となる染色体の部域をピンポイントで特定することができる。その結果、ハエにはこのような突然変異体をつくる遺伝子が八つあることがわかった。これらの遺伝子はハエの長いDNA鎖の上に隣りあって並んでいる。頭の体節に影響をおよぼす遺伝子の隣にあるのが、翅を含んでいる部分である中央の体節に影響を及ぼす遺伝子だ。さらにその隣に並んでいるDNAの断片は、ハエの体の後半部を制御している。そしてこの遺伝子の並

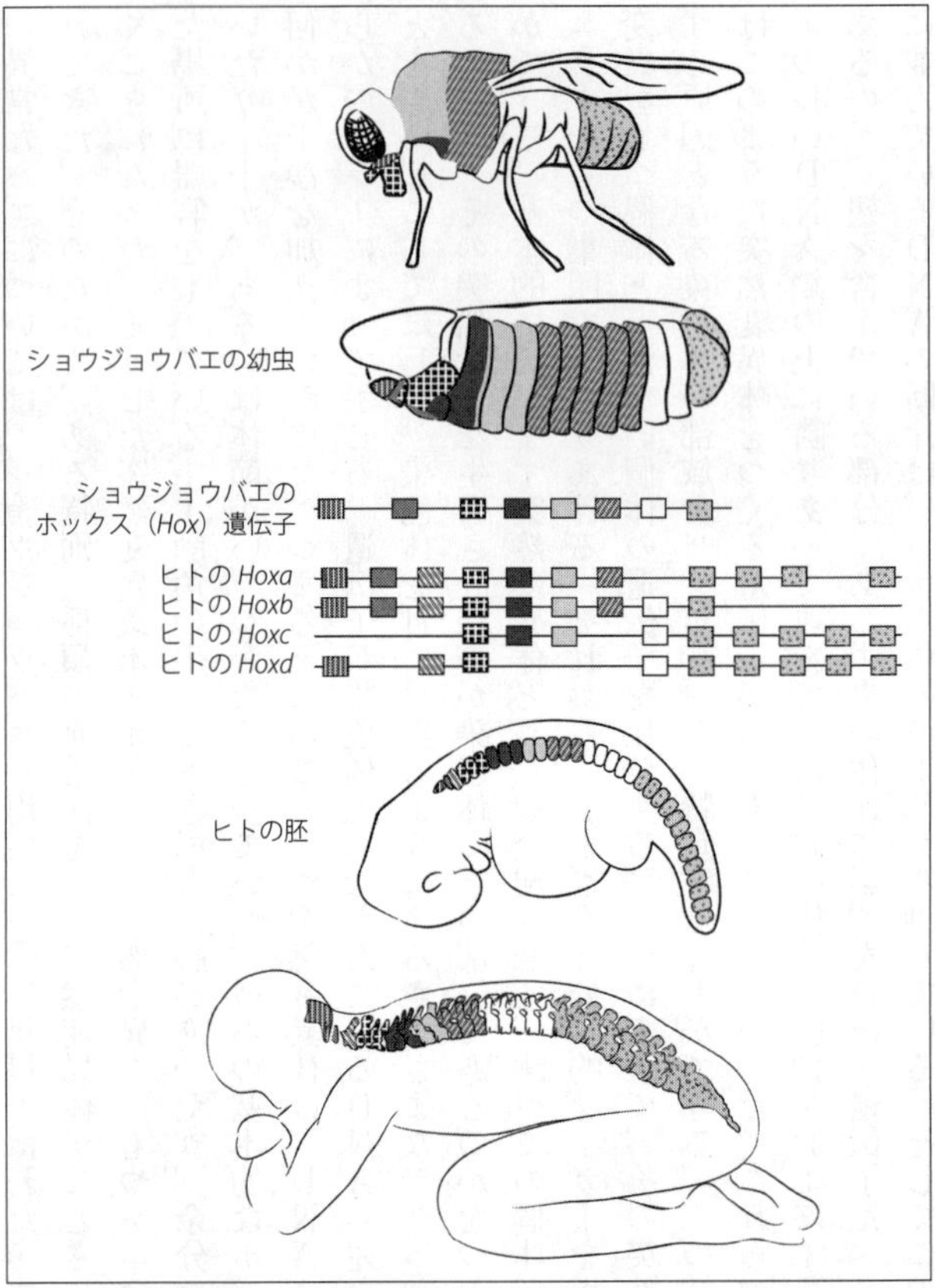

ハエとヒトにおけるホックス遺伝子。頭から尾にいたる体の組織編成は、さまざまなホックス遺伝子の制御下にある。ハエは8つの遺伝子を1セットもっており、図では1つずつを小さな箱で示してある。ヒトはこうした遺伝子を4セットもっている。ハエでもヒトでも、1つの遺伝子の活性は、DNA上の位置と対応している。頭で活性をもつ遺伝子が一端にあり、尾で活性をもつ遺伝子は他端にあり、体の中央部で活性をもつ遺伝子はその中間にある。

ぶ順序がまた驚きであった。つまり、DNA上の遺伝子の位置関係は、体の前から後ろに向かう構造とパラレルになっているのである。

ここでいよいよ、実際にこの突然変異の原因となるDNAの構造を突き止めるという難題が目の前に立ちはだかる。かつてスイスのワルター・ゲーリング研究室のマイク・レヴィンとビル・マックギニス、そしてインディアナ大学のトム・カウフマン研究室のマット・スコットは、それぞれの遺伝子の中央部分に、彼らの調べたそれぞれの種で事実上まったく同じ、短いDNA塩基配列があることに気づいた。この小さな塩基配列はホメオボックスと名づけられた。ホメオボックスを含む遺伝子はホックス遺伝子と呼ばれる。この遺伝子配列を他の種で探したところ、瓜二つと言っていいほど似たものが見つかったことは、科学者たちを驚倒させた。ホックス遺伝子の変異型は、体をもつあらゆる動物に現れるのである。

同じ遺伝子のいくつかの変異型（バージョン）が、ハエとマウスほどにも異なった動物の体の、前後方向のつくりを定めているのである。ホックス遺伝子に干渉を加えると、予測可能な形でそのボディプランに干渉を加えることになる。もし中央の体節で活性をもつ遺伝子を欠くハエをつくれば、そのハエの中央部は欠如するか改変される。胸部の体節を特定する遺伝子を欠いたマウスをつくれば、体の後方の一部が変形する。

ホックス遺伝子は、私たちの体のプロポーション――頭、胸、腰の各々の相対的なサイズのちがい――も決める。また、個々の器官、四肢、生殖器、消化管の発生にも関与している。こうした遺伝子に変異が生じれば、私たちの体の組み立て方も変わらざるを得ない。

動物の種類が異なれば、もっているホックス遺伝子の数も異なる。ハエやその他の昆虫の場合は八つ、ネズミやその他の哺乳類は三九個である。しかし、マウスにある三九個のホックス遺伝子はすべて、ハエに見られるものの変異型（バージョン）である。このように、異種間での類似があまりに著しかったため、膨大な数の哺乳類のホックス遺伝子は、ハエにあったもっと少数の遺伝子群の重複によって生じたのだろうという考えが導かれる。数の上でこのような相違があるにもかかわらず、マウスの遺伝子は、ハエの遺伝子とまったく同じ順序で、前から後ろに向かって活性化していくのである。

それでは、系統樹をさらに深くさかのぼって、私たちの体のもっと根本的な部分をつくるのにさえ関わっているような、異種間に共通のDNA配列を見つけることができるだろうか？　その答は、驚くべきことにイエスなのである。それによって私たちは、ハエよりもさらに単純な動物と関連づけられることになる。

DNAと形成体

シュペーマンがノーベル賞を受賞した当時、形成体（オルガナイザー）は大流行していた。科学者たちは、完全なボディプランを誘導することができる謎の化学物質を探し求めた。しかし、大衆文化のヨーヨーやエルモのくすぐり人形［テレビ番組「セサミストリート」に登場する人形で、くすぐると笑い声をだす］と同じように、科学にも流行のはやり廃りがある。一九七〇年代になると、形成体は発生学の歴史における珍しい現象、気の利いた逸話でしかないとみなされるようになっていた。形成体がこうして栄光の座からひきずりおろされた理由は、それを実現させているメカニズムを誰一人として解読できなかったことだった。

だが、一九八〇年代におけるホックス遺伝子の発見は事態を一変させてしまった。形成体という概念がまだまったくの流行遅れとみなされていた一九九〇年代の初めに、UCLA（カリフォルニア大学ロサンゼルス校）のエディ・デ・ロバーティス研究室では、レヴィンとマックギニスが用いたのと同じような技法を用いて、カエルのホックス遺伝子を探していた。調査は広範な範囲にわたっておこなわれ、多くの異なった遺伝子がつかまえられた。そうした遺伝子のなかに、非常に特殊な活性化のパターンをもつものがあった。それは、胚の形成体を含むまさにその部位で活性をもっており、発生のぴったり正確な時期に活性化したのである。この遺伝子を発見したとき、デ・ロバーティスがどう感じたかは想像するしかない。彼は形成体を探していたのであり、そしてその形成体のなかに、それを特異的に制御するか、あるいは胚におけるその活性化のタイミングとリンクしているように思われる遺伝子があった。かくして形成体は復権したのだ。

形成体遺伝子が、いたるところの研究室で浮上しはじめた。ちがった種類の実験をしていたのだが、バークリー校のリチャード・ハーランドはこれとはまた別の遺伝子を発見し、それをノギン（Noggin）と呼んだ。ノギンは、形成体遺伝子がまさにするべきことをおこなう遺伝子である。ハーランドがノギンを取り出し、胚の正しい場所に注入すると、形成体とまったく同じ機能を果たした。胚は二つの体軸を発生させ、頭も二つつくったのだった。

デ・ロバーティスの遺伝子とノギン遺伝子は、形成体を構成している実際のDNA片なのだろうか？　その答はイエスであると同時にノーでもある。この二つの遺伝子に限らず多くの遺伝子は、相互作用しあいながらボディプランを組織編成していく。この過程を担(にな)うシステムは複雑である。なぜなら、遺伝子は発生中に多くの異なる役割を果たすことがあるからだ。たとえば、ノギンは体軸の発生において一つの役割を果たすが、一群の他の器官にもかかわっている。そのうえ、遺伝子というものは、頭の発生に見られるような複雑な細胞の挙動を指令するのに、単独で作用するわけではない。遺伝子は、発生のあらゆる段階で、他の遺伝子と相互作用している。一つの遺伝子が他の遺伝子の活性を抑止したり、促進したりすることがあるのだ。ときには、多くの遺伝子が相互作用しあって、別の遺伝子のスイッチを入れたり切ったりする。幸いなことに、新しい道具(ツール)によって、一つの細胞内の無数の遺伝子の活性を同時に調べることができるようになった。このテクノロジーをコンピューターに基づいて遺伝子の機能を解釈する新しい方法に結びつけると、遺伝子が細胞、組織、および体を形づくる手順を理解するための、とてつもなく大きな可能性を手にすることができる。

一連の遺伝子間のこうした複雑な相互作用が理解できれば、体を形づくる実際のメカニズムについて光を投じることができる。ノギンはその格好の例として使えよう。ノギン単独では胚のいかなる細胞に対しても、上下（背腹）軸に関してその細胞がとる位置について指示を与えることができない。むしろ、それをするにあたっては、他のいくつかの遺伝子と協力して作用するのである。それとは別に、BMP－4という遺伝子があるが、これは下部をつくる遺伝子で、細胞内でスイッチが入ると、胚の下部、すなわち腹側をつくる。BMP－4とノギンのあいだには一つの重要な相互作用がある。つまり、ノギンが活性をもつ場所では、どこであれBMP－4は自分の仕事をすることができない、というものだ。ここでの要点は、ノギンは細胞に「体の頂部にある細胞」として発生するよう指示したりはしないのであって、「腹側の細胞」をつくらせることになるような信号のスイッチを切るのである。こうしたスイッチのオフ・オン相互作用が、すべての発生過程の根底に横たわっていると言っていい。

内なるイソギンチャク

私たちの体をカエルや魚の体と比べるのは、有効な方法である。文字通りの意味で、私たちとそれらの動物はとてもよく似ている。私たちはすべて背骨、二本の脚、二本の腕、頭などをもっている。だが、もしもまったくちがったもの、たとえばクラゲやそれに近い仲間と私たちを比べるとしたら、どうだろう？

大部分の動物は、運動の方向や、口と肛門の相対的な位置関係などによって定義される体軸をもっている。それについて考えてみよう。私たちの口は肛門と反対側の端にあり、魚や昆虫の場合と同じく、ふつうそれは「前方」方向にある。

神経索(さく)をまったくもたない動物のなかに私たちヒトを見いだすためには、いったいどうすればいいのだろうか？　肛門や口をもたないものについてはどうすればいいのだろう？クラゲ、サンゴ、イソギンチャクなどの動物は口をもっているが、肛門はない。口の役目をしている開口部が、老廃物を排出する役目もはたしているのだ。この奇妙な配置は、クラゲやそれに近い仲間には好都合なのかもしれないが、生物学者がこうした動物を他の動物と比較しようとするときには、目眩(めまい)を引き起こす。

マーク・マーティンデイルやジョン・フィナティーをはじめとする多くの研究者が、これらの動物群の発生を研究することによって、この問題に身を投じた。イソギンチャクはこれまでつねに、驚くほど豊かな情報の源(みなもと)だった。なぜなら、イソギンチャク類はクラゲに近縁で、きわめて原始的な体のパターンをもっているからである。それに、まったく尋常ではない形のイソギンチャクが、一見したところでは、私たちと比べても何にもなら

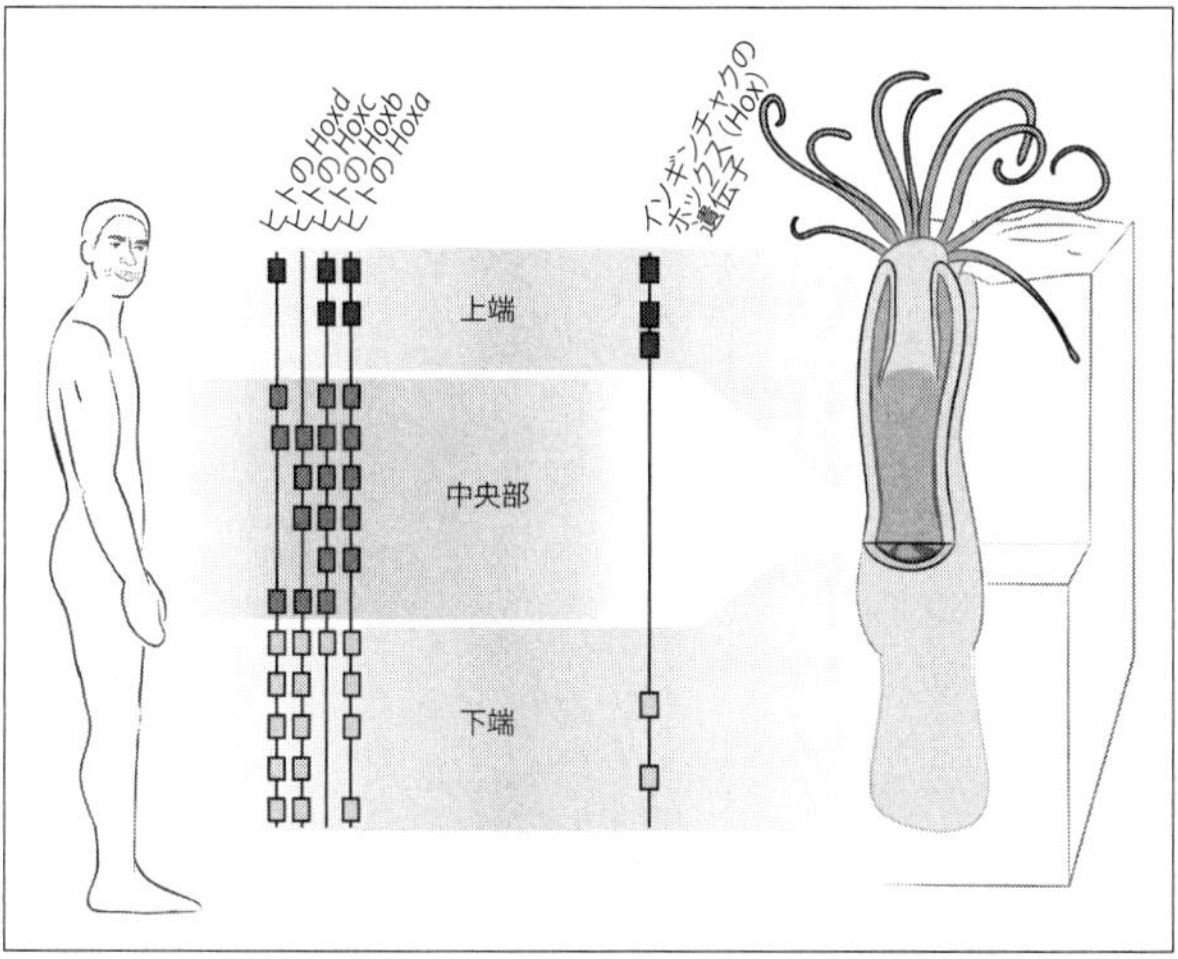

イソギンチャクなどクラゲに近い仲間は、私たちと同じように上下の区別をもつが、これは同じ遺伝子の変異型によって設定される体制である。

ないもののように見える、ということもあるだろう。イソギンチャクは、一定の長さをもった、木の切り株にも似た中央部の端から一束の触手が突き出た生き物だ。この奇妙な形が、イソギンチャクをとりわけ魅力的なものにしている。なぜなら、それは前後、上下の区別をもっているかもしれないからだ。イソギンチャクの口から基部に向けて線を一本引いてみてほしい。生物学者はこの線に口‐反口軸（oral-aboral axis）という名前をつけている。しかし名前を付けたからといって、この軸が恣意的な線以上のものになるわけではない。もし、それが実質のあるものだというなら、その軸に沿った発生のしかたが、私たちの体がもつ軸の一つに沿った発生のしかたと似たものでなくてはならない。

マーティンデイルらは、私たちの主要なボディプラン遺伝子——頭‐肛門の軸を決定する遺伝子——の原始的な変異型が、実際にイソギンチャクに存在することを発見した。そして、これはさらに重要なのだが、そうした遺伝子が口‐反口軸に沿った活性をもつのである。このことは、ひるがえって、このイソギンチャクという原始的な動物の口‐反口軸が、遺伝的には私たちの頭‐肛門軸と同等のものであることを意味している。

一つの軸が片づいたら、もう一つの軸だ。イソギンチャクは私たちの背腹軸に類似のものをなにかもっているだろうか？　そんなものをイソギンチャクがもっているようには見えない。それにもかかわらずマーティンデイルらは大胆にも、私たちの背腹軸を指定する遺伝子をイソギンチャクの中に探し求めるという試みに乗り出した。彼らは私たちの遺伝子がどういう姿をしているか知っており、これが探索イメージとして役に立った。彼らはイソギンチャクの中に、一つどころか多数の異なる背腹軸遺伝子を見つけだした。しかし、これらの遺伝子は、イソギンチャクの一つの軸に沿って活性をもってはいるものの、その軸はイソギンチャクの成体の器官が組み立てられる際に従う、いかなるパターンとも相関関係がないように思われた。

この隠された軸がいったい何なのかは、イソギンチャクを外から眺めただけでは明らかでない。けれども、まっ二つに切ってみれば、重要な手がかりが、すなわちもう一つの相称軸が見つかる。この軸は方向軸と呼ばれていて、イソギンチャクの体のほぼ左右に相当する相称性を規定しているものであるらしい。この人目につきにくい軸の存在は、すでに一九二〇年代に解剖学者には知られていたが、科学文献においては、単なる珍しい現象ということにとどまっていた。マーティンデイルとフィナティーのチームが事態を一変させたのだ。

すべての動物は同じであるが、異なってもいる。世代から世代へと受け継がれるケーキのレシピ——世代ごとにケーキの質は向上する——と同じように、私たちの体を形づくるレシピは、何十億年にわたって受け継がれ、改変されてきた。私たちはイソギンチャクやクラゲとはさほど似ているように見えないかもしれないが、私たちを形づくるレシピは、彼らを形づくるレシピのはるかに手が込んだ変形版なのである。

動物のボディプランに共通の遺伝的レシピがあることを裏づける強力な証拠が得られるのは、異なる種のあいだで遺伝子を取り替えてみたときである。私たちのような複雑な体をもつ動物からとった体づくりの遺伝子を、イソギンチャクからとった遺伝子と入れ替えると、どういうことが起こるだろう？　カエルでもネズミでもヒトでも、体の背側の構造を発生させるような場所でスイッチが入る、ノギンという遺伝子を思い出してほしい。カエルの卵に、カエルのノギン遺伝子を余計に注入すれば、カエルは余分な背側の構造を生じ、ときには二つめの頭が生えてくることさえある。イソギンチャクの胚でも、方向軸の一端でノギンの変異型遺伝子のスイッチが入る。ここでいよいよ値千金の実験だ。イソギンチャクからノギン遺伝子の産物を取り出し、それをカエルの胚に注入するのである。結果としては、背側の構造を余分にもつカエルが出現し、カエルそのもののノギンを注入したときとほとんど同じ結果がえられることがわかる。

だがしかし、時間をさらにさかのぼっていくとき、私たちの前には越えられそうにないギャップが姿を現す。本章に登場したすべての動物は体をもっていた。しかし、体をまったくもたないもの——すなわち単細胞の微生物——と私たちを、いったいどのようにして比べることができるというのだろう。

第７章　体づくりの冒険

化石採集のためにフィールドに出ていないとき、私の大学院生としての仕事のほとんどは、顕微鏡をのぞき込んで、細胞がどのように集まって骨をつくるのかを調べることに費やされた。

私はよく、イモリかカエルの発生途中の肢を取り出し、軟骨を青く、骨を赤くする染料で細胞を染色した。そのあと、肢をグリセリンで処理することで残りの組織を透明にすることができた。それは美しいプレパラート標本だった。胚の全体が透明で、すべての骨が染料の色を発していた。まるでガラス製の生き物を見ているようだった。

顕微鏡をのぞいているこうした長い時間のあいだ、私は文字通り、動物の体が形づくられていくのを観察していたのである。最初期の胚はちっぽけな肢芽（しが）をもち、細胞は均等な密度で胚の内部に収まっている。後期になると、肢芽の内部の細胞は凝集する。胚の齢がしだいに大きくなるにつれて、細胞はそれぞれに異なった形をとっていき、骨が形成されることになる。初期段階に私が見ていたそうした細胞塊のそれぞれが一つの骨になっていった。

一個の動物をなす細胞の集まりそのものを観察しているとき、畏敬の念を感じずにいるのはむずかしい。煉瓦の家と同じように、肢は小さな断片が合体して大きな構造をつくることによって形づくられていく。しかしそこには大きな違いがある。家の場合は建築家、すなわちすべての煉瓦がどこに置かれるべきかを知っている人間がいるが、四肢や体にはそんなものはいない。四肢をつくるという情報は、どこかの建築設計図のなかにはなく、それぞれの細胞の内部に含まれているのだ。煉瓦の内部に含まれているすべての情報から、自然発生的に家が立ち現れるところを想像してみてほしい。それが、動物の体のつくられ方なのである。

一つの体をつくる指令のほとんどは、細胞の内部にしまわれている。実際には、私たちをヒトという独特の生物にする指令のほとんどもそこにある。ヒトの体がクラゲとちがって見えるのは、ヒトの細胞どうしの接着の仕方、細胞のコミュニケーションの仕方、そして体をつくっている材料の違いのゆえなのである。

ただし、私たちが頭、脳、あるいは腕といったものはもとより、「ボディプラン（体制）」といえるものをもつことができる以前に、そもそも体をつくる方法が存在しなければばならなかった。さて、「体をつくる方法が存在する」とはどういうことか？　体の組織や構造のすべてをつくるためには、細胞は協調の仕方――協力しあってまったく新しい種類の個体をつくるやり方――を知っていなければならない。

　これがどういうことかを理解するために、まず、体とは何であるかを考察してみよう。その次に、「いつ」、「どのようにして」、そして「なぜ」という、体についての三つの重大な疑問を扱うことにしよう。すなわち、体はいつ、いかにして出現し、そしてこれがいちばん重要なのだが、なぜそもそも体はあるのかという疑問である。

身柄提出令状（ヘイビアス・コーパス）――体（ボディ）を見せろ

　すべての細胞塊が体と呼ばれる栄誉を受けることはできない。細菌のマットや、一群の皮膚細胞というのは、個体と呼びうるような細胞の集合体とはまったくの別物である。これは本質的な区別である。一つの思考実験が、このちがいを理解する助けになるだろう。

　細菌のマットから何個かの細菌を取り除けば何が起こるだろう。細菌のマットが小さくなるだけのことだ。一方、ヒトあるいは魚のいくつかの細胞を、たとえば心臓や脳から取り除けば、どういうことが起こるだろう。どの細胞を取り去るかによって、ヒトあるいは魚の死という結果に終わることがありうる。

　このことから、この思考実験によって、体を定義する特徴の一つが明らかになったと思われる。すなわち、私たちの体の構成部分は、協力しあってより大きな全体をつくっているのである。しかし、体のすべての部分が平等というわけではない。ある部分は生命にとって絶対的に必要なものである。そのうえ体には、各部分のあいだでの分業が存在する。脳、心臓、胃は、それぞれはっきり異なる機能をもっている。この分業制は、体をつくる細胞、遺伝子、タンパク質を含めて、最小レベルの構造まで行きわたっている。

ミミズあるいはヒトの体は、その構成部分——器官・組織・細胞——にはない固有性ないし一体性（アイデンティティ）をもっている。たとえば、私たちの皮膚の細胞は、たえず分裂し、死んで、はがれ落ちている。しかし、あなたは七年前と同じ個体である。たとえ、皮膚の細胞のことごとくが事実上まったくちがったものになっている——かつてあなたがもっていた細胞は死んで姿を消し、新しい細胞に置き換えられてしまっているとはいえ、そうなのだ。川の流路、そこを流れる水、あるいは川幅さえ変わっていても同じ一つの川であるように、構成部分がたえず入れ替わっているにもかかわらず、私たちは同じ個体でありつづけるのである。

そして、このたえざる変化にもかかわらず、私たちの器官のそれぞれは、体のなかで占めるべき大きさと位置を「知っている」。腕の骨の成長が、指や頭蓋の骨の成長と協調しているからこそ、私たちは正しいプロポーションで成長するのである。私たちの皮膚がなめらかなのは、細胞どうしがコミュニケーションをとりあって、表面の一体性と同質性を維持することができるからである。たとえばイボができるといった、なにか異常なことが起こらないかぎり、それが保たれる。しかし、イボのなかの細胞は規則に従っていない。それらの細胞はいつ増殖を止めるべきかを知らないのだ。

体のさまざまな部分のあいだの微妙なバランスが壊れたとき、その動物個体は死んでしまうことがある。たとえば悪性腫瘍（癌）は、ひとかたまりの細胞がもはや他の細胞と協調しなくなるときに生まれる。それが無限に分裂を続けることで、あるいは適切な形で死ななかったりすることで、生きた人間をつくるのに必要なバランスが破壊される。癌は、細胞が互いに協力しあうようにできるルールを壊す。高度に協調的な社会を破壊するゴロツキと同じように、癌は、自分たちの所属する大きな共同体、すなわち人体を殺すまで、自分自身の最大の利益のために振る舞うのである。

このような複雑な事態をいったい何が可能にしているのか？　私たちのはるかな祖先が何十億年も前にそうしたように、単細胞動物から体をもつ動物になるためには、細胞が協力しあうための新しいメカニズムを利用できることが不可欠だった。細胞は互いにコミュニケーションが取れる必要があった。新しい方法でくっつきあうことができなければならなかった。さらに、それぞれの器官を独特のものにする分子といった、新しいモノをつくれる必要もあった。こうした特徴――細胞を接着させる物質、細胞が互いに「語りあう」ことができる方法、そして細胞がつくる分子――こそ、私たちが地球上で見るあらゆる多様な体を形づくるのに必要な道具箱の構成要素である。

こうした道具の発明がついには一つの革命にまで登りつめた。単細胞動物から、体をもつ動物への移行は、まったく新しい世界をあらわにする。まったく新しい能力をもった新しい動物の登場だ。多細胞動物は、大きくなり、動きまわり、そして、周囲の世界を感知し、食べ、消化するのに役立つ新しい器官を発達させたのである。

体を手に入れる

無脊椎動物、魚、人類のすべてにとって屈辱的な、次のような考え方がある。生命の歴史のほとんどは、単細胞生物の物語だというのだ。ここまで語ってきた事実上すべての動物——手、頭、感覚器官、さらにはボディプランさえもつ動物——は、地球の歴史のごくわずかな期間にしか存在してこなかった。私たちのような古生物学を教える人間は、その期間のささやかさを示すために、よく「地球年（earth year）」という喩えを使う。地球の四五億年にわたる全歴史を一年というスケールに落とし、地球の起源を一月一日、現在を一二月三一日の真夜中にするのである。そうすると、六月になるまで生物といえば、藻類、細菌、アメーバといった、単細胞の微生物だけだった。頭をもつ最初の動物は一〇月まで現れなかった。最初の人類は一二月三一日に現れる。私たちは、これまで出現したすべての動植物と同じように、地球上の生命の饗宴に最近になって割り込んできたのである。

この時間スケールがいかに膨大なものであるかは、世界の地層を調べてみると、ことのほか明白となる。六億年前より古い地層は一般に動物あるいは植物を欠いている。そこには、単細胞生物か藻類の群体しか見つからない。そうした群体はマットないしは糸のようなものを形成している。なかにはドアノブのような形をした群体もある。それは、まちがっても「体」とは呼びえない代物だ。

化石記録のなかに最古の体を見た最初の人々は、自分たちが目にしているものが何なのか、見当もつかなかった。一九二〇年から一九六〇年にかけて、まったく奇妙としかいいようのない化石が世界中から現れはじめた。一九二〇年代と三〇年代には、現在のナミビアにあたる土地で研究していたドイツの古生物学者マルティン・グリッヒは、動物の体のように見えなくもない、多様な印象化石を発見した。円盤型や皿型をしたこれらのものは、なんということがないもののように思われた。それらは太古の海に生きていた原始的な藻類かクラゲだったかもしれなかった。

一九四七年に、レジナルド・スプリッグという名のオーストラリアの鉱山地質学者が、たまたま、岩石の下に円盤状、リボン状、葉状の印象化石をもつ土地に行き当たった。オーストラリア南部のエディアカラ丘陵の廃鉱のまわりを調査していたスプリッグは、そうした化石の一大コレクションを発掘し、律儀に記載した。やがてそのうち、同じような印象化石が、南極を除くすべての大陸から見つかるようになった。スプリッグが見つけた生き物は、不思議なものに思われたが、本気で関心を寄せた人間はほんのわずかしかいなかった。

古生物学界全体がろくな関心を示さなかったのは、これらの化石がカンブリア紀の比較的若い地層から出たと考えられていて、この年代からは原始的な体をもつ動物化石がすでに見つかっていたという事情による。スプリッグとグリッヒが見つけた化石は、世界中の博物館のコレクションですでに十分に展示されている年代からの、奇妙ではあるにせよ、びっくりするほど興奮するようなものではない印象化石として、人目を引かないまま放っておかれた。

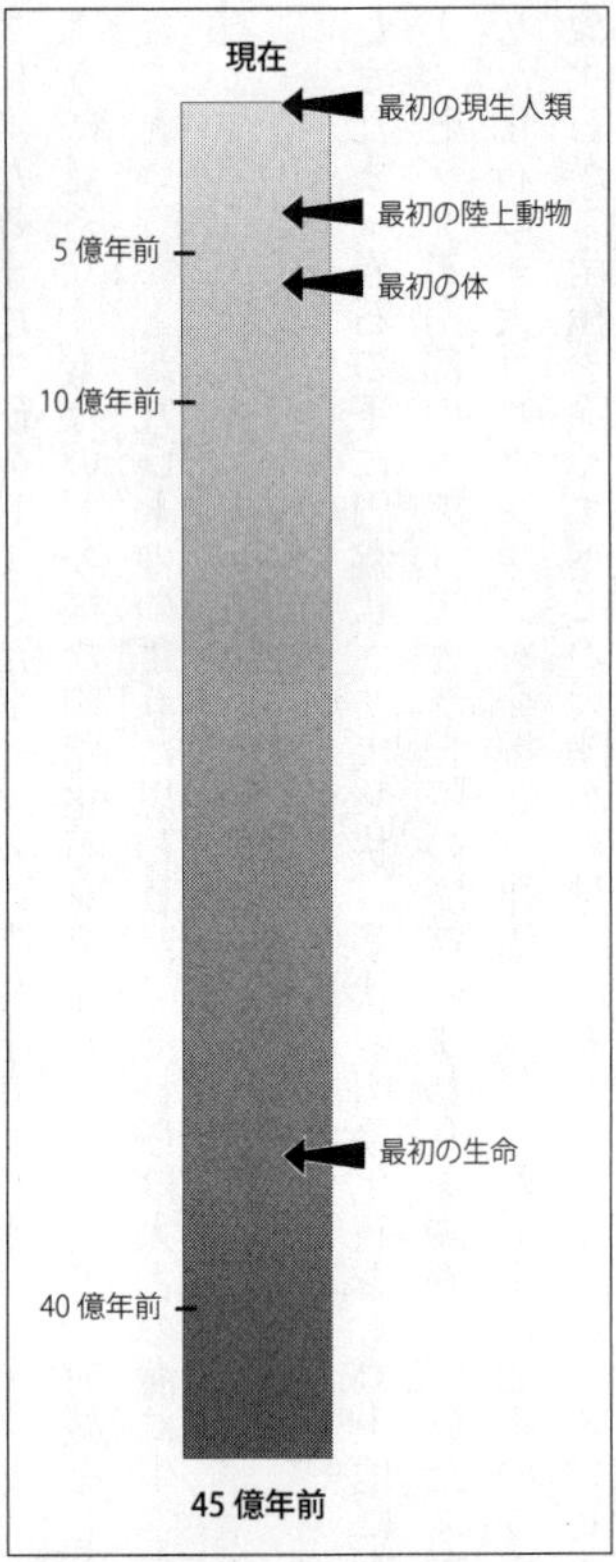

生命の歴史に起こった出来事の時間スケール。地球上に体をもつものが存在せず、単独ないし群体で生活する単細胞生物しかいなかった期間の極端なほどの長さに注意。

一九六〇年代の半ば、オーストリアからオーストラリアに移住したカリスマ的な古生物学者、マーティン・グレスナーが、事態を一変させた。問題の地層を世界の他の地域の地層と比較したのち、グレスナーは、これらの化石が当初考えられていたより一五〇〇万年から二〇〇〇万年は古いものであることを疑問の余地なく示した。それらの化石は印象化石のありふれたコレクションではなかった――それどころか、グリッヒ、スプリッグらは、最古の体を見ていたのだ。

これらの化石は先カンブリア時代と呼ばれる、生命が存在しないと考えられていた年代のものだった。しかし、これで最古の生命に関する私たちの理解はまったくくつがえされた。古生物学上の珍品が貴重な科学的証拠になったのだ。

先カンブリア時代の、円盤状、リボン状、葉状の化石は、明らかに体をもつ最古の動物だった。他の初期の動物化石から予測されたように、現在の地球上にすむもっとも原始的な動物であるカイメン類やクラゲ類に属する種がいくつかそこには含まれている。先カンブリア時代の他の化石は、これまで見たこともない姿のものだった。それらが、体をもつなにかの動物の印象化石だということはできるが、その斑点や縞の模様、および形はいかなる現生動物とも合致しない。

このことから得られる一つのメッセージは非常に明確である。多数の細胞をもつ動物が、六億年前にはこの地球の海に生息しはじめていた、ということである。これらの動物ははっきりとした体をもち、単なる細胞の群体ではなかった。左右相称のパターンをもち、場合によってそのパターンは現生種のものによく似ている。現生種と直接比較ができるようなものではないにもかかわらず、体のなかに特殊に分化したいくつかの構造をもつ種もある。これが意味するのは、先カンブリア時代の生物が、その当時の地球ではまったく新しい生物学的組織化のレベルをもっていたということである。

こうした変化の証拠は、化石の体にだけでなく、地層の岩石そのものにも見られる。最初の体とともに、最初の通り跡も現れる。岩に刻まれた線は、動物が泥の中を実際に這いのたうっていたことを示す最初の印(サイン)である。通り跡としては最古の、太古の泥に残された小さなリボン状のこすり跡は、体をもつこうした動物の一部が、比較的複雑な運動をおこなえたことを示している。これらの動物たちは、部分ごとの違いを識別できる体をもっていただけではなく、実際にそうした構造を使って新しいやり方で運動していたのである。

こうしたことは、すべて辻褄が合う。最初のボディプラン(体制)が見つかる前に最初の体が見つかる。頭その他を備えた最初のボディプランが見つかる前に、最初の原始的なボディプランが見つかる、といった具合に。第1章で歩いた想像上の動物園と同じように、世界の地層は実に秩序立ったものなのだ。

本章の冒頭で言ったように、私たちが知りたいのは、体が「いつ」、「どのようにして」、「なぜ」できたかということだ。先カンブリア時代の発見は、「いつ」について語ってくれた。しかし、「いかにして」、そして最終的には「なぜ」を知るためには、少しばかりちがった取り組みをする必要がある。

証拠としての私たち自身の体

先カンブリア時代のこうした円盤状、葉状、リボン状の化石の内部に、私たちの体のどれほどが見いだされるかは、たとえ写真に撮ることができたとしても、そんな手段ではけっしてとらえることはできまい。あらゆる複雑さを備えた私たち人類が、岩石の中の印象化石、とりわけ、くしゃくしゃになったクラゲやひしゃげた巻きフィルムのような格好をしたものと、何をいったい共有できるというのだろう？

その答は深い意味をもつものであり、証拠をつきつけられた以上、逃れることはできない。私たちを一つにつなぎとめている「素材」——私たちの体を体として成り立たせているもの——は、グリッヒとスプリッグが見つけた太古の印象化石の体を形成したものと、なんら異なっていない。実際に、私たちの体全体をつくる足場は、驚くほど大昔の生き物、すなわち単細胞動物に起源を発していたのだ。

クラゲを形成している場合であれ、眼球を形成している場合であれ、いったい何が、細胞の塊（かたまり）を一つにつなぎとめているのだろう？　ヒトのような動物では、この生物学的な接着剤は驚くほど複雑である。それは細胞どうしをつなぎとめるだけでなく、細胞が互いにコミュニケーションをとり、構造のほとんどを形成することを可能にする。この接着剤は一つの物質ではない。私たちの細胞のあいだにあって細胞どうしを結びつけている、さまざまに異なる分子なのだ。これらの分子は顕微鏡レベルにおいて私たちの組織や器官に固有の外見と機能を与えている。肉眼で見ようと顕微鏡で見ようと、眼球は脚の骨とはちがって見える。しかし実際には、脚の骨と眼球のちがいのほとんどは、細胞と物質が奥深いところで配列されるやり方のちがいによっている。

ここ数年間、私は新学期の始まる秋にはいつも、まさにこうした考え方にもとづく実習によって、医学部の学生たちをパニック状態に陥れてきた。オドオドした一年生たちは、ランダムに与えられる組織のスライド標本がどの器官のものかを、顕微鏡で見ることによって同定できるようにならなければならないのである。どうすればそんなことができるようになるのだろう？

この作業は、小さな村の街路地図を見て、それがどこの国のものかを言い当てるのに少しばかり似ている。実行可能だが、正しい手がかりを必要とするのだ。生物器官が対象の場合、最良の手がかりは細胞の形と、お互いのくっつき方といったものである。細胞間隙にある物質を同定できることも重要である。組織はありとあらゆる異なった細胞をもち、それぞれちがったやり方でくっつきあっている。ある部位には短冊状あるいは円柱状をなす細胞群があり、別の部位では細胞はランダムに散らばっていて、互いに緩（ゆる）く結合していなる物質で満たされていることが多い。たとえば、骨細胞のあいだにある無機質が骨の硬さを決定するし、一方、白目の部分にあるタンパク質は、眼球の壁をよりしなやかにする。

る。こうした、細胞がまばらに詰まった部位は、その組織に特徴的な物理的性質の源になる物質で満たされていることが多い。たとえば、骨細胞のあいだにある無機質が骨の硬さを決定するし、一方、白目の部分にあるタンパク質は、眼球の壁をよりしなやかにする。

したがって、学生が顕微鏡のスライド標本から器官を同定できるか否かは、細胞がどのようにして配置され、細胞間隙に何があるかについてどれほどの知識をもっているか次第だ。ただし、私たちヒトにとって、このことはもっとのっぴきならない意味をもっている。こうした細胞の配置を可能にする分子があってはじめて、体というものが成り立つのだ。もし、細胞をお互いにくっつける方法がなければ、あるいはもし、細胞の隙間を埋める物質がなければ、この地球上に体は存在しなかっただろう――あるのは細胞の集塊だけだ。だからこそ、体が「どのようにして」、「なぜ」生じたかを理解するには、こうした分子を知ることから始めなくてはならない。すなわち、お互いどうしを接着させ、互いにコミュニケーションをとることを可能にする分子や、細胞の隙間を埋める物質を知ることから。

この分子構造が私たちの体とどう関連しているのかを理解するために、骨格という一つの器官について焦点を当てて、詳しく見てみよう。私たちの骨格は、小さな分子が体の構造に対していかにして大きな影響をもつかを示す強力な実例であり、体のすべての器官に適用できる一般的な原理を例証するものだ。骨格がなければ、私たちはドロドロとした形のない細胞の塊になってしまうだろう。陸上で生活するのは簡単ではないだろうし、不可能かもしれない。生物としての私たちがおこなう基本的な営みや行動のあまりにも多くが骨格の存在によって可能になっているので、このことはともすれば、当たり前のこととして見過ごしがちである。私たちが歩き、ピアノを演奏し、あるいは食べ物をかむ、どんなときにも、それができるのは骨格のおかげなのだ。

私たちの骨格の仕組みを説明するすぐれた喩えとして、橋が挙げられる。橋の強度は橋桁とケーブルの太さ、形、比率によって決まる。しかし、ここで重要なのは、橋の強度は橋をつくっている材料の顕微鏡的な性質によっても決まることだ。鉄鋼の分子構造がその強度と、どこまで曲げても折れないかを決めている。同じように、私たちの骨格の強度は骨の大きさと形に基づいているが、骨そのものの分子的な性質にも依拠しているのである。

それを理解するために、一走りしてみよう。ジョギングするとき、私たちの筋肉は収縮し、背中、腕、そして脚が動き、前進するために足を地面に押しつける。私たちの骨と関節は、そうしたあらゆる運動を可能にする巨大な梃子と滑車の複合装置のはたらきをする。私たちの体の動きは物理学の基本法則によって支配されている。私たちの走る能力は、骨格の太さや長さ、形、プロポーション、および関節の形状に大きく依拠している。このレベルでは、私たちは一つの大きな機械に似ている。そして機械と同じように、私たちの体のデザインは機能に適合しているのである。世界でトップクラスの走り高跳び選手は、大相撲の横綱とは異なった骨のプロポーションをもっている。ウサギやカエルのように跳躍することに特殊化した動物の脚のプロポーションは、ウマとは異なっているのだ。

さて、ここでまた、顕微鏡の世界に戻ろう。顕微鏡で大腿骨のスライドをのぞいてみてほしい。するとただちに、骨に明確な力学的性質を与えているものが何かわかることだろう。細胞はところどころで、とくに骨の縁で、高度に組織化されている。ある細胞は互いにくっついているが、他の細胞はばらばらである。ばらばらの細胞のあいだには、骨の強度を決めている物質がある。そうした物質の一つは、ヒドロキシアパタイトと呼ばれる石、正確には結晶で、これについては第4章で論じた。ヒドロキシアパタイトの硬さはコンクリートの硬さと同質である。すなわち圧縮に強いが、ねじれや曲げ圧力にはそれほど強くない。したがって、煉瓦またはコンクリートでできた建物と同じように、骨は圧縮係数を最大にし、ねじれと曲げを最小にするような形状になっている。このことは、一七世紀にガリレオが気づいていた。

私たちの骨細胞の隙間に見つかる分子としてはそのほかに、人体においてもっともありふれたタンパク質がある。電子顕微鏡で一万倍に拡大すれば、小さな繊維の束から構成されたロープのようなものが見えてくるはずだ。この分子がコラーゲンで、ロープと同じ力学的性質をもっている。ロープは引っ張られるときには比較的強いが、逆の作用にはあっけなく屈してしまう。綱引き競技で二チームがロープの真ん中に向かって殺到しているところを想像してみてほしい。ロープと同様、コラーゲンは引っ張られるのには強いが、両端から押し詰められるのには弱い。

骨はヒドロキシアパタイト、コラーゲン、そしてその他のもっとまれな分子の海に浮かんでいる細胞からできている。いくつかの細胞は互いにくっつきあっているが、他の細胞はこうした物質の内部に漂っている。骨の強度は、引っ張られたときにはコラーゲンの強度に、圧縮されたときにはヒドロキシアパタイトの強度に依存しているのである。

私たちの骨格にあるもう一つの組織である軟骨は、いくぶんちがった振る舞いをする。私たちがジョギングしているあいだ、骨と骨が接して互いに滑りあう滑らかな表面を提供するのは、関節にある軟骨なのだ。軟骨は骨よりもはるかに柔軟な組織で、力を加えられれば曲がることもひしゃげることもできる。膝関節や、その他ジョギングの際に用いられる関節のほとんどを滑らかに動かすことができるのは、比較的柔らかな軟骨のあるおかげである。健康な軟骨は圧縮されても、台所のスポンジのように、いつでももとの形に戻ることができる。私たちが走っているとき、一歩ごとに全体重が一定の速度で地面に叩きつけられる。関節のこうした保護的なキャップ（半月板）がなければ、骨はお互いに削りあってしまうだろう。行き着くところは、きわめて不愉快で、体を衰弱させる関節炎という病気である。

軟骨が柔軟なのは、その顕微鏡的な構造の性質ゆえである。私たちの関節の軟骨には比較的少数の細胞しかなく、それらの細胞は大量の充塡物によって隔てられている。骨の場合と同じく、軟骨の力学的な性質を大きく決定しているのは、この間質充塡物、すなわちコラーゲンの性質なのである。

コラーゲンは軟骨細胞の間隙（他の組織の細胞間隙と同様）のほとんどを満たしている。軟骨に柔軟性を与えているのは実のところ、プロテオグリカン複合体と呼ばれる別の種類の分子で、これほど並はずれたものは、私たちの体全体をさがしてもみつからないという代物だ。このタンパク質が、圧搾されたり圧縮されたときの強さを軟骨に与えている。長い柄と多数の小さな分枝をもつ、巨大な三次元のブラシのような形をしたプロテオグリカン複合体の姿は、実際に顕微鏡で見ることができる。このタンパク質は、そのごく小さな枝が親水性をもつという事実のおかげで、私たちが歩いたり運動したりできるためには欠かすことのできない、驚くべき性質をもっている。この性質のゆえに、プロテオグリカンは文字通り水を吸って、巨大なジェロ［米国のクラフト社製のゼリーの素］の塊のようになるまでパンパンに膨れあがる。このゼラチン状の塊をとりだし、コラーゲンのロープで編み込むように包みこむと、柔軟でありながら張力に対してかなりの抵抗力をもつ物質ができあがる。大雑把に言えばこれが軟骨であり、私たちの関節を保護する完璧なパッドとなるものだ。軟骨細胞の役割は、動物が成長するときにこうした分子を分泌し、成長していないときにもそれを維持することである。

骨、軟骨、歯の力学的な性質のちがいのほとんどは、これらさまざまな物質の混合比率によって規定される。非常に硬い歯は、予想されるように、ヒドロキシアパタイトを大量に含み、エナメル質の内部には比較的コラーゲンが少ない。骨は比較的多くのコラーゲンを含み、ヒドロキシアパタイトは少なく、エナメル質はない。その結果、骨は歯ほど硬くない。軟骨は大量のコラーゲンを含み、ヒドロキシアパタイトをもたず、プロテオグリカンによって隙間を満たされている。骨格のなかでもっとも柔らかい組織がこの軟骨である。私たちの骨格がいまのような見かけをもち、いまのような働きをしているのは、主としてこれらの分子が適切な比率で、適切な場所で配置されていることによる。

さて、こういったことがいったい、体の起源とどういう関係があるというのだろう？骨格をもっているかもたないかにかかわらず、すべての動物に共通する一つの性質がある。細胞が寄り集まってできているすべての動物は、細胞のあいだに分子を、正確に言えば異なる種類のコラーゲンやプロテオグリカンをもっているのだ。そのなかでもコラーゲンはとりわけ重要であると思われる。これは動物でもっともありふれたタンパク質で、重さにして、全身の総タンパク質量の九〇％以上を占める。ならば、はるかな昔に体というものが形づくられていたのなら、当時すでにこのような分子もつくられていたにちがいない、と推測することは可能だろう。

体に不可欠なものはそれだけではない。すなわち、私たちの骨をつくる細胞は互いにくっつくことができ、情報のやりとりができなければならない。どのようにして骨細胞は互いにくっつき、骨の異なる部位が異なった振る舞いをすべきことを知っているのか？　実は、私たちの体づくりに必要な道具（ツール）の大半はここにある。

骨細胞は、体のなかのあらゆる細胞と同じように、小さな分子リベット（鋲（びょう））という手段を介して互いに接着しているが、このリベット、すなわち細胞接着物質にはきわめて大きな多様性がある。あるものは靴底を靴に貼り付ける合成接着剤のやり方で細胞どうしを結合させる。つまり、一つの分子が一つの細胞の外膜に、もう一つの分子が隣の細胞の外膜にしっかりと接着する。こうして両方の細胞膜に接着することで、この糊は細胞間に安定した結合を形成するのである。

ほかの分子リベットとしては、厳密に選択的に、同じ種類のリベットとしか結合しないものもある。この性質は、私たちが自分の体を形づくる手順の基本的な部分の助けとなるがゆえに、きわめて重要である。この選択的なリベットが、細胞が自己組織化することを可能にし、骨細胞が骨細胞と、皮膚細胞が皮膚細胞とくっつく、等々のことを可能にするのだ。こうした分子は、他の情報がなくとも、体を組織することができる。このタイプの異なった種類のリベットをもつ複数の細胞を培養皿に入れて成長させると、細胞はかってに組織をつくる。各細胞が自分のもっているリベットの種類と数によって選別されるうちに、あるものは球を、他のものはシートをつくるのである。

しかし、細胞間をつなぐもっとも重要な結びつきはおそらく、いかにして互いに情報交換をするか、ということだろう。私たちの骨格は厳密なパターンに従って組み立てられる——実際には体の全体がそうなのだが——が、そんなことは細胞たちがどう振る舞えばいいかを知らなければありえない。つまり細胞はいつ分裂し、いつ分子をつくり、いつ死ぬかを知っている必要がある。もし、たとえば骨細胞または皮膚細胞がでたらめに振る舞えば——あまりにも多く分裂したり、あまりにもわずかしか死ななかったりすれば——、私たちは非常に不格好になるか、悪くすれば死ぬことにさえなる。

細胞は、互いのあいだを行き来する分子の「文字」を使って情報伝達をしている。細胞は分子をやりとりすることで、隣の細胞と「話」ができるのだ。たとえば、比較的単純な形の細胞間コミュニケーションにおいては、まずある細胞が信号を、この場合には一つの分子を放出する。この分子は、信号を受け取る細胞の外壁、すなわち細胞膜にくっつくだろう。いったん外膜にくっつくと、この分子は分子レベルの連鎖反応の引き金となり、その連鎖反応は外膜から細胞内につたわって、多くの場合、細胞核にまで達する。ここで、遺伝的情報が核の内部にあることを思い出してほしい。結果として、この分子によって伝えられる信号は遺伝子のスイッチをオンにしたり、オフにしたりすることができる。この一連の出来事の最終結果として、情報を受け取った細胞がその振る舞いを変えることになる。それは死ぬことかもしれないし、分裂することかもしれないし、あるいは、他の細胞からの合図に応じて新しい分子をつくることかもしれない。

もっとも基本的なレベルでは、こうしたモノが、体という存在を可能にしているのである。体をもつすべての動物は、コラーゲンやプロテオグリカンのような構造分子をもち、すべてが細胞をつなぎとめる一連の分子リベット（細胞接着物質）をもち、すべての細胞が互いに情報交換できるようにする分子的な道具をもっている。

いまや私たちは、体がどのようにして始まったかを理解するための探索イメージを手に入れた。体がどのようにして出現したかを理解するためには、地球上でもっとも原始的な体における、そして最終的には、まったく体をもたない動物におけるこうした分子を探す必要がある。

細胞塊（ブロブ）の形づくり

大学教授の体とただの細胞塊（ブロブ）が何を共有しているというのだ？　その答を見つけるために、現生のもっとも原始的な体のいくつかについて考察してみることにしよう。

そうした生物の一つに、野生状態ではほぼけっして見られることのない、怪しげな特質をもっているものがある。一八八〇年代の終わりに、水族館のガラス壁の上に付着する、異様に単純な生物が発見された。それは他のいかなる生命体とも似ておらず、ヌルヌルした泥の塊（かたまり）のような姿をしていた。これに似たものと言えば、スティーヴ・マックィーンの映画『ブロブ』［オリジナルは一九五八年で、一九六五年に日本で公開されたときの邦題は『マックィーンの絶対の危機』、その後一九八七年にリメイク版が出され、こちらの邦題は『ブロブ――宇宙からの不明物体』］に出てきた異星生命体くらいのものだろう。このブロブがアメーバのような不定形のネバネバした物体で、宇宙から（隕石に付着して）落ちてきたあと、餌を呑みこんだことを覚えているだろうか。このとき餌になったのは、イヌ、人間、そして最後にはペンシルヴェニアの小さな町の食堂だった。このブロブの消化末端は下側にあり、けっして見ることができない。捕らえられた動物の悲鳴が聞こえるだけである。このブロブを細胞数にして二〇〇から一〇〇〇個、直径にして二ミリメートルくらいにまで縮めれば、センモウヒラムシ（平板動物門に属する唯一の種）と呼ばれるこの謎の現生動物になる。センモウヒラムシはたった四種類の細胞しかもたず、小皿のような非常に単純な形をした体をもっている。しかし、これは正真正銘の体である。下面にある細胞のいくつかは、消化用に特殊化している。他に鞭毛をもった細胞もあって、それを波打たせることでセンモウヒラムシは動きまわれる。彼らが自然状態で何を食べているのか、どこで生活しているのか、生息環境はどういうものなのか、ほとんど何もわかっていない。しかし、この単純な細胞塊については、驚くほど重要な事実が明らかになっている。少数の特殊化した細胞をもつこの生物は、すでに部分間の分業制をもっているのだ。

体に関して興味深いことのほとんどが、センモウヒラムシにはすでに見られる。センモウヒラムシは原始的なものとはいえ、れっきとした体をもっている。彼らのDNAを検索し、その細胞表面にある分子を調べてみれば、私たちに備わった体づくり装置の主立ったところがすでにそこにあることがわかる。センモウヒラムシは、私たち自身の体に見られる分子リベットや細胞間の情報伝達道具の変形版をもっているのである。

私たちの体づくり装置は、レジナルド・スプリッグが見つけた太古の印象化石のいくつかよりもさらに単純な細胞塊（ブロブ）にすでにあった。では、さらにもっと原始的な種類の体をもつものまでもさかのぼることはできるのだろうか？　その答の一部は、古典的な台所用品であるスポンジ、つまりカイメンのなかにある。カイメンは一見したところ、パッとしない生き物である。カイメンの体は、生きた物質ではなく、カイメンの細胞外マトリックス（基質）そのものからできている。これはシリカ（二酸化ケイ素、ガラス様物質）あるいは炭酸カルシウム（硬い貝殻様物質）の一種で、いくらかのコラーゲンが組み込まれている。その事実を知るや、カイメンがぜん興味深いものに思えてくるだろう。コラーゲンが私たちの細胞間隙における主要な部分であり、細胞や多数の組織を保持していたことを思い出してほしい。そうは見えないかもしれないが、カイメンはすでに体に備わった主たる特徴の一つをもっているのである。

二〇世紀の初め、H・V・P・ウィルソンが、カイメンが実際にはどれほど驚嘆すべきものであるかを示した。ウィルソンは一八九四年に初代生物学教授としてノースカロライナ大学にやってきた。そこで彼は、二〇世紀の北米において遺伝学および細胞生物学という分野を確立することになるアメリカ人生物学者の精鋭たちを訓練しつづけた。若い頃、ウィルソンは生涯の研究の対象を、よりにもよって、カイメンに絞ることに決めた。彼のおこなった実験の一つにおいて、こうした一見単純そうな動物の真に驚くべき能力が明らかにされている。彼はカイメンを一種の篩いにかけて、体を押しつぶしてバラバラの細胞にした。そして、完全に分離したアメーバ状の細胞を皿に入れて、観察した。最初のうち、細胞は皿の表面を這いまわっていた。やがて、驚くべきことが起きた。細胞が合体したのだ。まず、赤くぼんやりした細胞の球を形成した。つぎに、細胞はより組織的な構造をとり、明確なパターンで密集しはじめた。最後に、さまざまなタイプの細胞がそれぞれ適切な位置をとり、細胞の集塊が新しい完全な体を形成することになった。ウィルソンはほとんど一から体ができあがっていくところを観察していたのである。もし私たちにカイメンと同じ芸当ができるなら、コーエン兄弟が製作した映画『ファーゴ』［一九九六年製作のアメリカ映画］の登場人物で、木材破砕機でミンチにされるスティーヴ・ブシェミは、無事にもとの体に戻れただろう。実際には彼はこの実験を目にしたら希望を抱いたかもしれない。細胞が凝集して、彼の分身をいくつも形成してくれるかもしれないからだ。

体の起源を理解するうえで有益なのは、カイメン内の細胞である。カイメンの内部はふつう中空で、種によって異なるが、いくつかの区画（コンパートメント）に分けられている。水は、きわめて特別な種類の細胞に導かれて、この空間内を流れる。これらの細胞は、カップの部分をカイメンの内側に向けた杯のような形をしている。この杯の縁から伸びている小さな繊毛が波打ち、水中の食物粒子を捕らえる。これらの細胞の杯部分からは一本の大きな鞭毛も伸びている。これらの小さな細胞の鞭毛による足並みのそろった波打ち動作によって、細胞は水と食物を追いやってカイメンの孔を通り抜けさせるのだ。カイメンの内部にはその他にも、食物のかけらを処理する細胞もある。外側にはまた別の細胞が並んでいて、水流が変わって形を変える必要があるときには、収縮することができる。

カイメンは動物の体とは大違いのように思えるが、体にとってもっとも重要な性質の多くをもっている。まず、細胞が分業をしている。細胞が互いにコミュニケーションを取りあえる。さらに一団の細胞が単一の個体として機能する。つまり、カイメンは組織化されており、異なった種類の細胞が異なった場所で異なったことをしているのだ。それは、何兆個もの細胞が厳密な形で詰め込まれた人体とは大違いではあるが、人体の特徴のいくつかを共有している。何より重要なのは、私たちがもつ細胞の接着、コミュニケーション、あるいは体づくりの足場を提供する機構のほとんどをカイメンがもっていることだ。非常に原始的で、組織化の程度も比較的弱いけれども、カイメンは体なのである。

センモウヒラムシやカイメンと同じように、私たちは多数の細胞をもっている。彼らと同じように、私たちの体は部分による分業をおこなっている。体を一つに保っている分子的な装置のすべても存在する。すなわち、細胞どうしをつなぎとめるリベット、細胞がさまざまな信号をやりとりするのを助けるさまざまな道具（ツール）、そして細胞間に横たわる多数の分子といったものだ。ヒトやその他のあらゆる動物と同じく、センモウヒラムシとカイメンはコラーゲンさえもっている。ただ、私たちとちがって、彼らに備わったこれらすべての特徴は、非常に原始的な変形版（バージョン）だ。二一種類のコラーゲンの代わりに、カイメンには二種類のコラーゲンしかない。私たちが数百の異なるタイプの分子リベットをもっているのに対して、カイメンはごくわずかな数しかもっていない。以上をまとめれば、カイメンは私たちよりも単純で、ずっとわずかな数の種類の細胞しかもっていないが、基本的な体づくりの装置は揃っている、ということになる。

センモウヒラムシとカイメンは、現生動物の体が行きつける単純さの極（きわ）みである。さらにこれより先に進もうとすれば、体をまったくもたない生物、つまり単細胞微生物のなかに、私たちの体を形づくるモノを探さなければならない。

微生物と体をもつ動物をどのように比べればいいのだろう？　動物の体を形づくる道具（ツール）類が単細胞微生物にも存在するのだろうか？　もし存在するとすれば、そしてもしそれが体を形づくっていないとすれば、いったい何をしているのだろう？

こうした疑問に答えるためにとるべき、もっとも単刀直入な方法は、微生物の遺伝子の内部に、なにか動物と類似したものを探すことだ。動物と微生物のゲノムを比較する初期

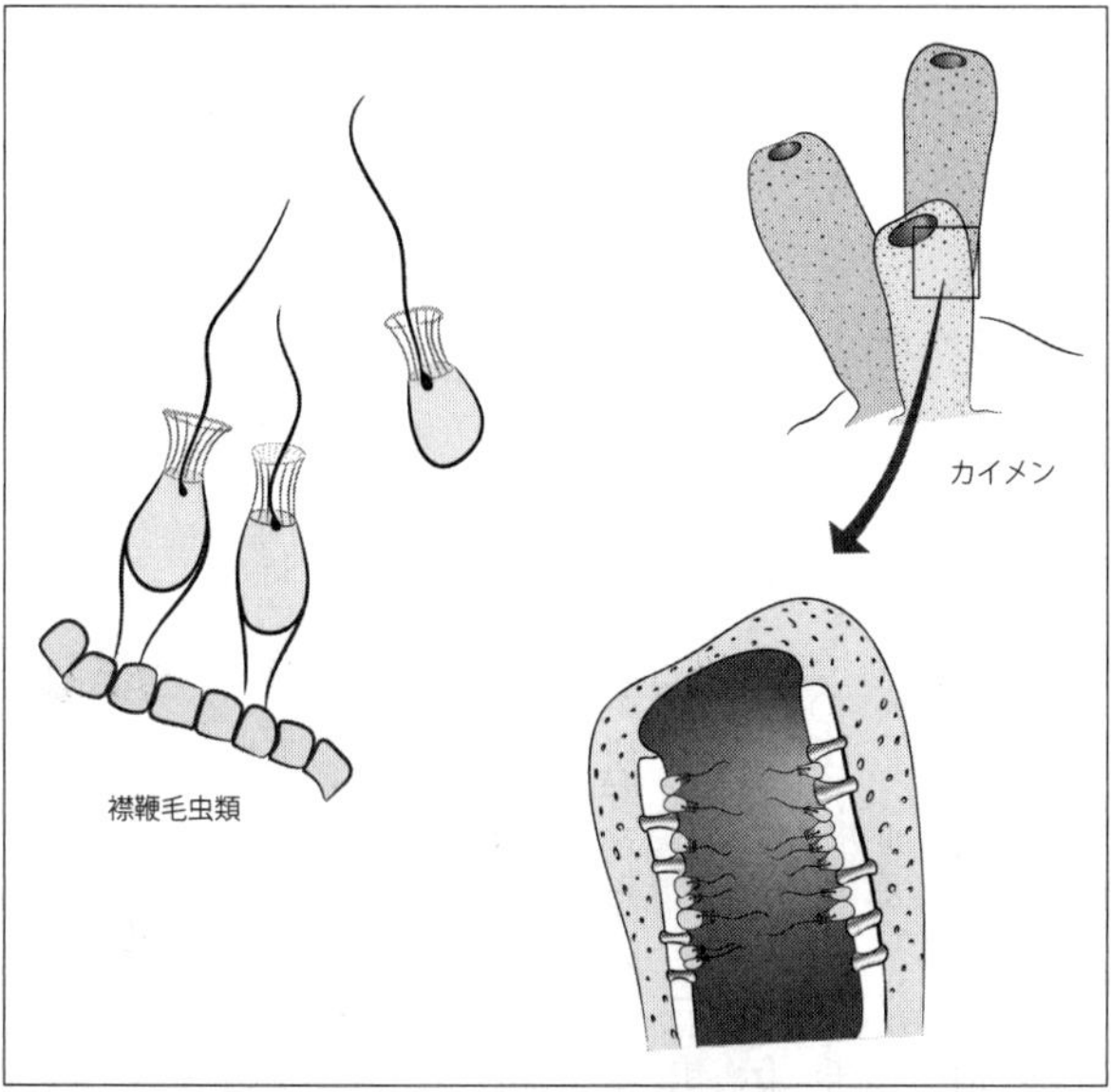

襟鞭毛虫類（左）とカイメン（右）

の試みは驚くべき事実を明らかにした。多くの単細胞動物において、細胞の接着、相互作用などのための分子機構はまったく存在しないことがわかったのだ。いくつかの解析結果によれば、体をもつ動物にのみ見いだされ、単細胞生物には存在しないそうした分子が八〇〇種類以上あるとさえ言われている。この事実は、細胞を結合させて体をつくるのを助ける遺伝子が、体の起源と同時に出現したという考えを支持するように思われる。そして、一見したところでは、体をつくる道具類が体そのものと完全に軌(き)を一(いつ)にして生じたにちがいないということと、辻褄があうように思われる。

しかし、カリフォルニア大学バークリー校のニコール・キングが襟鞭毛虫類(えりべんもうちゅう)と呼ばれる生物を研究したときに、話は根底からひっくり返された。キングがこの生物を研究対象にしたのは偶然ではなかった。DNAの研究から、彼女は襟鞭毛虫類がセンモウヒラムシやカイメンのような体をもつ動物に、おそらくもっとも類縁の近い微生物だろうということを知っていたのである。彼女はまた、襟鞭毛虫類の遺伝子のなかに、私たちの体をつくるDNAの別バージョンが隠れているのではないかとも推測していた。

ニコールは、私たちのすべての遺伝子の地図づくりに成功したプロジェクト、ヒトゲノム計画の支援を受けて研究をおこなった。ヒトゲノム計画の成功にともなって、ラットゲノム計画、ショウジョウバエゲノム計画、マルハナバチゲノム計画といった数多くのゲノム地図研究が進められた——カイメン、センモウヒラムシ、および微生物のゲノム塩基配列の解析計画といった、現在進行中のものもある。これらの遺伝子地図は情報の宝の山である。なぜなら、その情報を用いれば、多数の異なる種の体づくり遺伝子を比較することができるからだ。さらにそれらは、ニコールに襟鞭毛虫類を研究するための遺伝学的な道具を与えることにもなったのだった。

襟鞭毛虫類は、カイメンの内部にある杯型の細胞に驚くほどよく似ている。実際、多くの人々は長いあいだ、襟鞭毛虫類を退化したカイメン——杯型細胞以外のすべての細胞を失った——にすぎないとみなしていたほどだ。もしそれが本当なら、襟鞭毛虫類のDNAは風変わりなカイメンと似ているにちがいない。しかし、そうではなかった。襟鞭毛虫類のDNAの一部を微生物やカイメンのDNAと比べてみたところ、微生物のDNAとの類似性がなみはずれたものであることが判明した。襟鞭毛虫類は単細胞微生物だったのである。

「単細胞微生物」と「体をもつ動物」のあいだの遺伝的区別は、ニコールの研究のおかげで完璧に打ち砕かれた。襟鞭毛虫類で活性をもつ遺伝子のほとんどは、動物でも活性をもっている。実を言えば、そうした遺伝子の多くは、体をつくる機構の一部なのである。こうした比較によって明らかになった事柄がいくつかある。すなわち、細胞接着および細胞コミュニケーションの機能、さらには細胞間にマトリックスを形成する分子の一部、細胞の外側から内部に向かって信号を運ぶ分子カスケードさえ、すべてが襟鞭毛虫類に存在すること。襟鞭毛虫類にコラーゲンが存在すること。細胞をつなぎとめる多様な種類の分子リベットも、少しちがった仕事をしているのではあるが、やはり襟鞭毛虫類に存在することなどだ。

また、襟鞭毛虫類はニコールに、私たちの体づくり装置と他の微生物の体づくり装置を比較するための指針（ロードマップ）さえ与えた。コラーゲンやプロテオグリカンの骨材をつくる分子的構造が、さまざまなタイプの微生物で見つかっている。たとえば連鎖球菌——私たちの口内によくいる（そして、他の場所にはまれなことが望ましい）——は、細胞表面にコラーゲンに非常によく似た分子をもっている。それは、コラーゲン同様の分子的特徴をもっているが、動物におけるように凝集してロープやシートを形成することがない。また、私たちの軟骨内部でプロテオグリカン複合体を構成している糖のいくつかが、さまざまな種類の細菌の細胞壁に見られる。これらの分子の機能は、ウイルスでも細菌でも、とりわけて愉快なものではない。つまり、こうした病原体が細胞に侵入し感染し、多くの場合、いっそう毒性を強めるのを助けるのだ。微生物が私たちを困らせるのに使っている分子の多くは、私たち自身の体をつくるのに不可欠な分子の原始的なバージョンなのである。

これは一つの謎を提起する。化石記録には、地球の歴史の最初の三五億年間、微生物以外なにも見られない。そのあと、突然、たぶん約四〇〇〇万年という時間のあいだに、ありとあらゆる種類の体が出現した。植物の体、菌類の体、動物の体、いたるところに体が現れた。体づくりはまぎれもない大流行だった。しかし、もしニコールの研究を額面通りに受け取るのであれば、体をつくるための潜在的能力は、体が舞台に姿を現すずっと以前に準備が整っていたことになる。体がまったく存在しなかったあれほどまでに長い期間のあとで、なぜ、体が一挙に出現することになったのだろう?

体の起源における「パーフェクトストーム」

万事はタイミングである。最高のアイデア、発明、考えがいつでも勝つわけではない。音楽家や発明家、芸術家が、あまりにも時代の先を行きすぎていたために認められることなく忘れられてしまい、後世になってやっと再発見されたという例が、これまで何度あったことだろうか?　たぶん、紀元一世紀に蒸気タービンを発明した哀れなアレクサンドリアのヘロンの例を見るだけで十分だろう。残念ながら、それはおもちゃとして片づけられた。世界にそれを認める準備ができていなかったのだ。

生命の歴史も同じような形で進む。あらゆる事柄には機が熟するということがあり、おそらく体もその例外ではなかったのだろう。そのことを理解するためには、そもそもどういう理由で体が出現したかを知る必要がある。

これについて一つのきわめて単純な仮説がある。体というものはひょっとしたら、微生物がお互いを食べる、あるいは食べられるのを避ける新しい方法を開発したときに生じたかもしれないというのだ。多数の細胞からなる体をもつことで、その動物は大きくなれる。大きくなることは、しばしば、食べられることを避けるすぐれた方法である。体は、まさにこうした種類の防衛策として生じたのかもしれない。

捕食者が新しい食べ方を開発すれば、餌食になるほうも、死すべき宿命を避けるための新しい方法を開発する。私たちの体づくり分子も、その多くはこの相互作用によってもたらされたのかもしれない。多くの微生物は、接触して呑みこむことによって他の微生物を食べる。微生物が餌を捕らえ、しっかり抱え込むことを可能にする分子は、私たちの体の、細胞どうしを連結させるリベットをつくる分子候補者としても有力であろう。一部の微生物は実際に、他の微生物の振る舞いに影響を与える化合物をつくることで互いに情報伝達をすることができる。微生物の捕食者＝被食者（餌）間の相互作用には、しばしば分子的手段を用いた合図が用いられる。それは潜在的な捕食者を撃退するものか、さもなければ、魅力的な餌が近づいてくるようにおびき寄せる囮の役目をするためのものである。ひょっとしたらこうした信号は、私たちの細胞が体の健康を保つための情報交換に使っているような種類の信号の先駆形態なのかもしれない。

こうした推論はその気になれば際限なくつづけることができるが、捕食がいかにして体を生みだせるのかを示す具体的な実験的証拠についてお話ししたほうがおもしろいだろう。以下、その大要を、マーティン・ボラースとその共同研究者の研究にもとづいてご紹介しよう。彼らは、通常は単細胞である藻類（そうるい）を扱い、一千世代以上にわたって実験室で生かしつづけた。そのあと、そこに捕食者を入れた。捕食者は鞭毛をもつ単細胞動物で、この鞭毛で他の微生物を呑みこんで消化する。二〇〇世代もしないうちに、藻類は数百個の細胞からなる集塊をつくるという反応を示した。さらに時間がたつうちに細胞の数は減っていき、最後にはそれぞれの集塊ごとにわずか八つになった。結局八個が最適であることがわかったのだが、そのわけは、それだと食べられるのを防げるほどには規模が大きいが、それぞれの細胞が生きていくのに必要な光を捕らえることができるほどには小さいからであった。捕食者を取り去ったときに、非常に驚くべき事態が見られた。この藻類は繁殖をつづけ、八細胞の個体をつくりつづけたのである。要するに、体をもたない生物から単純な形の多細胞生物が生じたことになる。

一つの実験で、数年のうちに体をもたない生物から単純な体に似た組織構造（オーガニゼーション）をつくりだすことができるのなら、数十億年という時間があればどれだけのことが起こりうるか想像してみてほしい。したがって、ここで問うべきは、いかにして体が生じたかではなく、なぜもっと早く生じなかったのかということになる。

この謎に対する答は、体が生じた太古の環境にあるかもしれない。世界はまだ体を受け入れる用意ができていなかったのかもしれないのだ。

体をもつというのは、非常に高いコストがかかる。もちろん、大きな体をもつ動物になることには明らかな利点がある。捕食者を避けることのほかに、体をもつ動物は、他の自分より小さな生物を食べ、長い距離を積極的に動きまわることができる。これらの能力はどちらも、動物がまわりの環境をより自由に制御することを可能にする。しかしどちらの場合も、膨大なエネルギーを消費する。体は大きくなるにつれて大きなエネルギーが必要となり、とりわけ、もしコラーゲンを体内に組み込んでいるなら、さらに大きなエネルギーが必要だ。コラーゲンはその合成に際してかなり大量の酸素を必要とするので、わが祖先たちは、この重要な代謝元素への需要を大幅に増大させたことだろう。

しかし、問題は次の点である。太古の地球の酸素レベルは非常に低かった。何十億年のあいだ、大気中の酸素レベルは現在のレベルに遠く及ばなかった。その後、およそ一〇億年前に酸素濃度は劇的に増大し、それ以来ずっと比較的高いままなのである。どうしてそれがわかるのか？　地層の化学からだ。およそ一〇億年前の地層の岩石は、酸素量の増大するなかで形成された紛れもない特徴を示している。ならば、大気中の酸素濃度の増大が、体の起源と相関していたのだろうか？

あるいは、古生物の世界でも、パーフェクトストーム［考えられないような偶然が重なって生じたあらゆる点で最大の台風。転じて、希有な出来事が生じる完璧な条件のことを指す］に相当する出来事が起こったのかもしれない。何十億年ものあいだに、微生物は環境およびお互いどうしで相互作用する新しい方法を開発したのだ。そうするなかで彼らは、もとはほかの用途に使っていたものなのだが、体を形づくるための分子的な部品や道具をいくつも偶然に見つけた。体の誕生をもたらす要因も整っていた。一〇億年前には、微生物は互いに捕食しあう習性を身につけていたのである。体をつくる理由が存在し、つくるための道具はすでにあったのだ。

ただ、なにか欠けているものがあった。その何かとは、体を維持するための地球上の十分な酸素だった。地球の酸素量が増大したとき、体はいたるところから現れた。生命はそれまでとはけっして同じではいられなかっただろう。

第8章　においのもとを質す

一九八〇年代の初めには、分子生物学者と、丸ごとの生物を研究する人々――生態学者、解剖学者、古生物学者――のあいだに緊張関係があった。たとえば解剖学者は、妙に時代遅れで、古風な種類の科学にどうしようもなく夢中になっている連中と見なされていた。分子生物学は解剖学や発生生物学に対するアプローチに革命をもたらしつつあり、古生物学のような古典的な学問は、生物学の歴史の袋小路に入り込んだと思われてさえいた。私自身もそう感じさせられた。化石への愛のゆえに、私は新しい自動DNAシークエンサーの一つに取って代わられようとしていたのである。

二〇年後、私はいまだに土埃（つちぼこり）のなかで地層を掘り、岩石を割っている。その一方で、DNAを集め、発生におけるその役割を考察してもいる。論争というものはふつう二者択一のシナリオとして始まる。だがやがて、全か無か（オール・オア・ナッシング）という立場はより現実的なアプローチに道を譲るものだ。化石と地質学的記録が、依然として過去についての非常に強力な証拠の源泉であることは、いまも変わらない。ほかのいかなるものも、生命の歴史に存在した実際の環境や、移行的な構造について明かしてはくれない。それでも、すでに見たように、DNAは生命の歴史と、体や器官の形成をのぞき込む並はずれた窓である。その役割は、化石記録が沈黙するところで、とりわけ重要である。体の大部分――たとえば、柔らかな組織――は、けっして簡単には化石化しない。そういう場合、事実上DNAが私たちのもっているすべてなのである。

生物体からDNAを抽出するのは驚くほど簡単で、台所でさえできる。何かの植物または動物の組織――豆、ステーキ、あるいは鶏のレバー――を一握りもってきて、塩を少々と水を加え、すべてをミキサーですりつぶして組織をドロドロにする。それから食器洗い用洗剤を適量加える。洗剤を加えるのは、ミキサーには小さすぎて処理できない組織中の全細胞を取り囲んでいる細胞膜を破壊するためだ。そのあと、食肉軟化剤（ミート・テンダライザー）を適量加える。食肉軟化剤を加えると、DNAに付着しているタンパク質の一部が破壊される。最後に、この混合液に消毒用アルコールを適量加える。すると二層に分かれた液が得られる。底に溜まっているのが洗剤を含んだドロドロの液であり、上層になっているのが透明なアルコール溶液だ。DNAはアルコールに対する本物の親和性をもっている。アルコール中にネバネバした白い球が姿を現せば、あなたはすべてをうまくやってのけたことになる。そのネバネバしたものがDNAである。

これであなたは、この白いネバネバを使って、私たちが他の生物ともつ根本的なつながりの多くを理解できる準備が整った。数え切れないほどの時間とドルが費やされていることの秘技(トリック)は、煎じつめれば、異なる種(しゅ)のあいだでDNAの構造と機能を比較することだ。これについては、ちょっと直感的には納得のいかないところがあるかもしれない。異なる種の生物のどんな組織でも、たとえば肝臓の組織からでもいいのだが、そこからDNAを抽出することによって、嗅覚を含めて、私たちの体の事実上あらゆる部分の歴史を実際に解読することができるのである。肝臓、血液、あるいは筋肉のどれから取り出したものであれ、そのDNAの内部に、私たちが身の回りの環境にあるにおいを検出するのに使う装置の大部分がしまいこまれている。私たちの体のすべての細胞が同じDNAをもっていることを思い出してほしい。ちがいはDNAのどの断片が活性化しているかどうかである。嗅覚に関係する遺伝子は私たちのすべての細胞にあるが、ただ、鼻の領域でのみ活性をもつのである。

誰も知っているように、においは私たちの脳に神経インパルスを誘発し、それは、私たちが外界を知覚するやり方に、大きな影響を与える。かすかなにおいが、子供時代の教室や、祖父母の家の屋根裏部屋のかびくさい心地よさなどの記憶を呼び覚ますこともあり、いずれの場合にも、長く埋もれていた感情が表面に出てくる。より切実な側面について言えば、においは私たちが生きながらえるうえで役に立つ。おいしそうな食物のにおいは食欲をかきたて、汚水のにおいは気分を悪くさせる。私たちには、腐った卵を避けるような脳の回路が生まれつき備わっている。あなたは家を売りたいと思っていませんか？ もしそうなら、見込みのありそうな買い手がやってきたときには、レンジでキャベツを煮ているよりは、オーブンでパンを焼いているほうがはるかにいいだろう。私たちは全体として、嗅覚に関して膨大な額を投資している。二〇〇五年に、香水産業は米国だけでも、二四〇億ドルのビジネスを生み出している。こういったことすべては、私たちの嗅覚がどれほど私たちの内部に深く埋め込まれているかの証左であろう。私たちとにおいとのつきあいは、非常に古くまでさかのぼるものでもある。

ヒトの嗅覚は、五〇〇〇〜一万種類のにおいを識別できる。ある人々は、ピーマンのにおい分子を一兆分の一以下の濃度でも感知することができる。いってみれば、一キロメートル以上にもわたる海岸から一粒の麦を拾いあげるようなものだ。いったいどのような仕組みになっているのだろう。

私たちがにおいとして知覚しているものは、空中に漂う分子のカクテルに対する私たちの脳の反応である。最終的ににおいとして認識される分子は、小さく、十分に空中に浮かんでいられるほど軽いものである。私たちが息を吸い、あるいはにおいを嗅ぐとき、そうしたにおいの分子を鼻腔に吸い込む。そこから、においの分子は鼻の後部域に進み、鼻道

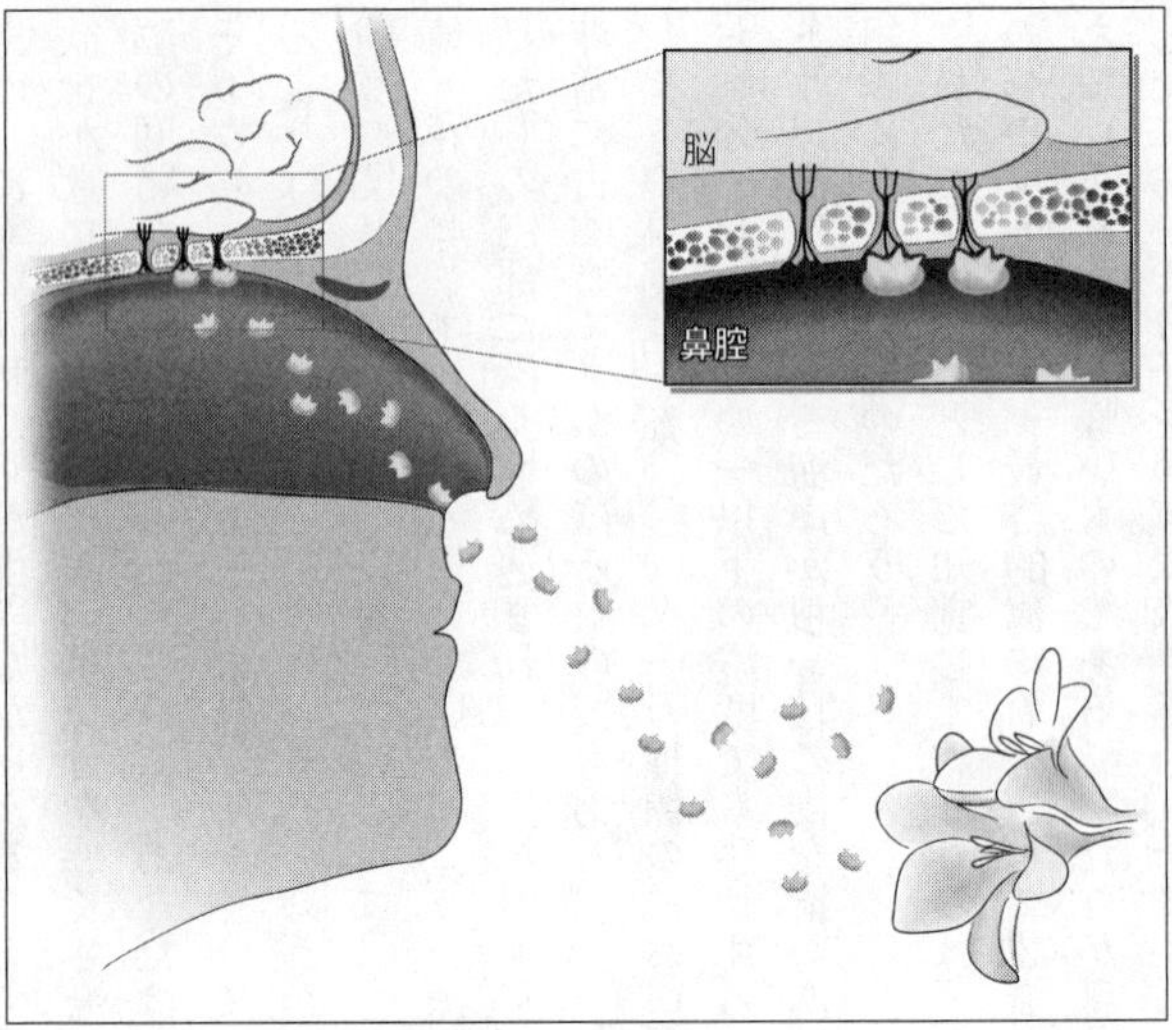

花からやってきた分子（何千、何万倍にも拡大されている）は空中を漂う。こうした分子が私たちの鼻腔の粘膜の内部にある受容体に付着する。ひとたび分子が付着すると、信号が脳に送られる。それぞれのにおいは、異なった受容体に付着する多数の異なる分子から構成されている。脳は、多数の信号を統合して、１つのにおいとして知覚するのである。

を取り巻いている粘膜に捉えられる。この粘膜の内部に多数の神経細胞（嗅細胞）を含む組織の区画があり、そこから粘膜に向かって小さな神経突起が伸びている。空気中の分子がこの神経細胞にくっつくと、信号が脳に向かって送られる。私たちの脳は、そうした信号をにおいとして記録するのである。

嗅覚の分子的な機構は、鍵と錠の関係に似た仕組みではたらく。鍵はにおいの分子、錠は神経細胞の受容体（リセプター）である。鼻の粘膜に捉えられた分子は神経細胞の受容体と接触する。

分子が受容体に接着したときにのみ、信号が脳に送られる。個々の受容体は異なる種類の分子に反応するよう調整されており、特定のにおいが多数の分子を含んでいることもありえる。したがって、脳に信号を送る多数の受容体が存在する。

においをなにかに喩(たと)えるなら、音楽になぞらえるのがいちばんだろう。和音は一体となって作用する複数の音から成っている。同じように、一つのにおいは、異なったにおい分子に対応する多数の受容体からやってくる信号の産物である。私たちの脳は、そうした異なる神経インパルスを一つのにおいとして知覚するのである。

魚類、両生類、爬虫類、哺乳類、鳥類と同じように、ヒトの嗅覚も頭骨の内部にある。他の動物と同じように、ヒトは空気を体内に取り込むための孔を一つ以上もっており、さらに、空気中の化学物質がニューロンと接触できるようにするための一連の特殊化した組織をもっている。こうした孔、空間、粘膜のパターンを魚類からヒトまでたどれば、一般的なパターンを見いだすことも可能だ。頭骨をもつもっとも原始的な現生動物であるヤツメウナギやヌタウナギのような無顎類(むがくるい)は、鼻孔は一つで、頭骨内部の盲嚢(もうのう)(袋状の部分)につながっている。水がこの盲嚢に入り、嗅覚はここで生じる。私たちとの大きなちがいは、ヤツメウナギやヌタウナギは、におい物質を空気からではなく水から抽出することである。私たちにもっとも近縁な魚類は、いくぶん私たちと似た配置をもっていて、水は鼻孔から入り、最終的に口につながる体腔に入っていく。肺魚(はいぎょ)やティクターリクのような魚

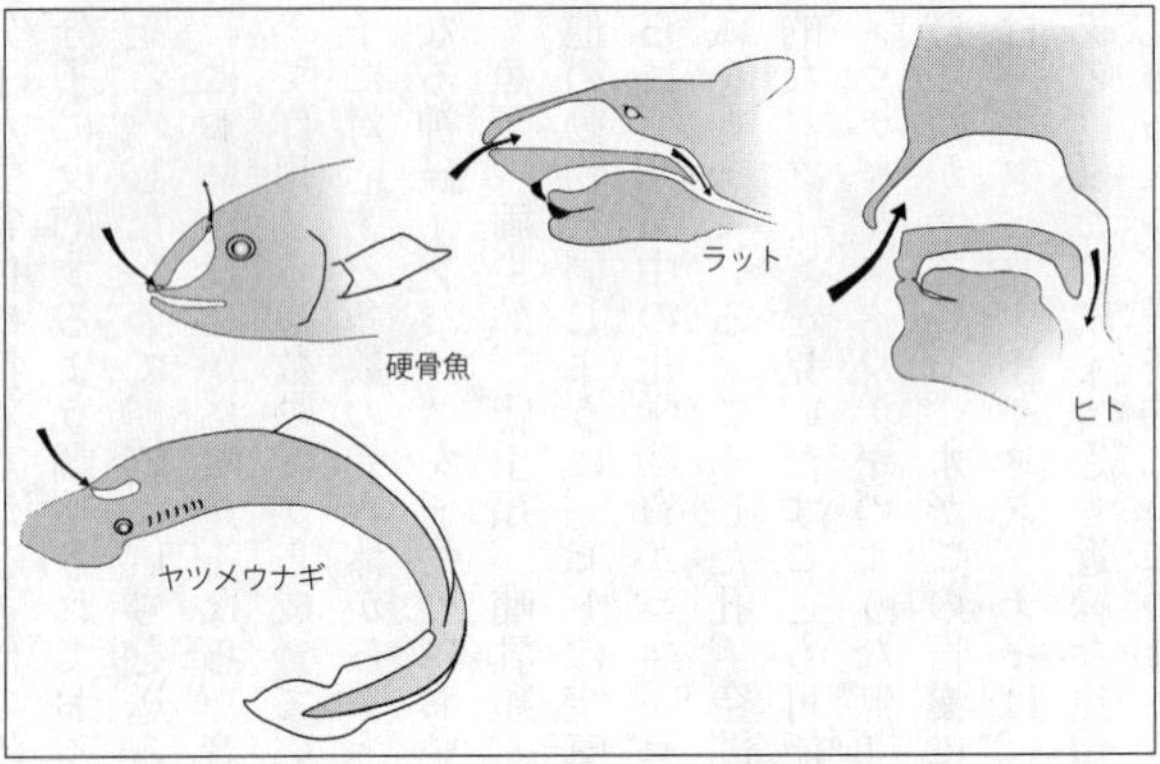

顎のない魚（無顎類）からヒトに至るまでの、鼻孔とにおい分子の流れ。

は、外鼻孔と内鼻孔という二種類の鼻孔をもっている。この点に限れば、ヒトとそっくりである。口を閉じて座り、息を吸ってみてほしい。空気は外鼻孔から入り、鼻腔を抜けて、口腔内の気道を経て喉の奥に入っていく。私たちの祖先である魚も外鼻孔と内鼻孔をもっていた。そして案の定、これらの魚は腕の骨やその他の特徴を私たちと共有する魚なのである。

私たちの嗅覚には、魚類、両生類、および哺乳類としての歴史の奥深い記録が刻まれている。そのことを理解するうえで重要な飛躍的前進（ブレイクスルー）が起こったのは一九九一年で、この年、リンダ・バックとリチャード・アクセルが、ヒトに嗅覚を与える大きな遺伝子ファミリーを発見したのである。

バックとアクセルは、実験にあたって三つの大きな仮定を置いた。第一に、においの受容器をつくる遺伝子がどういうものであるかについて、他の研究室でおこなわれた研究に基づいて筋の通った仮説を考えだした。他の研究室の実験結果は、においの受容器が、細胞を越えて情報が伝達されるのを助けるような多数の分子的ループを備えた、特徴的な構造をもつことを示していた。これは大きな手がかりだった。なぜなら、バックとアクセルはそれを使って、この構造をつくるあらゆる遺伝子をマウスのゲノムで検索することができたからである。第二に彼らは、こうした受容体のための遺伝子は、非常に特異的な活性をもっているにちがいないと仮定した――この遺伝子は嗅覚にかかわる組織においてのみ活性をもつにちがいない、と。これは理にかなっている。もし嗅覚にかかわっているものがあるとすれば、それは、その目的のために特殊化した組織に局限されているにちがいない。第三に――そして、この最後のものは重大な仮定である――アクセルとバックは、そうした遺伝子は一つないし少数ではなく、多数あるにちがいないと推論した。この仮説は、多数の異なる種類の化学物質が異なったにおいを刺激するという事実に基づいていた。もし、化学物質のタイプと受容体（およびそのために特化した遺伝子）のあいだに一対一の対応があるとすれば、ものすごく多数の遺伝子が存在しなければならない。しかし、その当時に彼らがもっていたデータからすれば、それが必ずしもそうだとは限らなかった。

バックとアクセルの三つの仮定は完璧に裏づけられた。彼らは探し求めていた受容体遺伝子の特徴的な塩基配列をもつ遺伝子を発見した。こうした遺伝子のすべてが、嗅覚に関与する組織、すなわち嗅上皮でのみ活性をもつことも確かめた。そして最後に、彼らは膨大な数のにおい受容体遺伝子を発見した。まさに場外ホームランである。そのあと、バックとアクセルは真に驚くべきことを発見した。全ゲノムのゆうに三％が、さまざまなにおいを検出するための遺伝子に割り当てられているのだ。そうした遺伝子のそれぞれは、一つのにおい分子のための受容体をつくっている。バックとアクセルは二〇〇四年にノーベル賞を共同で受賞した。

バックとアクセルの成功のあとを受けて、人々は他の種で、におい受容体の遺伝子を漁りはじめた。やがてわかってきたのは、このにおい受容体遺伝子が、生命の歴史におけるいくつかの大きな移行に関する生きた記録である、ということだった。三億六五〇〇万年以上前に起こった、水中から陸上への移行を取り上げてみよう。嗅覚遺伝子には二種類ある。一つは水中の化学的なにおいを拾い上げるもの、もう一つは空気中のにおいの感知に特化したものである。におい分子と受容体の化学的反応は水中と空気中では異なるので、少しばかり異なった受容体が必要になるのだ。予想された通り、魚は鼻のニューロンに水中用の受容体をもち、哺乳類と爬虫類は空中用の受容体をもっていることがわかった。

この発見は、今日の地球上に生息するもっとも原始的な魚類――ヤツメウナギやヌタウナギのような無顎類――が占める位置に関して合理的な解釈を与えるのに役立つ。無顎類のもつにおい受容体遺伝子は、より進んだ魚類や哺乳類とちがって、「空中用」のものでも「水中用」のものでもないことがわかっている。むしろ、彼らの受容体は両者の混合タイプなのである。この意味は明らかだろう。これらの原始的な魚類は、嗅覚遺伝子が二つのタイプに分かれる前に出現したのである。

無顎類についてはもう一つ、重要な事柄がわかった。つまり、彼らは非常に少数のにおい遺伝子しかもたないのである。硬骨魚はもっと数が多く、両生類と爬虫類にはさらに多くの遺伝子が見られる。におい遺伝子の数は、無顎類のような原始的な動物における比較的少数の遺伝子から、哺乳類に見られる膨大な数へと、時間の経過とともに増えていく。こうした遺伝子を一〇〇〇個以上もつ私たち哺乳類は、全遺伝的装備のかなりの部分をただ嗅覚のためだけに割り当てている。おそらく、もつ遺伝子の数が多くなるほど、異なった種類のにおいを識別するその動物の能力はより正確になるのだろう。この面から見れば、私たちが大量のにおい遺伝子をもつことは理屈に合っている――哺乳類は高度に特殊化を遂げた嗅覚動物なのだ。イヌがどれほど効率よくにおいの跡をたどることができるかを考えてみてほしい。

しかし、私たちが他と比べて余計にもっているにおい遺伝子はいったい、どこからきたのだろう？　どこからともなく突然現れたのだろうか？　ヒトにおけるにおい遺伝子の増大がどのようにして起こったかは、遺伝子の塩基配列を調べてみれば自明であるように思われる。ある哺乳類のにおい遺伝子を無顎類の一握りほどのにおい遺伝子と比較してみればわかるが、哺乳類の「追加」遺伝子はすべて、一つの主題（テーマ）の変奏（バリエーション）である。変化はしているけれども、すべてが無顎類の遺伝子のコピーであるかのような構造をしているのだ。このことは、私たちの膨大な数のにおい遺伝子が、原始的な種に存在した少数の遺伝子を何回も繰り返し重複させることによって生じたことを意味している。

ただし、このことをつきつめていくと、パラドックスにぶち当たる。ヒトはほかの哺乳類と同じように、ゲノムのおよそ三％をにおい遺伝子に割（さ）いている。ヒトの遺伝子の構造をさらにくわしく検討した遺伝子学者は、大きな驚きに遭遇した。こうした一〇〇〇個以上の遺伝子のうちのゆうに三〇〇個以上が、修復不能なところまで構造が変更されてしまう突然変異のために、まったく機能を果たせなくなってしまっているのである（ほかの哺乳類はそれらの遺伝子を実際に使っている）。それほどまで多くが役立たずな代物であるなら、なぜそんなにたくさんのにおい遺伝子をもっているのか？

数ある動物のなかでもイルカ類とクジラ類が、この疑問に答えるのに有益な洞察を与えてくれる。すべての哺乳類と同じく、イルカ類とクジラ類は体毛、乳房、および三つの中耳骨をもっている。彼らの哺乳類としての歴史もまた、嗅覚遺伝子のなかに記録されている。つまり、このグループは魚のような水中生活に特殊化した遺伝子をもたず、哺乳類流の空気中の生活に特化した遺伝子をもっているのだ。クジラ類とイルカ類の哺乳類としての歴史は、彼らのにおい知覚装置のＤＮＡのなかに書かれてさえいるわけである。しかし、ここに一つの興味深い謎がある。イルカ類とクジラ類はもはやにおいを嗅ぐのに鼻腔を使っていない。これらの遺伝子はどこへいってしまったのだろう？　かつての鼻腔は変形して噴気孔になっていて、嗅覚のためではなく呼吸のために使われている。実はこのことが、嗅覚遺伝子に驚くべき影響を与えていた。このグループのにおい遺伝子はすべて存在するが、一つとして機能をもたないのである。

　イルカ類とクジラ類の遺伝子に起こったことは、他の多くの種の遺伝子にも起こったことだった。突然変異は世代を経るたびにゲノムに生じる。もし突然変異が一つの遺伝子の機能を無効（ノックアウト）にすれば、その結果は危険で、致命的でさえある。しかし、もし突然変異が何もしていない遺伝子の機能を無効にしたとしたらどうだろう？　そのような突然変異はただ黙って世代から世代へと伝えられていくだけだろう。このわかりきった成り行きを説明する数学理論はいっぱいある。それがまさに、イルカ類に起こったと思われる。噴気孔のことを考えれば、彼らの嗅覚遺伝子はもはや必要ではない。したがって、その機能を無効にした突然変異は時間の経過とともにただ蓄積されていくだけだ。遺伝子は何の役にも立たないが、進化の沈黙の記録として、ＤＮＡのなかに存在しつづけるのである。

　しかしヒトは実際に嗅覚をもっている。ならば、なぜそれほど多くのにおい遺伝子が無効にされているのか？　ヨアヴ・ギラッドとその共同研究者たちは、種々の霊長類の遺伝子を比較することでこの疑問に答を出した。ギラッドは、色覚を発達させた霊長類が、無効にされた嗅覚遺伝子を大量にもつ傾向があることを発見した。結論は明快である。私たち人類は、嗅覚を視覚に切り替えた霊長類の末裔なのである。私たちはいまや嗅覚よりも視覚に頼っており、それが私たちのゲノムに反映されているのだ。この交換(トレードオフ)において、私たちの嗅覚は重視されなくなり、私たちの嗅覚遺伝子の多くが機能をもたなくなったのである。

私たちは鼻のなかに——あるいはもっと正確にいえば、嗅覚を制御するDNAのなかに——お荷物をどっさり抱(かか)えている。私たちがもつ数百もの役に立たない嗅覚遺伝子は、生き延びるためにもっと大幅に嗅覚に頼っていた祖先の哺乳類が積み残したものである。実のところ、この比較対照の試みは、さらに深いところまでおし進めることができる。繰り返されるたびに忠実度を失っていくコピー複写と同じように、私たちの嗅覚遺伝子も、比較する対象が原始的になればなるほど、相手との類似性を失っていくのである。私たちの遺伝子は霊長類の遺伝子と似ているが、他の哺乳類とはそれよりも似ていないし、爬虫類、両生類、魚類……の遺伝子となるたびに、ますます似ていなくなる。このお荷物は、私たちの過去についての沈黙の目撃者である。つまり、私たちの鼻の内部には、正真正銘の生命の系統樹があるのだ。

第9章　視覚はいかにして日の目を見たか

　私は古生物学者としての経歴のなかでたった一度だけ、化石動物の眼を見つけたことがある。それは調査探検でフィールドに出ていたときではなかった。私は中国北東部の小さな町の鉱物店の裏の倉庫にいた。私は同僚の高克勤（ガオ・カーキン）と、一億六〇〇〇万年ほど前の中国の地層から出土した、知られているかぎり最古のサンショウウオ類のみごとな化石を研究していた。私たちは高の知っているいくつかの遺跡への化石採集の旅を終えたばかりだった。遺跡の場所は秘密だった。なぜなら、こうしたサンショウウオ類の化石は、それを見つけた農民たちにとって重大な金銭的価値があったからである。これらの化石を特別なものにしていたのは、しばしばそのなかに保存されていた、鰓（えら）、腸管、脊索（せきさく）といった柔らかい組織の印象化石のおかげだった。これほどの質の化石に出会うのはめったにないことだったから、個人コレクターは、とても欲しがった。鉱物店にたどりついたときには、高と私はすでに、高の知っている遺跡から、自分たち用の、本当にみごとな太古のサンショウウオをたくさん採集したあとだった。

この気むずかしい鉱物商は、あらゆる時代を通じて最高のサンショウウオ類化石の一つを手に入れていた。高はそれを見たくてたまらず、その日のほとんどを費やして、なんとか話をつけようとしていた。この訪問全体に、とんでもなく不正な行為だという雰囲気があった。高は何時間も、件(くだん)の紳士とタバコをふかしながら、中国語で、身振りを交えながらしゃべっていた。明らかに何らかの物々交換が進行していたのだが、私は中国語を知らないので、どんな条件の提示がなされているのか皆目(かいもく)わからなかった。何度も頭を振りあったあとで、とうとう最後に大仰(おおぎょう)な握手がなされて、私は裏の倉庫へ行って、鉱物商のデスクで化石を調べることを許された。それは驚くべき光景だった。一〇センチメートルにも満たないサンショウウオの幼生の体だった。そのなかには、最後の晩餐として食べている小さな貝にいたるまで、動物の全身の印象化石があった。私は自分の研究者人生で初めて、ただ一回だけ、太古の化石動物の眼を凝視していたのである。

眼はめったに化石記録に残ることがない。すでに見たように、化石として保存される最良の候補は動物の硬い部分——骨、歯、鱗(うろこ)——である。実は、眼の歴史を理解したいと思うなら、私たちにおあつらえ向きに利用することのできる、重要な事柄がある。動物が光を捉えるのに使う器官や組織は、無脊椎動物における単純な光受容器から、さまざまな昆虫の複眼や私たち自身のカメラ眼に至るまで、それこそ目をみはるほどの多様性がある。いかにして長い時間のうちに私たちが視覚の能力を発達させたかを理解するうえで、この多様性をどうにかして利用することはできないだろうか？

私たちの眼の歴史は、自動車の歴史ととてもよく似ている。たとえば、シボレー・コルベットをとりあげてみよう。私たちはこのモデルの一台の車――コルベット――としての歴史をたどることもできるし、部品（パーツ）それぞれの歴史をたどることもできる。コルベットの歴史は一九五三年の誕生に始まり、毎年のモデルチェンジを繰り返しながら、今日（こんにち）まで続いている。その一方で、コルベットに使われているタイヤにも歴史があり、その製造に使われるゴムにも歴史がある。この関係は、体と器官の関係についてすぐれたアナロジーを提供してくれる。私たちの眼は一個の器官としての歴史をもつが、眼を構成する部品である細胞や組織にも歴史があり、さらに、そうした部品をつくる遺伝子にも歴史があるのだ。ひとたび、私たちの器官の歴史がもつ多層性を見きわめることができれば、ヒトが、地球にすむ事実上すべての生物に見られる断片を寄せ集めたモザイクであることが理解できるだろう。

私たちが見ている像（イメージ）の処理のほとんどは、脳の内部で起こっている。眼の役割は、光を捉え、その情報を像として処理できるような形で脳に送ることである。これは頭骨と背骨をもつあらゆる動物に共通することだが、私たちの眼の仕組みは小さなカメラに似ている。光は外部から眼に入ったあと、眼球の奥のほうにあるスクリーンに焦点を結ぶ。光はこの経路を進むあいだにいくつもの層を通過する。まず、レンズを覆う透明な組織の薄い層である角膜を通る。眼に入る光の量は虹彩（こうさい）と呼ばれる、カメラの〝絞り〟に似ていて、不随意筋の作用によって拡大したり収縮したりする隔膜によって調節される。そのあと、光はレンズを通過するが、レンズはカメラと同じように焦点に像を結ばせる。小さな筋肉がレンズを取り囲んでいて、それらの筋肉が収縮するとレンズは形を変え、像を結ぶ焦点を近づけたり遠ざけたりする。健全なレンズは透明で、レンズにその独特な形状と集光機能を与える特別なタンパク質によってできている。クリスタリンと呼ばれているこのタンパク質は、例外的に寿命が長いので、年をとってもレンズは機能することができる。すべての光が投影されるスクリーン、すなわち網膜には、血管と光受容体がたっぷりと詰まっている。この光受容体が信号を脳に送り、私たちはそれを像として解釈するのである。網膜は鋭敏な光受容細胞（視細胞）を介して光を吸収する。視細胞には二つのタイプがあり、一方（桿体（かんたい））は光に非常に敏感であるが、もう一方（錐体（すいたい））はそれほど敏感ではない。敏感なほうの細胞は黒と白だけを記録し、それほど敏感でないほうが色を記録する。動物界を見渡してみれば、それぞれの眼に占める二つの光受容細胞の比率を調べることによって、その動物が昼間と夜のどちらの光に特殊化しているかを判別できる。ヒトでは、光受容細胞が全身の感覚細胞のおよそ七〇％も占めている。これこそ、私たちにとって視覚がいかに重要であるかを示す、紛れの余地ない証言である。

私たちのカメラに似た眼は、魚類から哺乳類まで、頭骨をもつあらゆる動物に共通のものである。別の動物群では異なった眼が見られ、光を感知するだけの単純な細胞域から、ハエに見られるような複合レンズ、さらには私たちの眼の原型と考えられるような眼まで、多岐にわたる。眼を理解する鍵は、私たちのカメラ眼をつくる構造と、他のあらゆる種類の眼をつくる構造との関係を理解することにある。そのためには、光を受容する分子、見るために用いる組織、さらにはそれらすべてをつくる遺伝子について検討していくことにしよう。

光受容分子

光受容細胞のなかでは、真に重要な仕事は、実際に光を受容する分子の内部で起こっている。この分子は光を吸収するとき、形を変えて、二つの部分に分かれる。一方はビタミンAに由来するもの、他方はオプシンと呼ばれるタンパク質に由来するものである。オプシンが分離すると、一つの連鎖反応が開始され、その結果、ニューロンが神経インパルスを脳に送ることになる。私たちは白黒でモノを見るときと、色を見るときとで、異なったオプシンを用いる。インクジェット・プリンターでカラー印刷をするときに三色ないし四色のインクを必要とするのと同じように、色を見るためには三種類の光受容分子が必要で

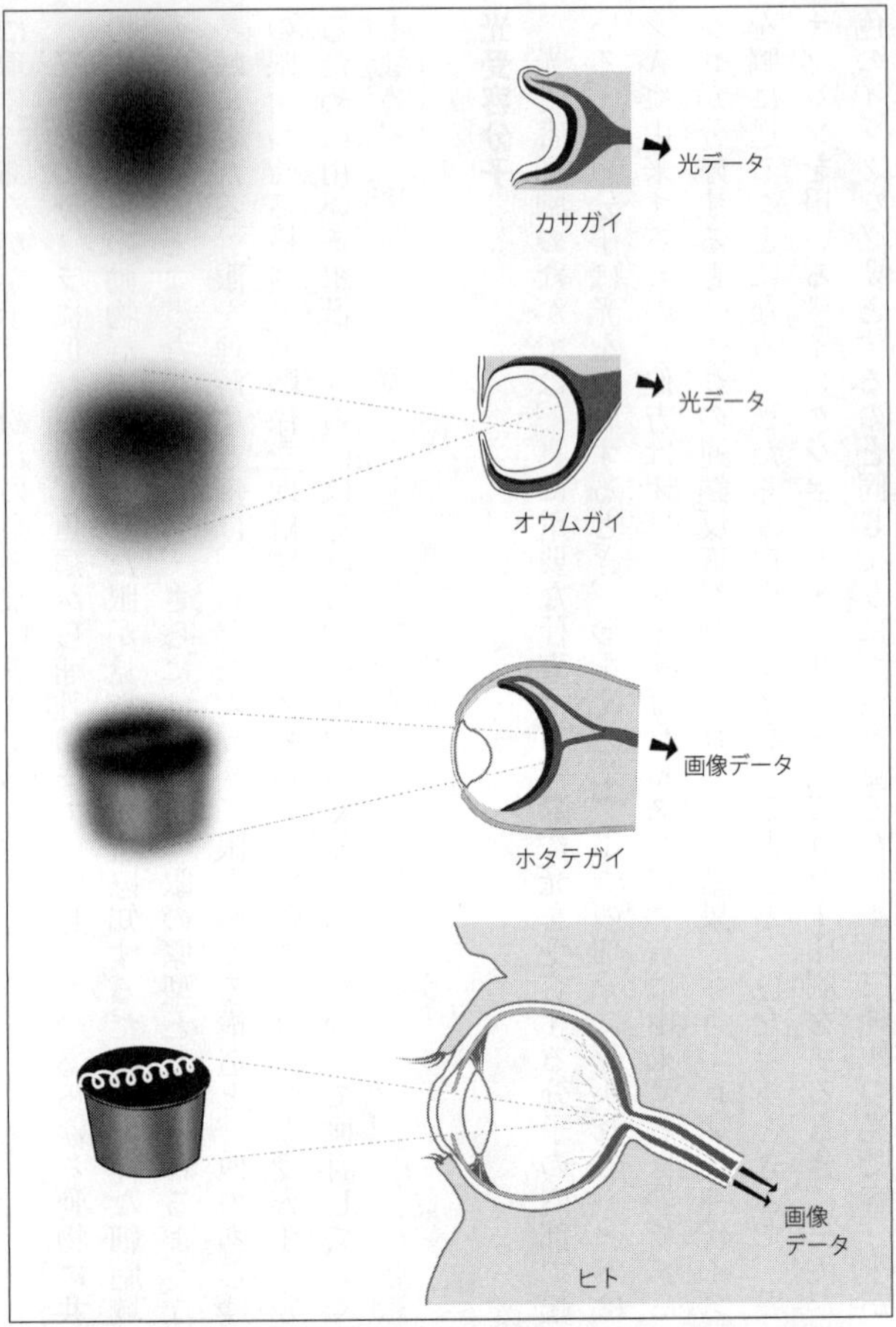

しだいに焦点があってくる眼——無脊椎動物の原始的な光を捕捉する装置から私たちのカメラ眼まで。眼が進化するにつれて、視覚の鋭敏さは増していく。

ある。一方、白黒だけの明暗視には、一つの分子だけが使われている。

これらの光受容分子は光があると形を変えるが、闇の中で回復して正常な状態に戻る。この過程には数分を要する。これは、私たちがみな、個人的な体験として知っていることだ。明るい場所から暗い部屋に入ったとき、おぼろげな対象物を見ることは事実上不可能である。そのわけは、光受容分子が回復するまでに時間が必要だからである。数分後には暗闇のなかの視力が回復する。

光受容器官が驚くほど多様であるにもかかわらず、あらゆる動物はモノを見るという作業に、同じ種類の光受容分子を用いている。昆虫からヒト、ハマグリ、ホタテガイまで、みんなオプシンを使っているのだ。眼の歴史を、オプシンの構造のちがいを通じてたどることができるだけでなく、そもそもこうした分子が出現したのは細菌のおかげなのではないかという、有力な証拠がある。

オプシンとはつまるところ、細胞外からの情報を細胞内に伝えるという類(たぐい)の分子である。この離(はな)れ業(わざ)を演じるために、この分子は細胞を取り囲む膜を越えて化学物質を運び込む必要がある。オプシンは、細胞の外側から内側に向かって移動するときに一連の屈曲やループをもつ特別な種類の伝導経路を用いている。しかし、この受容体が細胞膜を通過するのに通るねじれ曲がった経路はランダムではない――それは、独特の特徴をもっている。このねじれ曲がった経路はほかにどこでお目にかかれるのだろう？　実は、それは細菌にある特定の分子の一部と同じなのである。この分子に見られる非常に厳密な分子的類似性が示唆しているのは、すべての動物がもつ非常に古い性質が、共通の歴史をはるか細菌にまでさかのぼりうるということである。ある意味で、変形された太古の細菌の断片が私たちの網膜の内部にあって、私たちの視覚に役立っているのだ。

さまざまな動物のオプシンを調べることによって、私たちの眼の歴史におけるいくつかの主要な出来事の起源をたどることさえできる。私たちの霊長類としての過去における主要な出来事の一つ、豊かな色覚の発達を取り上げてみよう。ヒトと私たちにもっとも近い親戚である旧世界ザルが、三種類の光受容体に依拠した、非常に詳細な色覚をもっていることを思い出してほしい。こうした受容体のそれぞれは、異なった種類の光に調律されている。ほかの大部分の哺乳類は二種類の光受容体しかもたず、したがって、私たちのように多くの色を識別することができないのだ。いまでは、こうした受容体をつくる遺伝子を調べることによって、私たちの色覚の起源をたどれることが明らかになっている。大部分の哺乳類がもっている二種類の光受容体は、二種類の遺伝子によってつくられる。ヒトがもつ三つの受容体をつくる遺伝子のうちの二つは、他の哺乳類がもつ遺伝子の一つと驚くほどよく似ている。この事実からわかるのは、ヒトの色覚が起源したのが、他の哺乳類のもつ遺伝子の一つが重複され、時間がたつうちに二つのコピーがそれぞれ異なる光源に特殊化していったときだった、ということだ。覚えておられるだろうが、同じようなことは、においの遺伝子についても起こっていた。

この移行は、何百万年前の地球における植物相の変化と関係しているのかもしれない。これについては、色覚が最初に出現したとき、どういう利点があったのかを考えてみると理解しやすいだろう。樹上で生活していたサル類は、その恩恵を受けただろう。なぜなら、多様な果実類と葉っぱ類を識別し、そのなかからもっとも栄養に富んだものを選ぶことができただろうからだ。色覚をもつ他の霊長類の研究から、ヒトがもつような種類の色覚は五五〇〇万年前頃に出現したと推定できる。この当時、太古の森の構成に変化が起きていたことを示す化石証拠も見つかっている。この時代より前には、森林にはイチジク類とヤシ類が豊富であった。これらは美味ではあったが、どれも一様な同じ色をしていた。やがて植物の多様性が増し、その頃はおそらくそれぞれが異なった色彩をしていただろう。色覚へのスイッチの切り替えが、モノクロームの森林から色彩に満ちあふれた食物をもつ森への変化と軌（き）を一（いつ）にしていた可能性は、かなり高いと思われる。

眼の組織

動物の眼には二種類の様式（フレーバー）がある。一つは無脊椎動物に見られるもの、もう一つは魚類やヒトのような脊椎動物に見られるものである。この分け方の要点は、眼の組織の光受容表面の面積を増大させるのに二つの異なった方法があるということである。ハエやゴカイのような無脊椎動物では、組織に無数のひだをつくることによってこれが達成されているが、ヒトに連なる系統では、小さな剛毛のように組織から多数の小さな突起を出すことによって表面積を拡大している。こうしたデザインのちがいに関連して、それ以外にも一連のちがいが存在する。歴史のこの時期に関する化石が見つかっていない以上、私たちの眼と無脊椎動物の眼とを隔てる相違に橋渡しするなど絶対に不可能だと思われていたことだろう。つまり、二〇〇一年に、ドイツの生物学者、デトレフ・アーレントが非常に原始的で小さな無脊椎動物を研究しようと考えるまでは。

多毛類は知られている限りもっとも原始的な、現生の無脊椎動物の一つである。非常に単純なボディプラン（体制）の持ち主で、眼と、光を感じるのに特殊化した、皮膚の下に埋もれた一部の神経系という、二種類の光感覚器官をもっている。アーレントはこれらの多毛類を物理的にも遺伝的にも徹底的に分解して調べた。ヒトのオプシン遺伝子の塩基配列と光受容ニューロンの構造に関する知見を武器に、アーレントは多毛類の視覚の構造について調べていった。そして、多毛類が動物の二種類の光受容体のどちらの要素ももっていることを発見したのだ。ふつうの「眼」は、あらゆる無脊椎動物と同じニューロンとオプシンからできていた。しかし、皮膚の下の小さな光受容体はまったくの別物だった。こちらは「脊椎動物」のオプシンと細胞構造をもち、原始的な形のものではあるが、小さな剛毛状の突起さえもっていたのだった。アーレントが見つけたのは、生きた架け橋、すなわち、片方――私たちと同じ種類の眼――が非常に原始的な特徴をとどめた二種類の眼をもつ動物だった。原始的な無脊椎動物に着目するとき、異なった種類の動物の眼が共通の部品を共有していることに、私たちは気づく。

眼の遺伝子

アーレントの発見した事実は、さらにもう一つの疑問を呼ばずにはいない。眼が共通の部品を共有するのは事実だろうが、それほど見かけの異なる眼――ゴカイ、ハエ、マウスの眼のように――がいかにして密接な関係をもちうるのか？　それに答えるために、眼を形づくる遺伝的レシピについて考察してみよう。

二〇世紀の初頭に、ショウジョウバエの突然変異を記録していたミルドレッド・ホーグは、眼をまったくもたないハエを見つけた。この突然変異体は、孤立した例ではなく、ホーグはそのようなハエどうしを交雑させて、この突然変異体だけの完全な系統をつくれることを発見し、眼がないという意味で、この突然変異をアイレスと命名した。のちに、同じような突然変異がマウスでも発見された。ある個体は小さな眼をもち、別の個体は眼を含めて、頭と顔に当たる部分を完全に欠いていた。ヒトの場合であれば無虹彩と呼ばれる障害で、眼を形づくるそれなりに大きな部分の欠損を伴う。このように非常に異なった動物――ハエ、マウス、ヒト――において、遺伝学者は同じような種類の突然変異体を見つけていたのである。

一大転機は一九九〇年代の初めにやってきた。このころ、アイレス突然変異体が眼の発生にどのようにして影響を与えるかについて理解するための、新しい分子的テクニックを各研究室が応用しはじめたのだ。遺伝子地図がつくられていたので、この突然変異の原因となるDNA断片の場所を特定することが可能だった。DNAの塩基配列が解読されたとき、ハエ、マウス、ヒトで無眼(アイレス)の原因となるDNAがどれも同じような構造と塩基配列をもつことが判明した。正真正銘、みな同じ遺伝子だったのである。

このことから私たちは何を知ったか？　科学者たちは、突然変異を起こすと小眼や眼をまったくもたない動物をつくりだすような、単一の遺伝子を特定した。ということは逆に、この遺伝子の正常型が眼の形成のための重要な引き金役になっている、と考えられる。いまや、まったく趣(おもむき)のちがった疑問について検証するための実験をおこなう機会がおとずれたのだ。すなわち、この遺伝子に干渉を加えて、まちがった場所でそのスイッチを入れたり切ったりすればどうなるだろうか？

ショウジョウバエはこの研究にとって理想的だった。一九八〇年代に、いくつもの非常に強力な遺伝学的手段がショウジョウバエ研究を通じて開発されていた。一つの遺伝子、またはDNA塩基配列がわかっていれば、その遺伝子を欠くノックアウトバエをつくりだすことができるし、その逆に、まちがった場所でその遺伝子が活性をもつようなハエをつくりだすこともできる。

こうした手段を用いて、ワルター・ゲーリングはアイレス遺伝子をいじくりまわしはじめた。ゲーリングのチームは、アイレスDNAを意のままに、触角にでも脚にでも翅にでも、ほとんどどんな場所でも活性化させることができた。実際にそれがおこなわれたとき、驚嘆すべきことが見つかった。触角でアイレス遺伝子のスイッチをオンにすると、そこに眼が成長した。体節でアイレス遺伝子のスイッチをオンにすると、そこに眼が発生した。この遺伝子のスイッチを入れたあらゆる場所で、新しい眼をつくらせることができたのである。おまけに、まちがった場所にできた眼のなかには、それまでなかった光に反応する能力を示すものがあった。ゲーリングは、眼の形成における主要な引き金役(トリガー)を解明したのである。

ゲーリングはさらに先へ進んだ——異種間での遺伝子の交換に手を染めたのだ。彼はマウスでアイレスに相当する遺伝子、パックス6 (Pax6) を取り上げ、この遺伝子のスイッチをショウジョウバエでオンにした。マウスの遺伝子が新しい眼をつくりだした。しかしてできたのは、眼は眼でもショウジョウバエの眼だった。ゲーリングの研究室は、マウスの遺伝子を引き金役に使って、背中にでも、翅にでも、口の近くでも、どんな場所にでも余分なハエの眼を形成させることができた。ゲーリングが確認したのは、眼の発生のためのマスター・スイッチがマウスとハエで事実上同じだということであった。この、哺乳類において眼を形成するはずのパックス6という遺伝子は、最終的に新しいハエの眼をもたらすような遺伝子活性の複雑な連鎖反応を開始させたのである。

現在では、アイレス遺伝子、あるいはパックス6が、眼をもつあらゆる動物の発生を制御できることがわかっている。眼は、形こそちがっているかもしれない——あるものはレンズをもつが、他のものはもたない。あるものは複眼だが他のものは単眼である、というように——が、それらをつくる遺伝的スイッチは同じなのである。

あなたが眼をのぞきこむとき、ロマンスや創造や、魂の窓といったことは忘れてほしい。微生物、クラゲ、ゴカイ、そしてハエから由来した眼の分子、遺伝子、そして組織によって、あなたはあらゆる動物を見ているのである。

第10章　耳の起源をほじくってみる

あなたが耳の内部をはじめて見るときには、きっとがっかりするだろう。本当の機構は頭骨の奥深くに隠され、骨の壁で取り囲まれている。頭骨を開けて、脳を取り去ってしまえば、あとは鑿（のみ）でその壁をちょっと削る必要があるだけだ。もしあなたが本当に器用か、あるいはよほど幸運で、鑿をうまく使えれば、内耳を見ることができるだろう。それは、芝生の泥のなかに見つかる小さなカタツムリの殻に似ている。

あまりそんなふうには見えないかもしれないが、耳とはすばらしく複雑怪奇なからくり装置（ルーブ・ゴールドバーグ）なのである。私たちが音を聴くとき、音波は外側の耳介（じかい）（耳殻（じかく））、すなわち外耳に注ぎ込まれる。音波は耳に入り鼓膜を揺らす。鼓膜は三つ一組の小さな骨と接着していて、これらも一緒に震える。骨の一つが、プランジャー［先端に吸着カップのついた排水管清掃具］のようなものによって蝸牛管（かぎゅうかん）につながっている。耳骨（じこつ）の震えがプランジャーを上下させる。

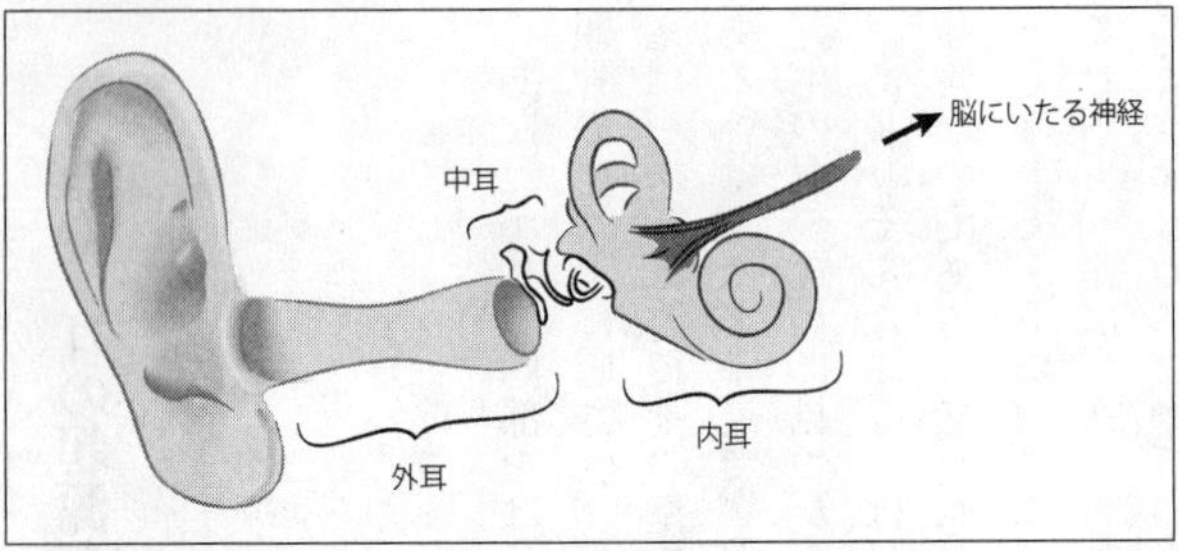

ヒトの耳の３つの部分――外耳、中耳、内耳。内耳はもっとも古い歴史をもつもので、神経インパルスの脳への伝達を制御している。

これが蝸牛管内のリンパ液の動きを引き起こす。この流れが神経末端であるコルティ器官の有毛細胞を曲げて、それが脳へ信号を送り、脳はその信号を音として解釈する。つぎにコンサートに行く機会があれば、あなたの頭のなかで音がどんなふうに駆けめぐっているかを、ちょっと想像してみてほしい。

このような構造をした耳は三つの部分、すなわち外耳、中耳、内耳に分けられる。外耳は眼に見える部分である。中耳は小さな耳骨をもっている。そして内耳は神経、リンパ液、およびそれらを取り囲む組織から成り立っている。耳のこの三つの構成部分のおかげで、以下の説明を非常に簡便なかたちでおこなうことができる。

目に見える部分、眼鏡のつるをひっかける耳介は、比較的新しく進化によって体に付け加わったものである。今度もし水族館か動物園にいくときには、そのことを確かめてみてほしい。どれだけのサメ類、硬骨魚類、両生類、爬虫類が外に出た耳をもっているだろう？　耳介――外耳から突き出たフラップ状の部分――は、哺乳類にしか見られない。一部の両生類や爬虫類は目に見える外部の耳をもっているが、耳介はもっていない。外から見える耳は、ドラムの皮に似た膜でしかないことが多い。

私たちとサメや硬骨魚類とがいかに精妙なつながりを有しているかは、私たちの耳の内部を見たときに明らかになる。ヒトとサメの結びつきを求めるのに、耳とはいかにも場違いに思えるかもしれない。そもそも、サメには耳がないのだから。しかし、結びつきはあるのだ。まずは耳骨から始めよう。

中耳――三つの耳小骨(じしょうこつ)

哺乳類はきわめて特殊な動物である。体毛と乳腺をもっているので、他の動物からたやすく区別することができる。哺乳類がもつもっとも際だった特徴のいくつかが耳の内部にあることを知れば、たいがいの人は驚くだろう。哺乳類の中耳にある骨は、他のいかなる動物のものとも似ていない。哺乳類は三つの耳骨をもつが、爬虫類や両生類には一つしかない。魚類は一つももっていない。では、私たちの中耳の骨はどこから来たのだろう？

ちょっと解剖学を。私たちの中耳の三つの骨が、槌骨(つちこつ)、砧骨(きぬたこつ)、鐙骨(あぶみこつ)と呼ばれていることを思い出してほしい。すでに見たように、それぞれの耳小骨は鰓弓(さいきゅう)から派生したものである。鐙骨は第二鰓弓から、槌骨と砧骨は第一鰓弓から生じたものである。ここから、耳をめぐる物語は始まる。

一八三七年に、ドイツの解剖学者カール・ライヘルトは、頭がどのようにして形成されるかを理解するために、哺乳類と爬虫類の胚を調べていた。彼はさまざまな種で、鰓弓が最終的にそれぞれの頭骨のどこになるのかを追跡した。何度も繰り返し研究するうちに、彼はどうもうまく説明がつかないことを見つけた。哺乳類の耳小骨のうちの二つが爬虫類の顎の小骨に対応するのだ。ライヘルトは自分の眼が信じられず、その研究論文に彼の興奮ぶりがあらわに出ている。顎＝耳の比較を記載するとき、彼の文体は、ふつうなら淡々となされる一九世紀解剖学の記述からはかけ離れた調子を帯び、自分の発見に対する衝撃、あるいは戸惑いさえ表していた。結論は避けがたいものだった。爬虫類の顎の一部を形成したのと同じ鰓弓が、哺乳類の耳小骨を形成していたのだ。ライヘルトは、自分でもほとんど信じられないような一つの考え方を提案した――哺乳類の耳の一部は、爬虫類の顎と同じものだ、と。ライヘルトがこの考えを提案したのが、ダーウィンが生命の系統樹という概念を提唱する数十年前だったということに気がつけば、事態はさらに理解しがたくなる。二つの異なる種における構造を、進化の観念なしに「同じ」だと呼ぶとは、いったいどういうことなのだろうか？

ずっとのち、一九一〇年と一九一二年に、ドイツの解剖学者エルンスト・ガウプがライヘルトの研究に目を留め、哺乳類の耳の発生学についての徹底的な研究を発表した。ガウプはより詳細な報告をし、ライヘルトの研究を、さすがに二〇世紀であったので、進化論的な枠組みで解釈した。ガウプの語る筋書きは次のようなものであった。三つの耳小骨は爬虫類と哺乳類の結びつきを明らかにしている。爬虫類の中耳の一個の骨は、哺乳類の鐙骨と同じで、どちらも第二鰓弓に由来する。だが、人々を震撼させたのは、哺乳類の中耳にある他の二つの骨――槌骨と砧骨――が爬虫類の顎の後方に位置する骨から進化したという主張だった。もし本当にそうならば、哺乳類の出現する時期に骨が顎から耳に移動したことが、化石記録の中に示されていなければならない。あいにくなことに、ガウプは現在生きている動物だけを研究し、化石が彼の理論において果たすことができる役割を十全に理解していなかった。

一八四〇年代以降、南アフリカおよびロシアから多数の新種の化石動物が発掘されるようになっていた。しばしば大量の化石が保存されており、イヌ大の動物の全身骨格も発掘されつつあった。発見された化石の多くは箱詰めにされ、同定と分析のために、ロンドンのリチャード・オーウェンのところに積み出された。オーウェンは、それらの動物がさまざまな特徴を混ぜ合わせてもっていることに衝撃を受けた。その骨格のある部分は爬虫類に似ていた。別の部分、ことに歯は、哺乳類と似ていた。しかも、それはポツンと一例だけ発見されたものではなかった。これらの「哺乳類型爬虫類」は、多くの化石採掘場で発掘されていたきわめてありふれた骨格だったのである。非常に数が多いだけでなく、種類も多かった。オーウェン以降の時代には、こうした哺乳類型爬虫類は世界の他の地域から、しかも地球の歴史におけるいくつもの異なる年代から見つかるようになった。それらは、爬虫類と哺乳類のあいだの化石記録をつなぐ、みごとな一連の移行系列を形成していた。

一九一三年まで、発生学者と古生物学者はそれぞれ互いに没交渉で研究していた。この年、アメリカの古生物学者、アメリカ自然史博物館のW・K・グレゴリーは、ガウプの主張とアフリカの化石とのあいだの重要な関連を認めた。哺乳類型爬虫類に属する爬虫類のほとんどは、中耳に一個の骨しかもっていなかった。他の爬虫類と同じように、それは多数の骨から成る顎をもっていた。グレゴリーが哺乳類型爬虫類を哺乳類により遠いものからより近いものへと順次調べていったとき、注目すべきことが明らかになった。それは、もしライヘルトが生きていればきっとショックでへたりこむようなことだった。その連続的な化石の系列は、時間が経つにつれて、爬虫類の顎の後方にある骨がしだいに小さくなっていき、最後には哺乳類の中耳に収まることを、疑問の余地なく示していた。槌骨と砧骨は実際に顎の骨から進化したのである。ライヘルトとガウプが胚で観察したことは、最初からずっと化石記録のなかに埋もれていて、発見されるのをまっていただけなのだった。

なぜ、哺乳類は三つの骨をもつ中耳が必要なのだろう？　実は、この小さな骨の連環は、哺乳類が中耳骨を一つしかもたない動物よりも高い周波数の音を聴くことを可能にする梃子システムを形成している。哺乳類の誕生には、第4章で見たような新しい咀嚼パターンだけでなく、新しい聴覚の方法もかかわっていたのである。もともと爬虫類が噛むために使っていた骨が、哺乳類においては、聴覚に役立つように進化したわけだ。

槌骨と砧骨についてはこれでいいだろう。だが、鐙骨はどこからやってきたのだろう？もし私が成体のヒトとサメをただ単に示しただけであれば、このヒトの耳の奥深くにある小さな骨が、魚の上顎にある大きな棒状の骨と同じものだとは、きっと想像もつくまい。しかし、発生的には、これらの骨は同じものなのだ。鐙骨は、サメ類や硬骨魚類の対応する骨（舌顎軟骨）と同じように、第二鰓弓の骨である。しかし舌顎軟骨は耳の骨ではない。硬骨魚類やサメ類が耳をもたないことを思い出してほしい。水中に生活する私たちの親戚においては、この骨は上顎と脳函をつなぐ大きな棒状の骨である。骨の機能と形状に明らかなちがいがあるにもかかわらず、この舌顎軟骨と鐙骨の類似性は、そこにつながっている神経にまで拡げることができる。両方の骨の機能にとっての主要な神経は第二鰓弓神経、すなわち顔面神経である。したがって、ここには、二つの非常に異なった骨が同じような発生的起源と神経支配のパターンをもつという状況がある。このことはどう説明したらいいだろうか？

またしても、化石に目を向けてみよう。サメ類から、ティクターリクのような動物を経て両生類まで、舌顎軟骨の歴史をたどってみる。すると、それがしだいに小さくなっていき、最終的には上顎から場所を移動して、聴覚上の役割をはたすようになった経緯を理解

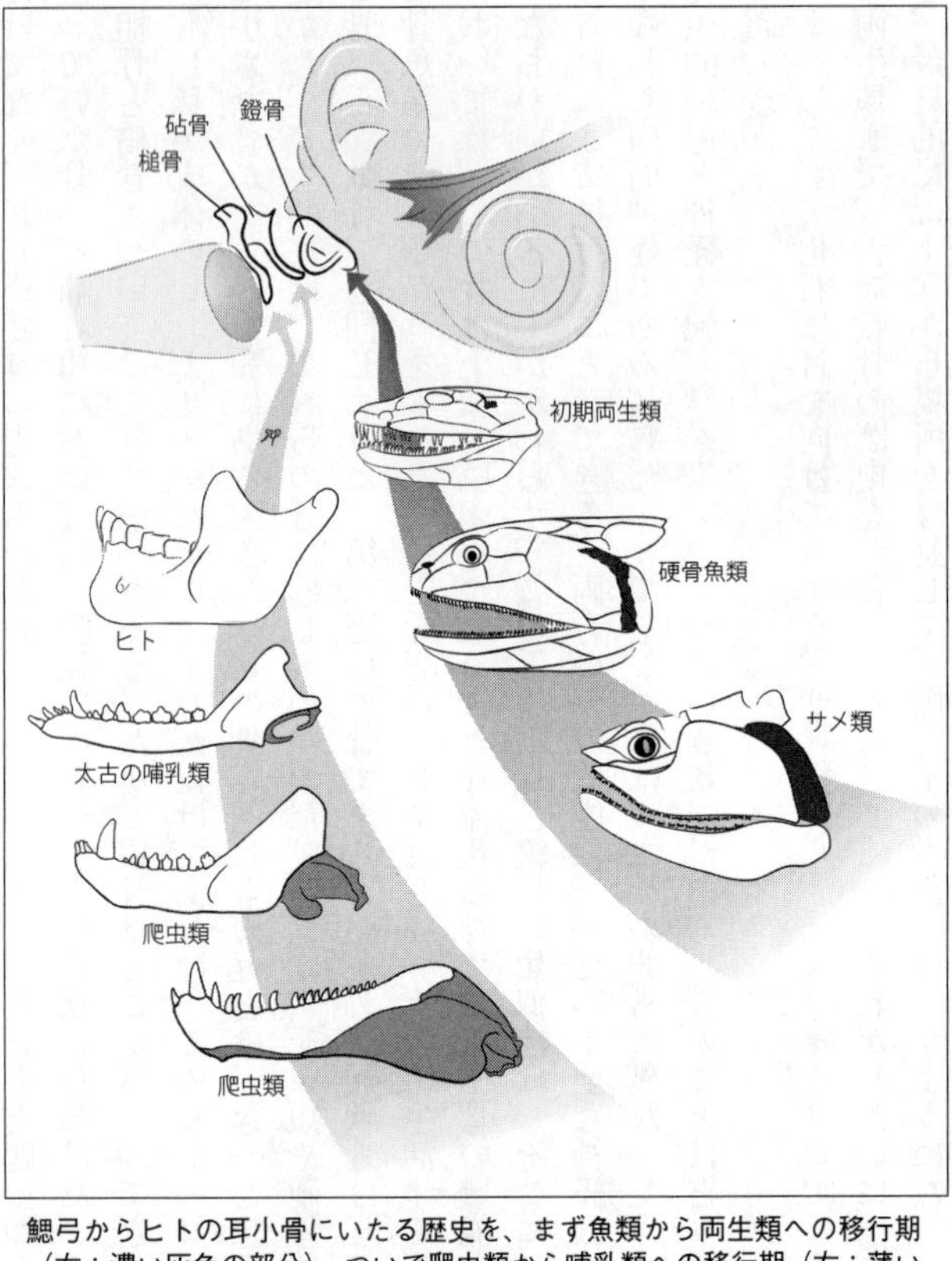

鰓弓からヒトの耳小骨にいたる歴史を、まず魚類から両生類への移行期（右：濃い灰色の部分）、ついで爬虫類から哺乳類への移行期（左：薄い灰色の部分）に、たどることができる。

することができる。名前も変わってしまう。それが大きくて、顎を支えているときには、私たちはそれを舌顎軟骨と呼び、小さくなり、聴覚に役割を果たすようになると、鐙骨と呼ばれるようになる。この移行は、魚類の子孫が陸上で歩きはじめたときに起こった。水中で音を聴くのと陸上で音を聴くのは異なり、鐙骨の小ささと位置は、空気中の振動を捉えるのに理想的なものとなった。この新しい能力は、魚類の上顎骨の変形によって出現したのである。

私たちの中耳は、生命の歴史における二つの大きな転換に関する記録を含んでいる。一つは私たちの鐙骨の起源と、それが顎を支える骨から耳小骨へ転換したことで、それは魚類が陸上で歩きはじめたときに始まった。もう一つの大きな出来事は、哺乳類が誕生する過程に起こり、このとき、爬虫類の顎の後方にある骨が私たちの槌骨と砧骨になったのである。

それではいよいよ、耳のさらに奥――内耳――へと進もう。

内耳――リンパ液が動き、感覚毛が曲げられる

外耳を通過して、内部へ深く入り、鼓膜と三つの耳小骨も過ぎると、頭骨の奥深いところにいきつく。ここには内耳――管といくつかのリンパ液の詰まった嚢（ふくろ）が見つかるだろう。ヒトでは、他の哺乳類におけるのと同じように、骨質の管はカタツムリの殻のような形を

とり、それは解剖学教室では驚くほどはっきりと見ることができる。

内耳は異なる機能を果たすために割り当てられた異なる部分をもっている。一つの部分は音を聴くのに用いられ、もう一つの部分は頭がどんなふうに傾いているかを知らせるのに用いられ、さらにもう一つの部分は、空間を移動する頭がどれほどの強さで加速しているかあるいは減速しているかを記録するのに用いられている。こうした機能のそれぞれを実行するために、内耳はほぼ同じような仕組みではたらいている。

内耳のいくつかの部分は、流動性のあるゲル状のリンパ液で満たされている。このリンパ液のなかに、特殊化した神経細胞が毛のような突起を突き出している。リンパ液が動くと、神経細胞の末端にある感覚毛が曲げられる。感覚毛が曲げられたとき、神経細胞は電気的なインパルスを脳へ送り、脳でそれらは、音、姿勢、あるいは加速度として記録される。

あなたの頭の空間における位置関係を教えてくれる仕組みを思い描いていただくために、自由の女神スノーグローブ［「スノーグローブ」は、クリスマスプレゼントの定番商品の一つで、液体を満たした球形やドーム状の透明容器内に人形や建物のミニチュアと雪に見立てたものが入っていて、動かすことで雪が降るように見える仕掛けになっている。この商品では、自由の女神像を中心にしたニューヨークの町の模型が入っている］を想像してみてほしい。このスノーグローブはプラスチックでできていて、なかに液体が詰まっている。あなたがそれを振ると、液体は動き、「雪」が

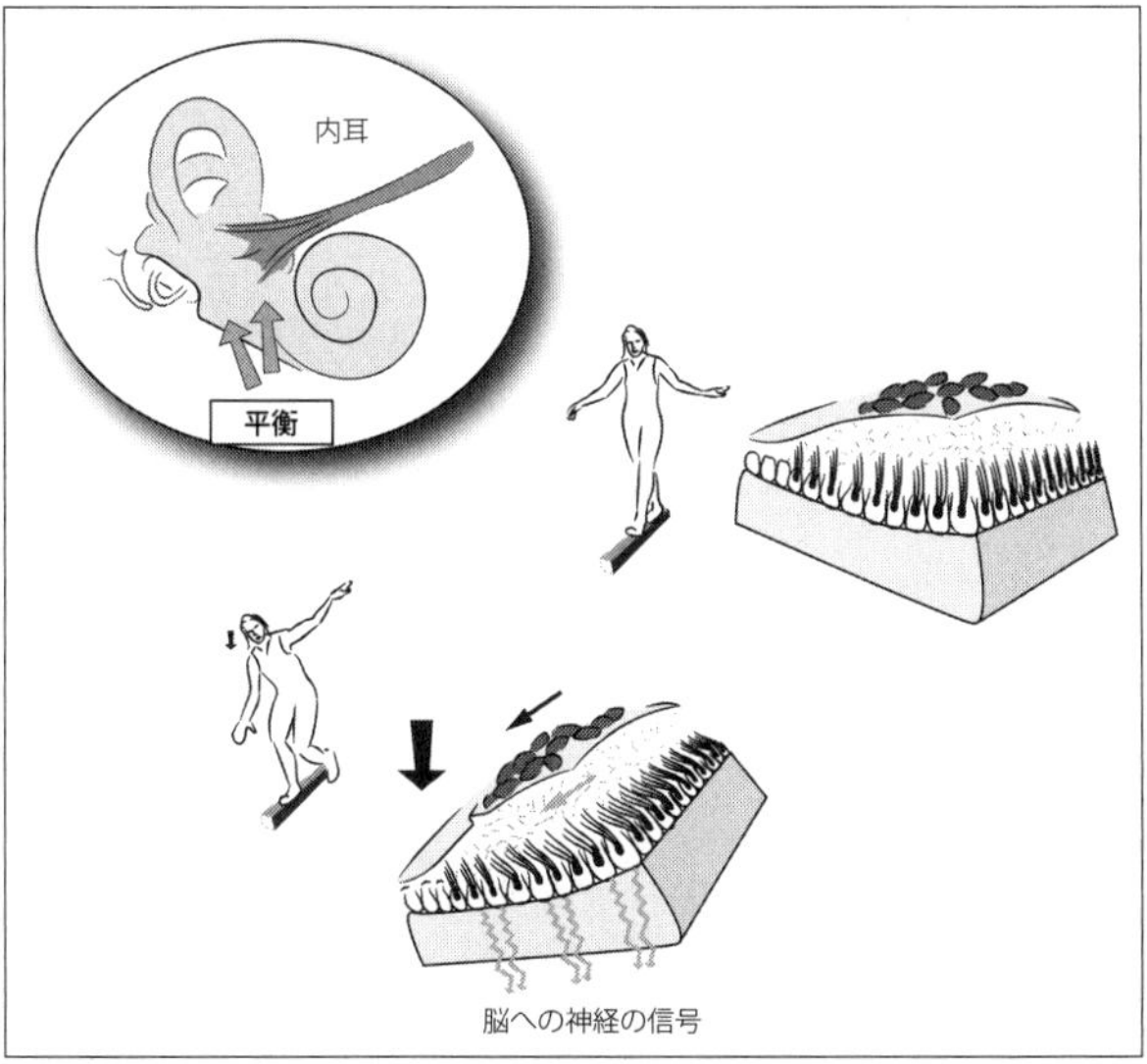

あなたが頭を傾けるたびに、リンパ液に満たされた嚢の上にある小さな耳石が動く。すると、この嚢の内部にある神経終末の感覚毛が曲がり、それが「あなたの頭は傾いていますよ」と告げる神経インパルスを脳に向かって発射させる。

女神の上に降り注ぐ。今度は柔軟膜でできたスノーグローブを想像してみてほしい。それを持ち上げて傾ける。するとすべてのものがバタバタと倒れ、内部の液体がザーッと動く。これを、ずっと小さなスケールにしたものが、私たちの耳の内部にあるものなのだ。私たちが首を曲げると、これらの仕掛けもバタバタと倒れ、次のようなお決まりの出来事の連鎖を引き起こす。すなわち、内部のリンパ液が流れ、神経の感覚毛が曲げられて、神経インパルスが脳に向けて送り返される。

ヒトでは、膜表面に石のようなものが存在することによって、このシステム全体がさらにいっそう鋭敏なものになっている。首を傾けると、この石が膜の傾きを倍加させ、リンパ液が動きやすくなる。これがシステムの鋭敏さを増大させ、わずかな姿勢のちがいを私たちが感知できるようにしている。あなたが首をかしげると、頭骨内の小さな石が動くのである。

こういうことがわかってくると、宇宙空間で生活するのがどれほど過酷なことであるか、おそらく想像がつくだろう。私たちの感覚器(センサー)は、地球の重力下で働くように調整されているのであり、宇宙カプセルの無重力状態で働くようにはなっていない。浮遊しながら、私たちの眼が視覚的な上下を記録していくと、内耳の感覚器はすっかり混乱してしまい、いとも簡単に気分が悪くなってしまう。まさにこういう理由によって、宇宙酔いは切実な問題となっている。

私たちが加速度を感知する方法は、内耳の、先の二つの部分とつながった、さらにもう一つの部分に依拠(いきょ)している。耳の内部にはリンパ液の詰まった三つの管がある。私たちが加速あるいは減速するたびに、管内のリンパ液は動き、神経細胞の感覚毛が曲げられ、電流を生じさせる。

私たちが姿勢と加速度を感知するシステム全体は、眼の筋肉とつながっている。眼の動きは眼球の側壁に付着した六つの小さな筋肉によって制御されている。この筋肉の収縮に

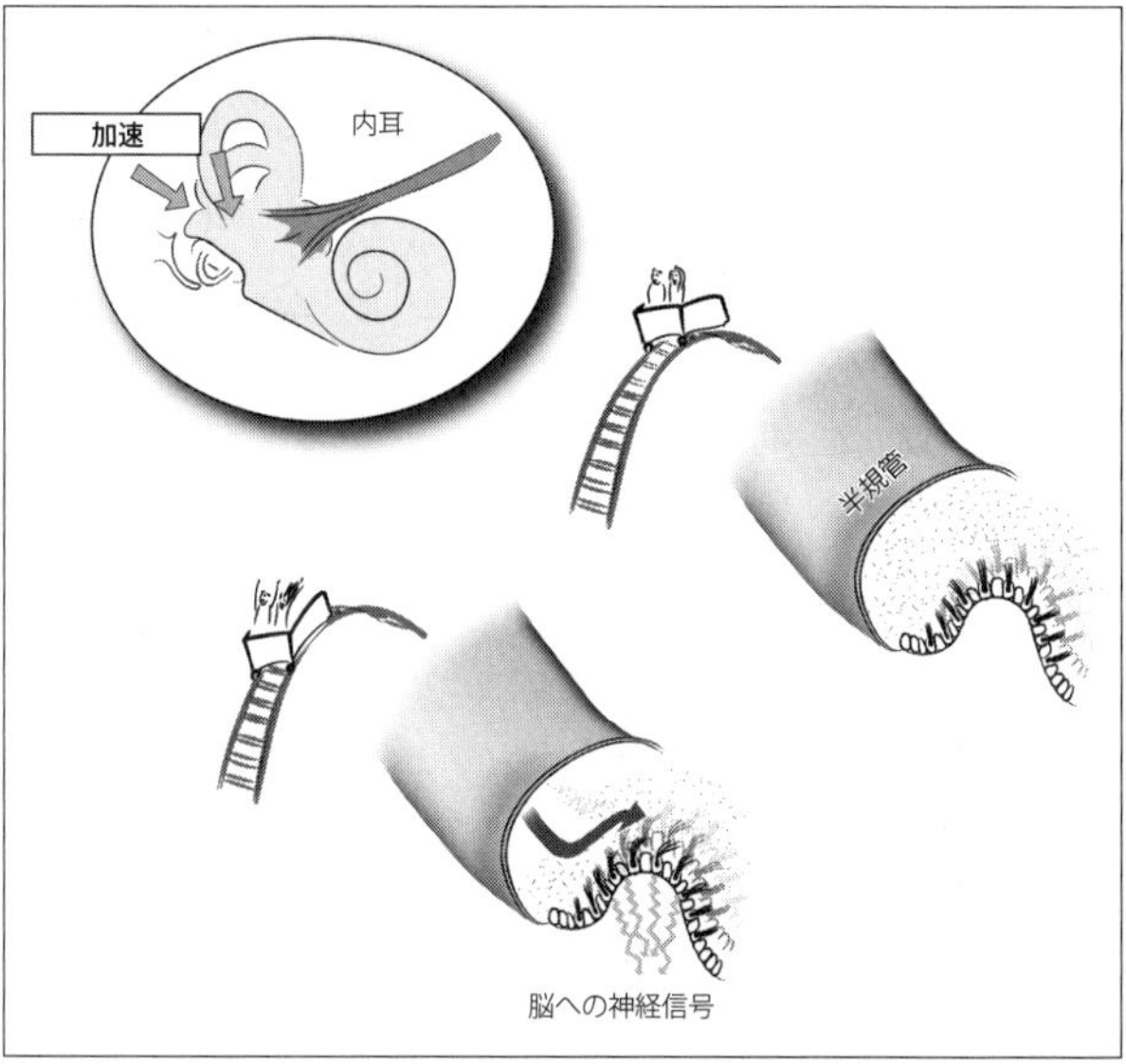

私たちが加速するたびに、内耳のなかの液が流動する。この流動が神経インパルスに変換されて、脳へ送られる。

よって眼は上下、左右へと動く。新しい方向を見ようと決めたときには、その都度こうした筋肉を収縮させて、随意的に眼を動かすことができるが、これらの筋肉のもっとも魅力的な性質のいくつかは、不随意的な活動に関係している。不随意筋が、私たちがなんの意識すらしていないにもかかわらず、つねに眼球を動かしているのである。

この眼筋連携がどれほど鋭敏であるかを評価するために、このページを見ながら頭を左右に振ってみてほしい。頭を振りながら、視線を一ヵ所に固定してみてほしいのだ。

この実験のあいだに何が起こったのだろう。あなたは頭を振っているのに、視線は一点に固定されていた。この動作はあまりにもありふれたものなので、私たちはそれが当然で当たり前のことだと思っているが、これは実はきわめて複雑な動作なのだ。両眼の六つの筋肉は、頭の運動に反応している。頭のなかにあるセンサー――これについては次節で説明するが――が、あなたの頭の運動の方向と速度を記録する。そうした信号は脳に運ばれ、脳は眼筋に発動を伝える信号を送る。頭を動かしながら一点を凝視するという機会がつぎにあったら、このことを考えてみてほしい。ただ、このシステムは誤作動することがあるが、この誤作動というものからは、私たちが万事平穏に暮らせるのはなぜか、ということについて教えられるところが少なくない。

内耳と眼の連携を理解する簡単な方法は、そこに干渉することである。人間の場合なら、大量のアルコールを飲ませることだ。過剰なアルコールを飲酒すると、馬鹿げたことをしてしまうが、それは抑制力が低下するためである。あまりに多量に酒を飲むと、頭がグルグルまわるようになる。そしてこの頭のグルグルはしばしば、翌朝のうっとうしい目覚め、さらなる目眩（めまい）と吐き気と頭痛を伴う二日酔いを予告するものである。

私たちが酒を飲み過ぎると、血流中に大量のアルコールを取り込むが、耳の管の内部のリンパ液には最初のうちほんのわずかしか含まれない。けれども、時間の経過とともに、アルコールが血中から内耳のリンパ液のなかに拡散してくる。アルコールはリンパ液よりも軽いので、拡散の結果は、オリーブ油のグラスにアルコールを注入した結果と同じようになる。アルコールが入ってくるにつれてオリーブ油が対流を起こすのと同じように、耳のなかのリンパ液も渦を巻く。この対流が、酔っぱらいに大混乱を引き起こす。有毛細胞が刺激を受けて、脳は自分が動いているのだと考える。しかし動いてはいない。部屋の隅でぐったりしているか、バーの止まり木で背中を丸めているかである。私たちの脳が騙されているのだ。

問題は眼にまで及ぶ。私たちの脳は、自分がグルグルまわっていると思い、その情報を眼筋に伝える。左右に動く物体を眼で追いかけようとするとき、眼球は一方の方向（ふつうは右）へ振れる。泥酔している人間の眼を手で押さえて開けさせておくと、眼振と呼ばれるこの典型的な振れを見ることができるかもしれない。警察官はこのことをよく知っており、危なっかしい運転で停車を命じられた運転手に眼振がないかどうかを調べることがよくある。

ひどい二日酔いには、少しばかり異なった反応がかかわっている。どんちゃん騒ぎをした翌日、あなたの肝臓は血流からアルコールを除去するという仕事を驚くほど効率的にやってのけた。だが、あまりにも効率的だったために、しばらくはまだ耳の管にまだアルコールが残っている。やがてアルコールは拡散してリンパ液から血流に戻っていくが、そうするときにもう一度リンパ液を動かすことになる。昨晩眼球が右に振れていたのを見た同じ大酒飲みをつかまえ、二日酔いしている彼を調べてみるといい。彼の眼球はまだ振れているかもしれないが、今度は逆方向のはずだ。

こういったことはすべて、私たちがサメ類や硬骨魚類と共有している歴史の賜物（たまもの）である。もしあなたがマス釣りを試みたことがあれば、私たちの耳の祖先である可能性の高い器官に出会っているだろう。釣り師なら誰でも知っているように、マスは、川の特定の部分にしかとどまらず、それはふつう、捕食者を避けながら最高のご馳走を得ることができるような場所である。しばしばそういう場所は、木陰でしかも川の流れが渦を巻いているようなところにある。大きな岩や倒木の後ろが、大きな魚がとどまるとっておきの場所だ。マスは、すべての魚類と同じように、水流と周囲の水の動きを感知できる、ほとんど触角に似たメカニズムをもっている。

魚類の皮膚と骨の内部に、頭から全長にわたって一列に並んだ、感覚受容体を備えた小さな器官がある。これらの受容体は、小さな束（たば）をなしていて、それぞれから毛状の突起が、感丘（かんきゅう）と呼ばれるゼリー状のリンパ液に満たされた嚢（のう）につきだしている。ここでも自由の女神像の入ったスノーグローブのことを考えるのが有効だ。感丘は、スノーグローブを小さくしたようなもので、内部に神経が突起を出している。魚のまわりを水が流れると、この小さな嚢を変形させ、ひいては、神経の毛様突起を曲げる。私たちの耳のシステム全体と非常によく似ていて、この装置が脳に信号を送り返し、魚に身の回りの水がしていることについての感覚を与える。サメ類と魚類は、どの方向に水が流れているかを識別できるし、一部のサメ類は、近くを泳ぐ他の魚がつくりだすような、水の歪みを感知することさえできる。私たちはこの方式の変形版を、視線を固定しながら頭を左右に振るときに用いており、本節の冒頭で述べたように、酔っぱらいの眼を手で開けたときには、このシステムが誤作動しているのが見える。もし、私たちとサメ類や魚類の共通祖先が、他の種類の内耳リンパ液、たとえばアルコールが添加されたときでも対流の起こらないリンパ液を使っていたとすれば、私たちは酔っぱらってグルグル眼がまわることはけっしてなかっただろう。

もしあなたが、私たちの内耳と感丘が同じものの別バージョンだと考えているのなら、それほど見当はずれではない。どちらも発生過程で、同じ種類の組織から由来し、同じような構造を共有している。しかし、どちらが先だったのだろう。感丘か内耳か？　実は、この件については曖昧な証拠しか見つかっていない。もし、五億年前ほど昔にいた頭をもつ動物の最古の化石のいくつかを調べてみれば、体をつつむ「装甲」に感丘をもっていたことを示唆する小さな孔が見つかるだろう。残念ながら、こうした動物の内耳についてはあまりよくわかっていない。頭のその部域が残った化石はないからである。もうちょっと証拠が転がり込んでくるまで、感丘から内耳が生じたのか、それともその逆かという、二つの選択肢を温存させておくことになろう。どちらのシナリオもその大本では、体の他の部分で通用しているのをすでに見た一つの原理を反映している。すなわち、器官は一つの機能のためにしか生じないが、時間がたつうちに、いくつでも新しい用途のために転用することができる、というものだ。

私たち自身の耳では、内耳の拡大発展が起こった。内耳の音を聴くために当てられた部分は、他の哺乳類におけるのと同じく、大きくて螺旋に巻いている。両生類や爬虫類のような、より原始的な動物は、単純で螺旋に巻いていない内耳をもっている。明らかに、わが哺乳類の祖先のほうが、新しくより上質の聴覚を獲得したのである。同じことは、加速度を感知する構造についても言える。私たちは加速度の変化を記録するための三つの管（半規管）をもっているが、それは空間を三次元で感知するからである。そうした管をもつ、知られているかぎり最古の魚類、すなわち、ヌタウナギなどの無顎類は、一つしかもっていない。他の原始的な魚類では二つが見られる。そして、もっとも現世的な魚類や他の脊椎動物は、私たちと同じように三つもっている。

私たちの内耳が最古の魚類までさかのぼれるような歴史をもつことはすでに見てきた。注目すべきことに、私たちの耳のリンパ液の内部にあるニューロンは、さらにもっと古い歴史さえもっているのである。

有毛細胞と呼ばれるこれらのニューロンは、他のニューロンには見られない特別な特徴をもっている。一本の長い「毛」と一連の小さな毛から構成されていて、細かな毛様突起をもつ有毛細胞は、私たちの内耳や魚の感丘において、固定された方向を向いて並んでい

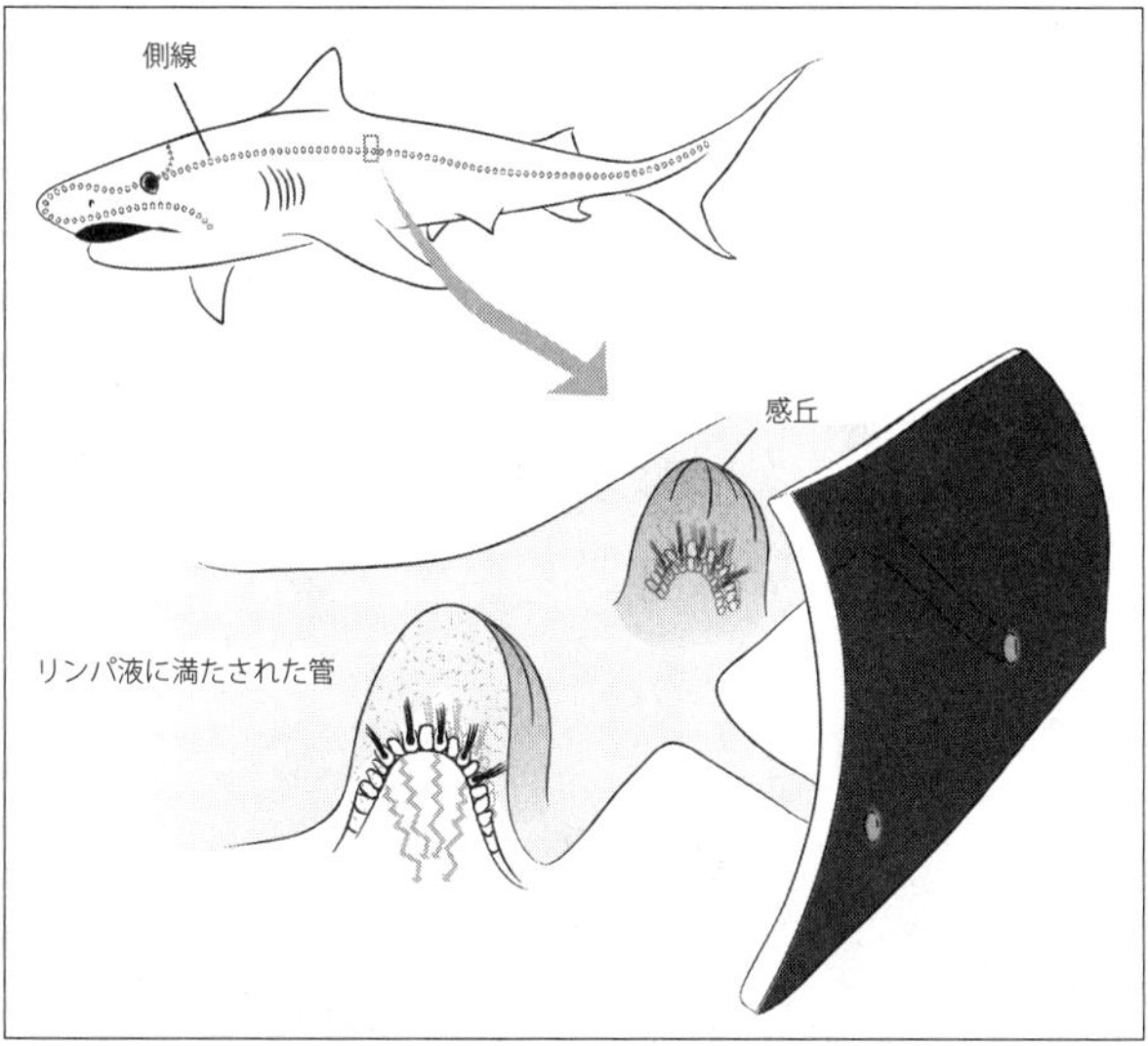

原始的な型の私たちの耳の部品が、魚の皮膚に埋もれている。小さな嚢——感丘——は体中に散らばっている。感丘が曲がると、水の流れがどう変わったかという情報を魚に与えることになる。

る。最近になって研究者たちは、他の動物でこうした細胞の探索をおこなっており、ヒトがもっているような感覚器官をまったくもたない動物はおろか、頭をもたない動物までそれを見つけだしている。第5章で出会ったナメクジウオのような動物にも有毛細胞は見られるのだが、ナメクジウオには耳も眼も、頭も頭骨もない。したがって、有毛細胞は私たちの感覚器官がまだ舞台に顔を出しさえする前に、他のことをするために存在していたことになる。

もちろん、このすべては私たちの遺伝子に記録されている。

もしヒトまたはマウスで、パックス2と呼ばれる遺伝子を無効（ノックアウト）にする突然変異が生じれば、内耳は正しく形成されない。パックス2は耳の領域で活性をもち、内耳の発生をもたらすような遺伝子活性の連鎖反応をスタートさせているらしい。もっと原始的な動物でこの遺伝子漁りをしてみると、パックス2が頭部と、そして驚くなかれ、感丘で活性をもつことが見つかるのである。眼がグルグルまわる酔いと、魚の水流感覚器官（側線）が共通の遺伝子をもっているのだ。これはヒトと魚が共通の歴史をもつ証拠である。

クラゲと眼や耳の起源

眼との関連で以前に論じたパックス6とまったく同じように、耳におけるパックス2は、正しい発生を押しすすめる主要な遺伝子であり、不可欠な遺伝子なのである。興味深いことに、このパックス2とパックス6が関連（リンク）しており、そのことから耳と眼が非常に古い時代に共通の歴史をもっていたのではないかという可能性がほのめかされている。

ここで、この物語にハコクラゲ類が登場する。とりわけ有毒な毒液をもつために、オーストラリアの海で泳ぐ人にはよく知られているこれらのクラゲは、二〇個以上もの眼をもつ点で、他のクラゲ類とは異なる。これらの眼の大部分は、クラゲの表皮全体に散在する単純な孔である。ただしその他に、驚くほど私たちの眼と似ており、一種の虹彩とレンズ、さらには私たちと同じような神経構造さえ備えた眼もある。

クラゲ類はパックス6もパックス2ももっていない。ハコクラゲ類の眼は、これらの遺伝子が舞台に登場する前に出現したのだ。しかし、ハコクラゲ類の遺伝子には、注目すべきことが見られる。眼を形成する遺伝子が私たちの予想したようなパックス6ではなく、パックス6とパックス2の両方の構造の一種のモザイクなのだ。言い換えればこの遺伝子は、他の動物のパックス6とパックス2の原始的なバージョンのような姿をしているのである。

つまり、私たちの眼と耳を制御している複数の主要な遺伝子が、クラゲのようなはるかに原始的な動物の遺伝子一つに対応していることになる。おそらくあなたは、それでどうした？ と思っているかもしれない。耳と眼の太古における結びつきは、現在の病院の臨床で見られる事柄を理にかなったものとして納得させてくれる助けになる。いくつものヒトの先天的異常が、眼と内耳の両方に影響を与える。このことはひとえに、有毒なハコクラゲのような原始的な動物と私たちの奥深い結びつきを反映しているのである。

第11章 すべての証拠が語ること

あなたの内なる動物園

プロの研究者として私が学界に足を踏み入れたのは、まだ大学生だった一九八〇年代初めのことだった。このとき私は、ニューヨーク市にあるアメリカ自然史博物館でボランティアをしていた。博物館のコレクションのなかで裏方として働くという興奮は別にして、もっとも忘れられない経験の一つは、口角泡を飛ばして議論しあう毎週のセミナーに出席したことだった。毎週一人の話題提供者がやってきて、自然史におけるなにかの難解な研究について話をした。話題提供そのものは、えてして比較的地味な出来事でしかなかったが、そのあと聞き手たちがその話を逐一こき下ろしていく。情け容赦がなかった。場合によっては、成り行きのすべてが、招かれた話題提供者を串焼きのメインコースにする、人間バーベキューのように感じられた。しばしば、そうした論争は、憤激と古い無声映画の芝居がかった身振りをまじえた怒鳴りあいに転じ、拳の振りまわしや、足の踏みならしまで付け加わった。

私は、神聖な学問の殿堂に身を置いて、分類学のセミナーに耳を傾けていた。ご承知のように、分類学とは種に学名をつけ、それらを秩序立てて、初等生物学で私たちが覚えさせられる分類体系にまとめあげる学問のことだ。日常生活にこれほど無縁な話題を私はほかに想像できなかったし、ましてや、そんな学問が高名な先輩科学者を脳卒中に追い込み、人としての尊厳のほとんど失わせてしまうといったことは、考えもしなかった。「いいかげんにやめろ」と命じるのがいちばん適切に思えるような状況だった。

なんとも皮肉な話だが、いまの私は、彼らがなぜあれほど興奮していたか理解できる。当時の私は正当な評価ができなかったのだが、彼らは生物学全般を通じてもっとも重要な概念の一つをめぐって論争していたのである。天地がひっくりかえるようなものだとは思えないかもしれないが、この概念は、異なった生物を比較する――ヒトと魚、魚とゴカイを、あるいはその他のどんな生物とでも――方法の根底によこたわっているのだ。それは、私たちの家系をたどり、DNA鑑定によって犯人を特定し、エイズウイルスがいかにして危険なものになったかを理解し、あるいはインフルエンザウイルスがどのようにして世界中に蔓延（まんえん）するに至ったかの経路をたどることさえ可能にするものである。これから私が論じようとする概念は、本書における主張のほとんどを支える土台である。ひとたびそれを理解すれば、私たちの内部にいる魚、ゴカイ、および細菌の意味がわかるだろう。

本当の意味で重大な概念（アイデア）や自然の法則に関する主張は、だれもが日常的に知っている単純な前提から始まる。そうした概念は、単純な発端からしだいに拡張されて、恒星の運動や時間の仕組みといった、本当に大きな事柄を説明できるようになる。私はまさにそういうやり方で、万人が同意できる一つの真の法則をご紹介したいと思う。その法則は、あまりにも深く浸透しているために、私たちはみな、はなから当たり前のことだとみなしている。しかしこの法則こそ、私たちが古生物学、発生生物学、および遺伝学でおこなうほとんどすべての営みの出発点なのである。

この、生物学の「万物法則」とも言うべきものは、「この地球上のすべての生き物には親がいた」というものである。

あなたが知っているあらゆる人間は生物学的な両親をもっており、あなたがこれまで見たことのあるあらゆる鳥もイモリも、サメでさえもそうである。クローニングやその他の将来に発明される方法のおかげで、テクノロジーが状況を変えるかもしれないが、当面この法則は有効である。もっと正確な形で述べればこうなるだろうか。「あらゆる生き物は、なんらかの親の遺伝的情報から生まれでた」。このような表現は、現実の遺伝をつかさどる生物学的メカニズムに見合った形で親を定義するだけでなく、私たちと同じ流儀で繁殖をしない、細菌のような生物にも適用することができる。

　この法則は拡張されたときに、その威力を発揮する。そこにこそ、その美しさの極致がある。私たちはみな、両親の子孫、両親の改変された遺伝的情報を受け継ぐ子孫なのである。私は自分の母親と父親の子孫であるが、彼らとまったく同じというわけではない。私の両親は彼らの両親（私の祖父母）の改変された子孫である。そして祖父母から曾祖父母へと先を続けることも可能だ。この「変化をともなう由来」［「改変をともなう継承」と訳したほうが正確であるが、この訳語が進化学における定訳となっている。出典は『種の起原』］というパターンによって、私たちの家系は定義されている。このやり方は実によくできたものなので、関係者一人一人の血液サンプルを採るだけで、あなたの家系を復元することができる。

　いままで一度も会ったことのない人たちで一杯になった部屋のなかにあなたが立っていると想像してみてほしい。あなたは、部屋にいる各人と自分とがどれほどの類縁関係にあるかを見つけなさいという単純な課題を与えられる。誰があなたの遠い親戚で、誰が非常に遠い親戚で、誰が七五代さかのぼった大叔父（おおおじ）だということを、どうしたら言えるのか？

　この疑問に答えるためには、私たちの思考に指針を与え、仮説上の家系図の正確さを検証する方法を与えてくれる生物学的なメカニズムが必要である。このメカニズムは、生物学の法則について考えるところからやってくる。変化（改変）をともなう由来（継承）が、どのような仕組みによるかを知ることは、生物の歴史をひもとくための鍵である。なぜなら、変化をともなう由来は痕跡を残すことがあり、その痕跡は追っていけるからだ。

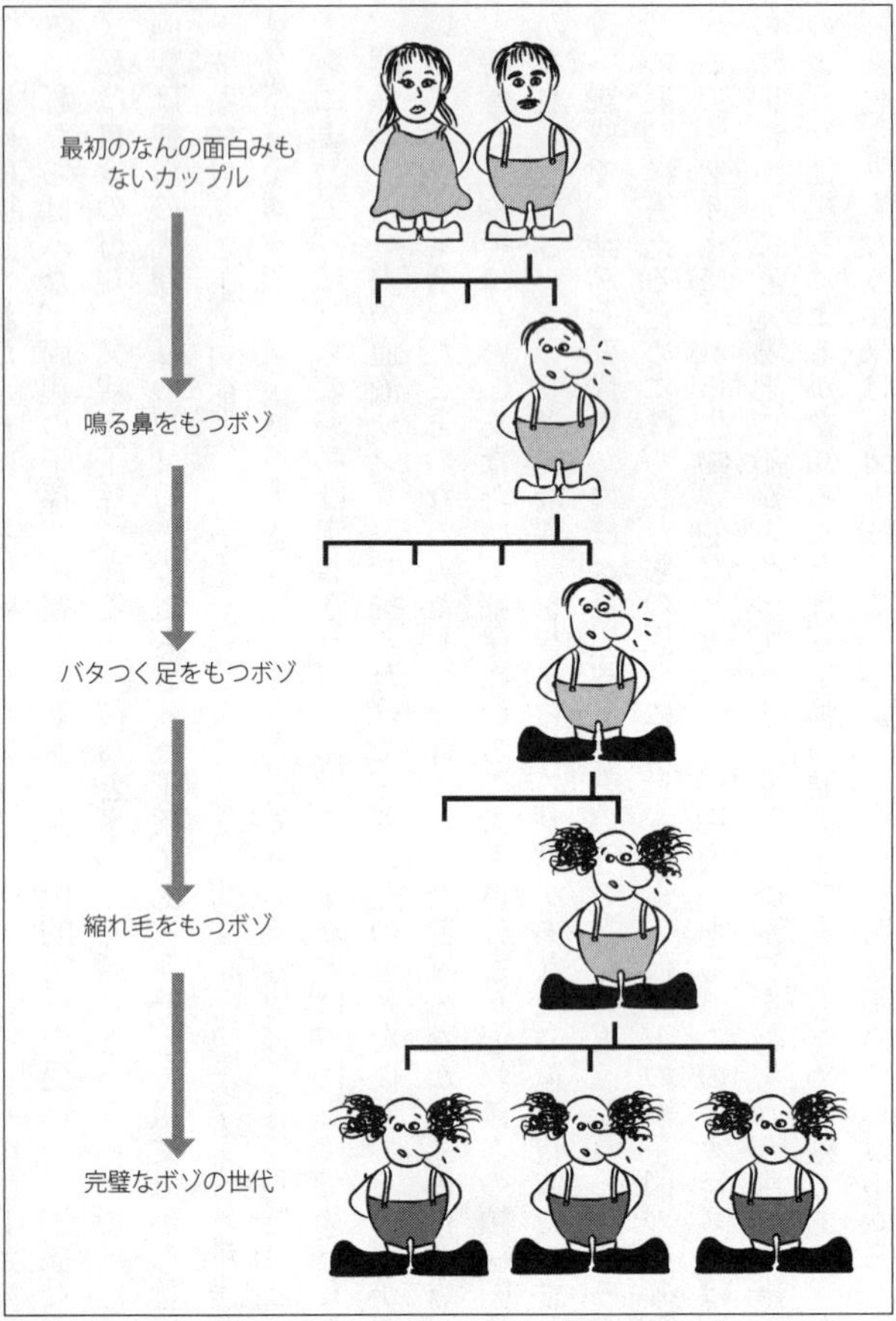
最初のなんの面白みも
ないカップル
鳴る鼻をもつボゾ
バタつく足をもつボゾ
縮れ毛をもつボゾ
完璧なボゾの世代

ボゾ一族の家系図

なんの面白みもなく、道化じみたところのまったくない仮想のカップルを取り上げてみよう。彼らには子供がいて、息子の一人は、ブーブー鳴る赤いゴムの鼻という遺伝的突然変異をもって生まれてきた。この息子が成長し、幸運な女性と結婚する。彼は突然変異した鼻の遺伝子を自分の子供たちに伝え、子供たちは全員ブーブー鳴る赤いゴムの鼻をもっている。つぎに、彼の子孫の一人が、大きくてバタつく足をもたせるような突然変異を得たと仮定してみよう。この突然変異が次世代に伝えられれば、彼の子供はすべて彼と同じようになる。つまり、鳴る赤いゴムの鼻と大きくてバタつく足をもっている。さらにもう一世代先に進んでみよう。この子供たち、すなわち最初のカップルの曾孫の一人が、また別の突然変異、オレンジ色の縮れ毛をもっていると想像してみよう。この突然変異が次世代に伝えられると、彼の子供はすべて、オレンジ色の縮れ毛、鳴るゴムの鼻、そして大きくてバタつく足をもつことになるだろう。あなたが「このボゾ［アメリカのテレビ番組で有名なピエロ］は誰なんだ」と質問するとき、最初のみすぼらしいカップルの玄孫の一人一人について尋ねていることになるのである。

この例は、非常に重大な問題点を明らかにしている。変化をともなう由来からは、識別できるいくつかの特徴をもとに家系図をつくることができる。この家系図には、一目でそれとわかるような目印がある。つまり、入れ子になったロシアのマトリョーシカ人形のように、わが仮説上の家系は、グループ内のグループを形成しており、誰がどういうグループをなしているかはそのメンバーたちがもつ独特の特徴、すなわち形質によって見わけられるのだ。「完璧なボゾ」である玄孫たちのグループは、鳴る鼻と大きなバタつく足だけをもっていた個人に由来している。この個人は鳴るゴムの鼻だけをもつ個人に由来した「原＝ボゾ」グループの一員であった。この「前＝原＝ボゾ」は、明らかに道化風には見えなかった最初のカップルに由来した人々だった。

変化をともなう由来がこのようなパターンをもつことは、たとえ私が何一つ説明しなくとも、あなたはボゾ一族の家系図を簡単につくれるということを意味する。もし、さまざまな世代のボゾたちがごた混ぜになった部屋があったとしても、あなたは、この道化たちの一族がすべて、鳴る鼻をもったグループのなかにおさまることがわかるだろう。これらのグループ内には、オレンジ色の毛とバタつく足をもったサブグループがいる。このサブグループのなかにさらに、完璧なボゾたちのグループが入れ子になっている。要点は、特徴（形質）――すなわちオレンジ色の毛、鳴る鼻、大きくてバタつく足――のおかげで、あなたがグループを識別できることだ。こうした特徴は、異なるグループ、あるいはこの例でいえば異なる世代の道化であることを物語る証拠なのだ。

このファミリー・サーカスを現実の形質――遺伝子突然変異と、それがもたらす体の変化――に置き換えると、生物学的形質によって識別できる系統ができあがる。もし変化をともなう由来がこのような形で働くとすれば、私たちの家系図は、その土台となる構造に一つの目印をもっている。この事実はあまりにも強力であり、私たちが遺伝的データのみから家系図を復元しようとする際の、理論上の支えを提供してくれる。そのことは、最近進行中のいくつかの家系学的プロジェクトからうかがい知れる通りだ。わかりきったことだが、現実の世界は、ここに示した単純な仮想例よりはるかに複雑である。もしある特性が一つの家系で異なる時期に何度も生じるのであれば、もし一つの特性とそれを引き起こす遺伝子の関係が直接的でなければ、あるいは特性が遺伝的な基盤をもたず、食餌や他の環境条件の変化の結果として生じるのであれば、家系図の復元はむずかしいものになりうる。しかし幸いなことに、変化をともなう由来というこのパターンは、こうした複雑な事情に直面しても、しばしば、ラジオの受信機が信号からノイズをほとんど篩い落とすことができるのと同じように、見きわめられるのがわかっている。

しかし、私たちの家系は、どこまでさかのぼったら終わりになるのだろう？　ボゾ一族の家系は面白みのないカップルで終わるのだろうか？　私の家系は最初のシュービンが出てきたところで終わるのだろうか？　ことをそこで終わらせるのはあまりにも恣意的に思える。ならば、ウクライナ系ユダヤ人、あるいは北イタリア人で終わるのだろうか？　それとも、三八億年前の池の水面に浮かんでいたシアノバクテリア、さらにその先にまで続くのだろうか？　自分の家系が時間軸のどこかの地点までさかのぼるという点はだれもが同意するだろう。しかし、どこまで過去にさかのぼるかが問題なのである。

もし私たちが自分の系譜をはるか昔のシアノバクテリアまでさかのぼることができ、しかもそれを生物学の法則にしたがってなしとげられるのであれば、私たちは証拠を整理して、特別な予想を立てることができるにちがいない。地球上のすべての生命は、雑多な生物のかけらをランダムに寄せ集めてできているのではなく、ボゾ一族のあいだで見たのと同じような、変化をともないながら由来した痕跡を示すにちがいない。実際に、地質学的な記録の総体の構造はランダムであるはずがない。最近になって付け加わったものは比較的若い地層に現れるにちがいない。私の家系図において、私が祖父よりも新しい参入者であるのとまったく同じように、生命の家系図（系統樹）も時間の経過に関して同じような秩序をもっているはずだ。

生物学者がヒトと他の動物との類縁関係を実際に復元する方法を理解するためには、サーカスを後にして、本書の第1章で訪れた動物園に戻る必要がある。

（ちょっと長めの）動物園めぐり

すでに見たように、私たちの体はランダムに寄せ集められたものではない。ここで私は「ランダム」という単語を、非常に特別な意味で使っている。それは、私たちの体の構造は、歩き、空を飛び、泳ぎ、あるいは地面を這う他の動物との関連において断じてランダムにできたものではないという意味なのである。ある動物たちは私たちの構造の一部を共有しているが、他の動物たちはそうではない。私たちが世界の他のものと何を共有するかについては秩序が存在する。私たちは二つの耳、二つの眼、一つの頭、一対の腕、一対の脚をもっている。七本の脚や二つの頭はもっていない。車輪ももってはいない。

動物園をちょっと歩けば、残りの生物と私たちのつながりがたちまち明らかになる。実際に、ボゾ一族でやったのと同じ方法で、生物のほとんどをグループ分けできることがわかるだろう。まず三つの展示動物のところに出かけよう。ホッキョクグマから出発だ。ホッキョクグマとヒトが共有する形質を挙げていけば、長いリストができあがるだろう。体毛、乳腺、四肢、頸、二つの眼、ほかにもたくさんある。次に道の反対側にいるカメのことを考察してみよう。類似点があるのはまちがいないが、そのリストは少し短くなる。四肢、首および二つの眼（ほかにもあるが）はヒトと共通している。しかしホッキョクグマとちがって、カメは体毛と乳腺をもっていない。カメの甲羅に関しては、白い毛皮がホッキョクグマに特有であるのと同じように、カメに特有のものであると思われる。今度はアフリカの魚類が展示されているところを訪ねよう。この動物もまだヒトと類似点をもっているが、共通点のリストは、カメのリストよりもさらに短くなる。ヒトと同じように魚は二つの眼をもっている。あなたと同じように四つの付属肢をもっているが、それは腕と脚ではなく、鰭（ひれ）のように見える。そして他の多くの動物同様、魚もヒトとホッキョクグマが共有する体毛と乳腺を欠いている。

このあたりで、これはボゾの例で登場した、グループ、サブグループ、サブ・サブグループという、マトリョーシカ人形の入れ子構造とそっくりだという気がしてこないだろうか。魚、カメ、ホッキョクグマ、およびヒトはすべて、いくつかの特徴——頭、二つの眼、二つの耳など——を共有している。カメ、ホッキョクグマ、およびヒトは、これらの特徴をすべてもち、さらに、魚類には見られない頸と四肢ももっている。さらにいっそうのエリート・グループを形成しており、このメンバーはそうした特徴のすべてをもつと同時に、体毛と乳腺ももっている。

実は、ボゾ一族の例にならうことで、いま私たちが動物園めぐりで見たことに合理的な解釈を加えることが可能だ。ボゾ一族の場合、グループのパターンは変化をともなう由来を反映していた。それがはらむ意味合いは、完璧なボゾの子供たちは、鳴る鼻だけをもつ子供たちよりも世代の近い近縁者を共有しているということである。これは理屈にあっている。鳴る鼻をもつ子供の親は、完璧なボゾの曾曾祖父母だからである。動物園歩きで出会う動物のグループにこれと同じアプローチを適用すると、その意味するところは、ヒトとホッキョクグマが、カメに対する場合よりも最近の祖先を共有しているにちがいないということになる。この予測は正しい。最古の哺乳類は最古の爬虫類よりははるかに年代の新しいものである。

ここでのメインテーマは、種の家系図の解読である。あるいはより厳密な生物学用語を使えば、近縁度（relatedness）のパターンの有効性である。このパターンを手がかりに、動物園めぐりをして得た観点に照らして、ティクターリクのような化石を解釈することも可能だ。ティクターリクは、魚類と陸上生活者となったその子孫をつなぐすばらしい中間生物であるが、それらがヒトの狭い意味での祖先である確率はきわめて小さい。むしろおそらく、私たちの祖先のイトコであった可能性が高い。まともな頭の古生物学者なら、自分の「祖先」を発見したなどとはけっして主張しないだろう。こんなふうに考えてみてほしい。この地球上にある任意の墓地をランダムに選んで歩きまわったときに、私自身の実際の祖先を発見できる確率はどれくらいあるか？　それはゼロに等しいほど小さい。私にわかるのは、そうした墓地に埋葬されている人々のすべてが――それが中国、ボツワナ、イタリアのどの国の墓地であろうとかかわりなく――私とさまざまに異なる度合いの類縁をもつということだろう。人々のDNAを、今日（こんにち）の犯罪科学捜査研究所で用いられている数多くの法医学的技術によって調べることで、その度合いを見定めることができる。その墓地に埋葬されたある人々は私とはるかに遠い類縁関係しかないが、別の人々はより類縁が近いことを知ることができるのだ。この系統図（ツリー）は、私の過去や私の家族の歴史をのぞき見る強力無比な窓になるだろう。また、実践的な応用も可能である。なぜなら、この系統図を使って、自分が特定の病気になりやすい傾向をもつかどうかをはじめとする、自分に関する生物学的事実を理解することができるからである。同じことは、さまざまな種のあいだの類縁度を推測する場合にも言える。

この家系図の本当の威力は、それから引き出すことができる予測にある。そうした予測でもっとも重要なのは、より多くの共通の形質を見いだすにつれて、それらが分類上の枠組みとより一致してこなければならないということである。すなわち、私がそれらの動物の細胞やDNAから、さらに体にある他のあらゆる構造、組織、および分子から共通の特徴をさがしあてたなら、その特徴は、私が動物園歩きを通じて同定したグループ分け（分類）を支持するものでなくてはならない。逆に、グループ分けと一致しない特徴を見つけることで、グループ分けの誤りを証明できる。つまり、もし魚と人類のあいだに、ホッキョクグマには見られないような共通の特性が数多く存在すれば、私たちの枠組みは誤りであると立証され、改訂するか、放棄する必要がある。証拠が曖昧なものであるときには、家系図上の割り振りの根拠となった形質の質のちがいを評価する、いくつかの統計学的な道具を応用する。曖昧さがある場合には、容認するか退けるかが決められるような決定的な証拠が見つかるまで、系譜学的な配置は作業仮説として扱われる。

いくつかのグループ分けは、あまりにも強力なので、あらゆる点から見て、それは事実であるとみなされている。たとえば、魚類↓カメ↓ホッキョクグマ↓ヒトというグループ分けは、それぞれの動物の何百という遺伝子による形質、ならびに事実上すべての解剖学的、生理学的、細胞生物学的な特徴によって支持されている。魚類から人類へという枠組みにはあまりにも強力な支持があるので、いまさらそのために証拠を並べ立てようとは誰も思わない――そんなことをするのは、重力の法則をテストするために、ボールを五〇回落下させるようなものだ。同じことはここでの生物学的な実例についてもいえる。こうした動物の類縁関係をくつがえす強力な証拠を発見できる確率は、五一回めにボールを落下させたときに、ボールが上に昇っていくのを見るのと同じくらいの確率でしかないのである。

いまや私たちは、本書の冒頭で述べた難題に立ち戻ることができる。遠い昔に死んだ動物と、最近の動物の体と遺伝子とのあいだの関係を、どのようにして確信をもって復元することができるのだろうか？　変化をともなう由来の痕跡を探し求め、形質を付け加え、証拠の質を評価し、自分の立てたグループ分けが化石記録のなかにどの程度まで反映されているかを判定するのである。驚くべき事態は、私たちが今や、動物園歩きのあいだにやったのと同じ分析をおこなうコンピューターと大規模なDNA塩基配列解読研究室を使って、この階層的な類縁関係を探る道具をもっていることだ。また今では、世界中の化石採掘場に出かける手段ももっている。私たちの体が自然界においてどのような位置を占めるかを、過去のどんな時代よりも詳しく知ることができるのである。

第1章から第10章まで、現在生きている動物と遠い昔に滅んだ動物のあいだに――現生動物と太古の無脊椎動物、現生のカイメン類およびさまざまな種類の魚類のあいだに――深い類似性のあることを示した。いまや、変化をともなう由来というパターンを知っているという強みを武器に、それらすべてを理にかなったものにする試みに取りかかれる。サーカスと動物園はもう十分楽しんだ。いよいよ本題に取りかかるときがきた。

内なる魚

私たちの体の内部にさまざまな動物との結びつきがあることを、ここまで見てきた。ある部分はクラゲの一部と似ているし、他の部分は環形動物の一部と、また別の部分は魚類の一部と似ている。これらはたまたま偶然に起こった類似ではない。私たちの体のある部分は他のあらゆる動物にも見られるものであり、他の部分はヒトにきわめて独特のものである。こうしたあらゆる特徴に一つの秩序があることを知るのは、心底すばらしいものである。DNAの何百という形質、無数の解剖学的・発生学的特徴がすべて、先にボゾ一族で見たのと同じ論理にしたがうのである。

本書ですでに論じた特徴のいくつかを考察し、それがどのように秩序立てられているかを示してみよう。

地球上の他のすべての動物と同じように、私たちは多数の細胞からなる体を共有している。これらのグループを多細胞動物と呼ぼう。私たちは、カイメンからセンモウヒラムシ、クラゲ、チンパンジーにいたるまでの他のあらゆる動物とともに、多細胞から成るという特性を共有している。

こうした多細胞動物の一部のグループは、前後、背腹、左右の軸をもつ私たちと同じようなボディプラン（体制）を備えている。分類学的には、このグループは左右相称動物と呼ばれ、昆虫からヒトに至るまでのあらゆる動物が含まれる。

私たちと同じように、前後、背腹、左右の軸をもつボディプランを備えている多細胞生物のうちの一部のグループは、頭骨と背骨をもっている。こうした動物を脊椎動物と呼ぼう。

私たちと同じように、前後、背腹、左右の軸、ならびに頭骨と背骨をもつボディプランを備えている多細胞生物のうちの一部のグループは、手と足をもっている。こうした脊椎動物を四足類（四肢動物）と呼ぼう。

私たちと同じように、前後、背腹、左右の軸、ならびに頭骨と背骨、手と足をもつボディプランを備えている多細胞生物のうちの一部のグループは、三つの耳小骨をもっている。こうした四足類を哺乳類と呼ぼう。

私たちと同じように、前後、背腹、左右の軸、ならびに頭骨と背骨、手と足、三つの耳小骨をもつボディプランを備えている多細胞生物のうちの一部のグループは、二足歩行をし、とても大きな脳をもっている。これらの哺乳類を人類と呼ぼう。

こうしたグループ分けの威力は、その根拠を与えている証拠に見ることができる。おびただしい数の、遺伝学的、発生学的、解剖学的特徴がそれを支持している。自分たちをこ

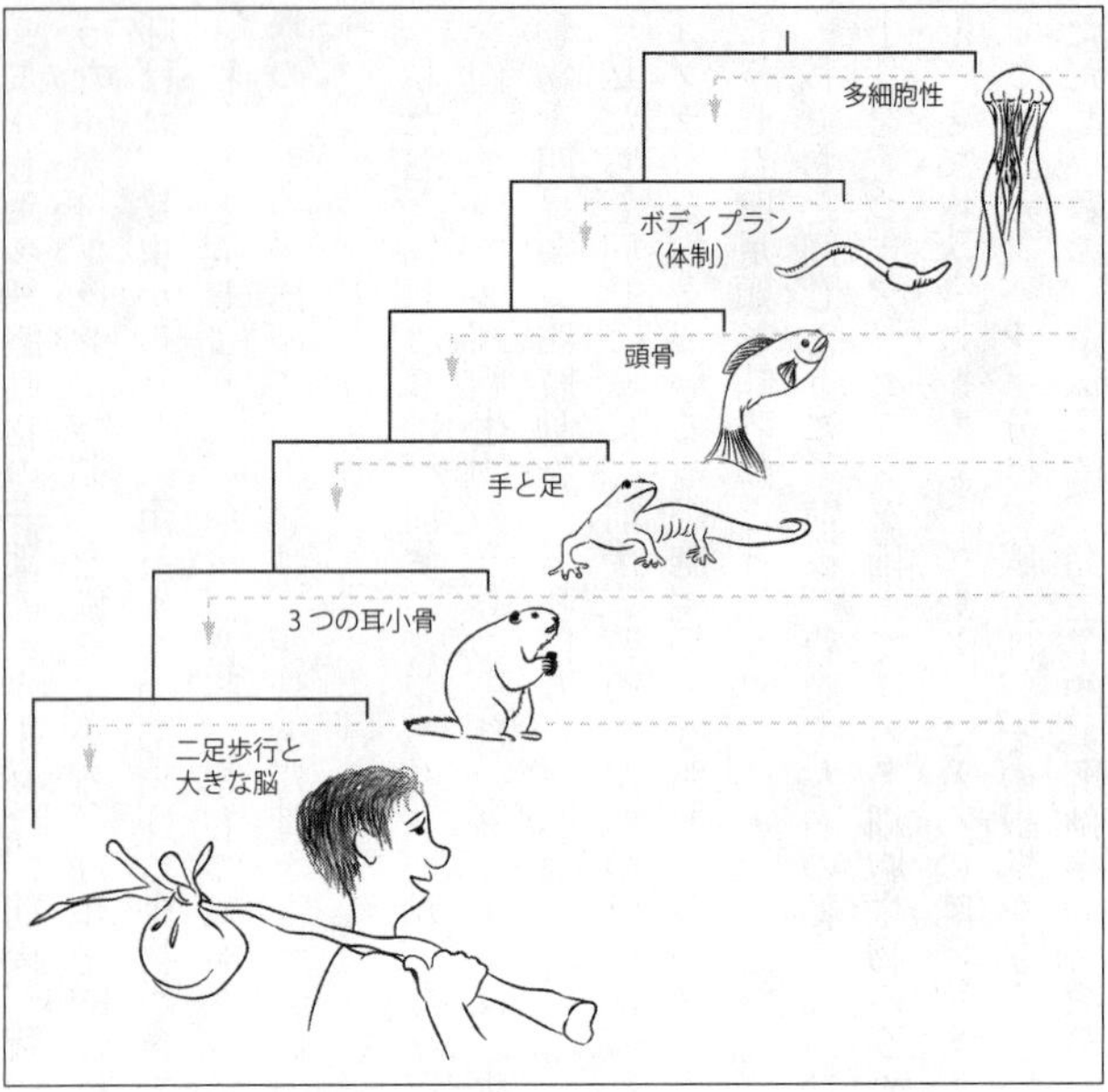

クラゲまでさかのぼるヒトの家系図。ボゾー族におけるのと同じ構造をもっている。

のように位置づけることによって私たちは、ある重要なやり方で、自分自身の内部をのぞき見ることができる。

この営みは、タマネギの皮むきと言ってもいいもので、歴史の一層ずつを剝いでいくのである。最初は、ヒトが他のすべての哺乳類と共有する特徴を見ていく。つぎに、もっと深くを探り、魚類と共有する特徴を見る。さらに深く探れば、無脊椎動物と共有する特徴が見えてくる。という作業をつづけていく。ボゾ一族を秩序づけた際の論理を思い出してもらいたいのだが、これは私たちの体の内部に深く刻み込まれた「変化をともなう由来」の一つのパターンを見ていることを意味する。このパターンは地質学的な記録に反映されたものだ。最古の多細胞動物の化石は六億年以上も前のものである。三つの耳小骨をもつ最新の化石は二億年前よりは古くはない。二足歩行を示す最古の化石は四〇〇万年ほど前のものである。こうした事実のすべては、単なる偶然の一致なのか、それとも、私たちが日々その働きを目の当たりにしている生物学の法則を反映しているのだろうか？

かつてカール・セーガンが、星を眺めるのは過去の時間を振り返るのと似ていると言ったというのは有名な話である。星の光が私たちの眼に向かっての旅を始めたのは、数十億年も前、私たちの世界が形成されるずっと以前のことなのだ。私としては、人類を眺めるのは、星をのぞきこむのと非常によく似ていると言いたい。もしあなたが見方さえ知っていれば、私たちの体はタイムカプセルとなり、開けたときに、わが地球の歴史、そして太古の海、川、森における遠い過去のことを教えてくれる。太古の大気の変化は、私たちの細胞が力をあわせて体をつくることを可能にした分子のなかに反映している。太古の河川環境が、私たちの四肢の基本的な解剖学的構造を形づくったのである。私たちの色覚と嗅覚は、太古の森林や草原における生活によって鋳込まれたのである――こうして挙げていけばきりがないが。この歴史は私たちが遺伝によって受け継いでおり、今日における私たちの生活に影響を与え、将来においても影響を与えつづけることだろう。

歴史が私たちを病気にさせるわけ

私の膝がグレープフルーツほどの大きさに腫れ上がったとき、外科医局出身の同僚の一人が、腫れ上がった膝をねじったり曲げたりしながら、靭帯の一本を伸ばしてしまったのか、それとも半月板を損傷したのかを調べてくれた。この検査とそのあとのMRIスキャンで、半月板断裂であることがわかった。二五年にわたって、フィールドで大小の岩石や砕石をリュックに背負って歩いて過ごしたのだから、無理からぬ結果だった。膝を傷めたというときは、ほとんどまちがいなく、次の三つの構造、すなわち内側半月板、内側側副靭帯、前十字靭帯の一つ以上を損傷している。膝のこの三つの部分の損傷があまりにも常習的に起こることから、この三つは医師のあいだでは「不幸の三徴」と呼ばれている。これは内なる魚をもつことの落とし穴の明確な証拠といえる。魚類は二本の脚で歩いたりはしない。

つまり、人間らしさは代償と引き替えなのだ。私たちがやっていること——言葉をしゃべり、考え、ものを摑み、二本脚で歩く——の例を見ない組み合わせのために、私たちは代価を支払っている。これは、私たちが内なる系統樹をもつことの避けることのできない帰結なのである。

時速二五〇キロメートルで走るフォルクスワーゲンの「かぶと虫（ビートル）」をやっつけで組み立てようという試みを想像してみてほしい。一九三三年にアドルフ・ヒトラーは、フェルディナント・ポルシェ博士に対して、ガソリン一リッター当たり一四キロメートル走行でき、平均的なドイツ人家庭に信頼できる輸送手段を提供するような低価格の自動車の開発を依頼した。その成果がフォルクスワーゲンのビートルだった。この歴史上の経緯、すなわちヒトラーの計画（プラン）が、私たちが現在ビートルにほどこそうとする改良に制約を課している。改造（エンジニアリング）をしたくとも、大きな問題が生じない範囲内でのわずかな微調整しかできず、車そのものは限界にまで達している。

多くの点で、私たちヒトは、改造ビートルの魚版に相当するものだ。魚のボディプランを取り上げ、哺乳類になるように改装する。それから、その哺乳類が二本脚で歩き、言葉をしゃべり、考え、指を絶妙に操れるようになるまで、微調整し、こねくりまわす――これではトラブルの種（たね）をつくっているようなものだ。代償を払うことなしにできる魚の改装は限られている。完璧にデザインされた世界――歴史をもたない世界――であれば、私たちは、痔疾から癌にいたるまでのあらゆる苦しみに悩まされることはなかっただろう。

この歴史がもっともはっきり見える場所は、動脈、神経、および静脈における迂回（うかい）、ねじれ、屈曲（くっきょく）をおいてない。一部の神経をたどっていけば、その神経が他の器官のまわりで奇妙なループをつくり、ただねじれるためだけとしか見えない形で一方向に進んでから、予想外の場所にいきつくのが見られるだろう。このような迂回箇所は、私たちの過去が生んだ魅力的な産物であり、このあとお話しするように、しばしば人間にとっての問題——たとえば、しゃっくりやヘルニア（脱腸）——をつくりだした。そしてこれは、過去が私たちを苦しめに戻ってくるやり口の一つでしかない。

私たちの奥深い過去は、さまざまな時代を、太古の海、小さな川、サバンナで過ごしたのであり、オフィス・ビルやスキー場のスロープやテニスコートで生活しているのではなかったのだ。私たちはもともと、八〇歳まで生き、一日一〇時間も尻をつけて座り、ケーキを食べるようには設計されていなかったし、サッカーをするようにも設計されていなかった。私たちの過去と現在の人類との断絶は、私たちの体がある種の予測可能な形で破綻することを意味している。

私たちを悩ます事実上すべての病気は、なんらかの歴史的な要素を含んでいる。以下に示すいくつかの例は、私たちが内部にかかえる系統樹のどれほど異なった枝——太古の人類から、両生類、魚類、そして最後は微生物まで——が、現在の私たちを苦しめるために戻ってくるかを物語るものだ。それぞれの例は、私たちの体が合理的にデザインされたものではなく、複雑に入り組んだ歴史の産物であることを示している。

魚類としての歴史を過ごしているあいだ、私たちは太古の海や川における活動的な捕食者だった。両生類、爬虫類、そして哺乳類としてのより新しい過去においては、爬虫類から昆虫まであらゆる生き物を餌食にする活動的な動物だった。霊長類としてのもっと最近の時代においてさえ、果実や木の葉を食べる活動的な樹上生活者だった。初期人類は活動的な狩猟採集民であり、最終的には農耕民となった。ここでの主題に気づいただろうか？　これらを共通して貫く縦糸は、「活動的（active）」という単語である。

ここであいにくなのは、私たちの大多数が、一日のほとんどを活動的ではないことに費やしているという事実である。本書の原稿を入力しているたったいまのこの時間、私は椅子に座ったままであり、あなたがたのうちの何人かも本書を読みながら同じことをしている（トレーニングジムでこれを読んでいる高徳な人は別にして）。魚類から初期人類に至る私たちの歴史は、この新しい生活習慣に対してなんの準備もしてこなかった。この過去と現在の利害衝突の形跡は、現代生活における多くの病気に認められる。

人間の主要な死因はどんなものだろうか？　ベストテンのうちの四つ——心臓病、糖尿病、肥満、卒中——は、いくつかの遺伝的な根拠をもち、おそらく歴史的な根拠ももっている。病気の大半は、ほぼまちがいなく、私たちの体がカウチポテトの生活様式ではなく、活動的な生活に向いたつくりをしているせいなのである。

一九六二年に、人類学者のジェームズ・ニールは、私たちの食生活という観点からこの考え方を彼なりに表現した。「倹約遺伝子型」仮説と呼ばれることになるものを詳しく説明しながら、ニールは、人類の祖先が飢えか飽食かという生き方に適応していたのではないかと述べた。初期人類は狩猟採集民として、獲物の数が多く、狩りが成功しやすい豊猟の時期も体験したことだろうが、そうした豊かな時期は、獲物の乏しい時期によって終止符を打たれ、そういう際に私たちの祖先は、食べるものが相当に少なかったことだろう。

ニールは、この飽食と飢えのサイクルが私たちの遺伝子に、ひいては病気に痕跡を残しているのだという仮説を立てた。彼の主張は要するに、私たちの祖先の体は、たっぷり食べ物がある時期には、飢饉の時期にそなえて資源を蓄えられるようになっていたということである。こうした状況では、脂肪を蓄えるのが非常に有効になってくる。私たちが食べる食物中のエネルギーは、一部は目下おこなっている活動を支えるために使い、一部はあとで使うために、たとえば脂肪という形で蓄える、というように配分される。この戦略は、飽食と飢えが繰り返される世界ではうまくいくが、毎日二四時間豊かな食物が手に入る環境では、悲しいほど裏目に出る。肥満とそれに付随する疾患――年齢に相関した糖尿病、高血圧、心臓病――が、当たり前の状態となるのだ。倹約遺伝子型仮説はまた、私たちが脂肪分の多い食物を好む理由の説明にもなるかもしれない。そういった食べ物は、どれだけ多くのエネルギーを含むかという点では高い価値をもつものであり、私たちの遠い過去にあってはまぎれもない利点を備えていたことだろう。

座ってばかりいるという生活様式は、ほかの形でも私たちに影響を与える。なぜなら、私たちの循環系はもともっと活動的な動物に出現したものだからである。

私たちの心臓は血液を送り出し、血液は動脈を通って全身の器官に運ばれ、静脈を通って心臓に戻ってくる。動脈は心臓に近いので、血圧は静脈におけるよりはるかに高い。このことは、足から心臓まで戻ってこなければならない血液に特別な難題をつきつける。足からの血液は上に向かって、つまり脚の静脈を伝って胸まで昇っていかなければならないのだ。もし血液が低い圧力のもとにあれば、目的地まで昇り切ることができないだろう。結果として、私たちは血液の上昇を助ける二つの形質をもっている。一つは小さな弁で、これによって血液が上に向かって流れるのは許すが下に降りるのを防ぐ。二つめの特徴は、脚の筋肉である。歩くとき、私たちは筋肉を収縮させるが、この収縮が脚の静脈内の血液を上に押し上げるのを助ける。一方通行しか許さない弁と、脚の筋肉の押し上げ作用によって、私たちの血液は足から胸まで昇ることができるのである。

このシステムは、活動的な動物ではすばらしくうまくいく。活発な動物は、歩き、走り、ジャンプするのに脚を使うからである。しかし、じっとしていることが多い動物では、このシステムはうまく機能しない。脚があまり使われないと、筋肉は静脈内の血液を押し上げないだろう。血液が静脈内にたまれば、問題が発生する。なぜなら、血液の滞留は弁の故障を引き起こすことがあるからだ。これはまさに下肢静脈瘤(かしじょうみゃくりゅう)で実際におこっていることである。弁が故障すると、血液は静脈内にたまる。静脈はしだいに太くなっていき、膨れあがって、脚のなかで迂回路をつくるようになるのである。

言うまでもないことだが、静脈がそのような状態にあれば、下半身に本当の痛みをもたらすことがある。トラック運転手や長時間椅子に座る仕事をしている人は、痔疾にかかりやすい。座ってばかりの私たちの生活が支払うべきもうひとつの代償である。長時間座っているあいだに、直腸周辺の静脈と空間に血液がたまる。血液がたまると、痔疾が形成される——私たちがあまり長い時間、とりわけ柔らかい表面に座るようにつくられていないという事実への、痛みをともなう注意喚起である。

霊長類の過去——おしゃべりは高くつく

言葉をしゃべる能力は法外な代償を支払って得られる。窒息と睡眠時無呼吸症は、言葉をしゃべる能力をもって生きるために、私たちが抱えなければならない問題のリストの上位を占める。

私たちは、舌、喉頭、および喉の奥の動きを制御することによって音声をつくりだしている。それはひとえに、哺乳類や爬虫類の基本デザインの比較的単純な改変によってのみなされる。第5章で見たように、ヒトの喉頭はほとんどが鰓弓(さいきゅう)軟骨によってできていて、これはサメ類あるいは硬骨魚類の鰓(えら)の棒状の骨(鰓弓)に対応する。第三大臼歯(だいきゅうし)から喉頭のすぐ上までにわたる喉の奥は、開いたり閉じたりできる柔軟な壁をもっている。私たちは、舌を動かし、口の形を変え、この壁の硬さを制御する多数の筋肉を収縮させることで、音声をつくる。

睡眠時無呼吸症は、言葉をしゃべる能力を得るための潜在的な危険をはらむ交換条件である。眠っているあいだ、私たちの喉の筋肉は弛緩（しかん）している。大部分の人にとって、これは問題ではないが、一部の人ではこの通路が塞（ふさ）がれてしまうことがあり、息ができない状態が比較的長時間にわたって過ぎる。もちろん、これは、とくに心臓が悪い人には、非常に危険なことになる。私たちの喉の柔軟性は、言葉をしゃべる能力においてはとても役に立っているが、気道を塞ぐ結果生じるある種の睡眠時無呼吸症にかかりやすくしているのである。

このデザインが甘受（かんじゅ）しなければならないもう一つの交換条件は窒息である。私たちの口は吸い込んだ空気を通す気管と、食道の両方につながっている。したがって、モノを呑みこむときも、息をするときも、言葉を発するときも同じ通路を使っているのである。これら三つの機能は互いに対立することがある――たとえば、食物の欠片（かけら）が気管に詰まるときである。

魚類とオタマジャクシの過去――しゃっくり

歴史のなかにある。

この不快な現象の根源は、私たちが魚類やオタマジャクシ（両生類の幼生）と共有する

しゃっくりをすることに、もしなんらかの慰めがあるとすれば、私たちの苦しみを他の多くの哺乳類も共有していることである。ネコでは、脳幹の小さな区画の組織に電気的なインパルスを送ることでしゃっくりを誘発できる。脳幹のこの領域は、私たちがしゃっくりと呼んでいる複雑な反射を制御する中枢だと考えられている。

しゃっくり反射は、私たちの体壁、横隔膜、頸、喉の多数の筋肉が関与した定型的な痙攣である。呼吸を制御している主要な神経のうちの一本ないし二本に刺激の突発が生じれば、これらの筋肉が収縮する。これが結果として非常に鋭い吸気を引き起こす。そのあと、およそ三五ミリ秒後に、喉の奥にあるひだ状の組織（声門）が、気道の入り口を閉じる。急激な吸い込みのあとに気管が瞬間的に閉じられることが「ヒック」という音をつくりだすのである。

問題は、一回だけのヒックで終わるというケースがめったにないことだ。最初の五回から一〇回までのヒックで終わらせることができれば、それで打ち止めにできる可能性は高い。しかし、その機会を逸すれば、しゃっくりは平均して六〇回のヒックを繰り返すまで続くことがある。二酸化炭素を吸ったり（紙袋に顔をつっこんで息をする）、体壁を伸ばしたり（大きく深呼吸して息を止める）することで、早々にしゃっくりを終わらせること

ができる人もいる。しかし、すべての人がそうだというわけではない。病的なしゃっくりの場合には、極端に長引くこともある。一人の人間でもっとも長くしゃっくりが終わらなかった例では、一九二二年から一九九〇年まで続いた。

しゃっくりが止まらなくなるというのも、私たちの過去の名残の一つである。ここでは、考えるべき二つの問題がある。一つは、しゃっくりを開始する神経刺激の突発を引き起こすのは何かである。二つめは、あの明確なヒックという音、すなわち突発的な吸気と声門の閉鎖を制御しているのは何かである。神経刺激の突発は、私たちの魚類の過去がもたらす産物であり、ヒックは、私たちがオタマジャクシのような動物と共有する歴史の結果なのである。

まずは魚類だ。私たちの脳は、自分でいかなる意識的な努力もすることなく、呼吸を制御することができる。作業のほとんどは、脳と脊髄の境界あたりをひとまとめにした、脳幹という領域で起こる。この脳幹が、主要な呼吸筋に神経インパルスを送っているのだ。呼吸は一定のパターンで起こり、胸、横隔膜、喉の筋肉がきっちりとした順序で収縮する。そのため、脳幹のこの部分は「中枢パターン発生器」と呼ばれている。この領域は神経（およびその結果として筋肉）の活性化によって律動的なパターンをつくりだすことができる。ちなみに、私たちの脳および脊髄には、そうした発生器がいくつもあって、嚥下（えんげ）や歩行といった他の律動的な活動を制御している。

問題は、脳幹はもともと魚類における呼吸を制御していたということである。それが哺乳類でも作動するように間に合わせで改造されたのだ。サメ類と硬骨魚類は、喉と鰓の周辺の筋肉の律動的な収縮を制御する部位を脳幹にもっている。こうした領域を制御する神経はすべて、脳幹の特定の部分から始まっている。この神経の並び方は、化石記録に残っているもっとも原始的な魚類のいくつかに認めることさえできる。四億年前の地層から出る太古の甲皮類が、脳と脊髄の雄型化石を残しているからだ。現生魚類とまったく同じように、呼吸を制御する神経は脳幹から伸びているのである。

これは魚類ではうまくいっているが、哺乳類ではひどく具合の悪い配置である。魚類では、呼吸を支配する神経は脳幹からそれほど遠くまで移動する必要がない。鰓と喉はふつう脳のこの領域を取り囲んでいるからだ。一方、私たち哺乳類は別の問題をかかえている。私たちの呼吸は、胸の壁にある筋肉、および胸部と腹部を隔てているシート状の筋肉である横隔膜によって制御されている。横隔膜の収縮は吸気を制御している。横隔膜を支配する神経は、魚類と同じように脳から出ており、頸に近い脳幹から始まっている。これらの迷走神経と横隔神経は、頭骨の基部から伸びだして、胸腔を抜けて、横隔膜および胸の呼吸を制御する部分に到達する。この曲がりくねった経路が問題の源（みなもと）なのだ。合理的な設計であれば、神経ははるばる頸からやってくるのではなく、もっと近い横隔膜からやってくるようにするだろう。残念ながら、この二つの神経の一本に何かが干渉すれば、神経は機能を阻止されるか、さもなければ刺激の突発を引き起こす。

私たちの神経がたどる奇妙な経路が、魚類だった過去の産物であるとすれば、しゃっくりそのものはおそらく、私たちの両生類としての歴史の産物だといえるだろう。しゃっくりが、私たちの呼吸に関わる行動のなかで特異なのは、急激な空気の取り込みのあとに声門の閉鎖が続くという点である。しゃっくりは脳幹の中枢パターン発生器によって制御されているように思われる。電気的なインパルスでこの領域を刺激すると、しゃっくりを起こさせることができる。しゃっくりが中枢パターン発生器によって制御されているというのは理屈の上でも正しい。なぜなら、他の律動的な活動と同じように、一回のヒックのあいだに、一連の出来事が順番に起こるからである。

実は、このヒックの原因となっているパターン発生器は、両生類にあるパターン発生器と実質的に同じであることが判明している。しかも両生類であるだけではダメで、肺と鰓の両方を使って呼吸する幼生（オタマジャクシ）にだけこのパターンは備わっている。オタマジャクシは、鰓で呼吸するときにこのパターン発生器を使う。この状況で、オタマジャクシは水を口と喉に吸い込んで鰓を通過させたいのだが、水が肺に入るのは望まない。だから、肺に水が入るのを防ぐために、気管に蓋をするフラップにあたる声門を閉じる。そして、オタマジャクシは声門を閉じるために、吸い込みのあと直ちに声門が閉じるようにする中枢パターン発生器を脳幹にもっている。オタマジャクシは、広い意味でのしゃっくりのおかげで、鰓で呼吸することができるのである。

私たちのしゃっくりとオタマジャクシの鰓呼吸の類似性はあまりにも広範におよぶため、二つの現象が同一のものではないかと主張している人も多い。たとえばオタマジャクシの鰓呼吸は、私たちのしゃっくりと同じように二酸化炭素で抑止できる。また、私たちが大きく深呼吸して息を止めることによってしゃっくりを止めることができるのと同じように、胸壁を伸ばすことによって鰓呼吸は止められる。ひょっとしたら、逆さまにしてコップの水を飲ませることによって、オタマジャクシの鰓呼吸を止めることさえできるかもしれない。

サメ類の過去——ヘルニア（脱腸）

私たちがヘルニア、少なくとも鼠径部（そけいぶ）のヘルニアになりやすい傾向は、魚の体をもとに哺乳類の体をつくったことの結果である。

魚類は胸部まで伸び、心臓に近いところまで達する生殖腺（精巣と卵巣）をもっているが、哺乳類はそうではなく、そこに問題が横たわっている。私たちの生殖腺が胸部の奥深く、心臓に近いところにないのは非常にいいことだ（ただし、それならそれで〈忠誠の誓い〉の暗唱［米国では、国旗掲揚時に起立して、右手を胸にあてて「私たちは神の下に一つになった自由と正義の国、合衆国に忠誠を誓います」と暗唱する］が異なった体験になったかもしれない）。

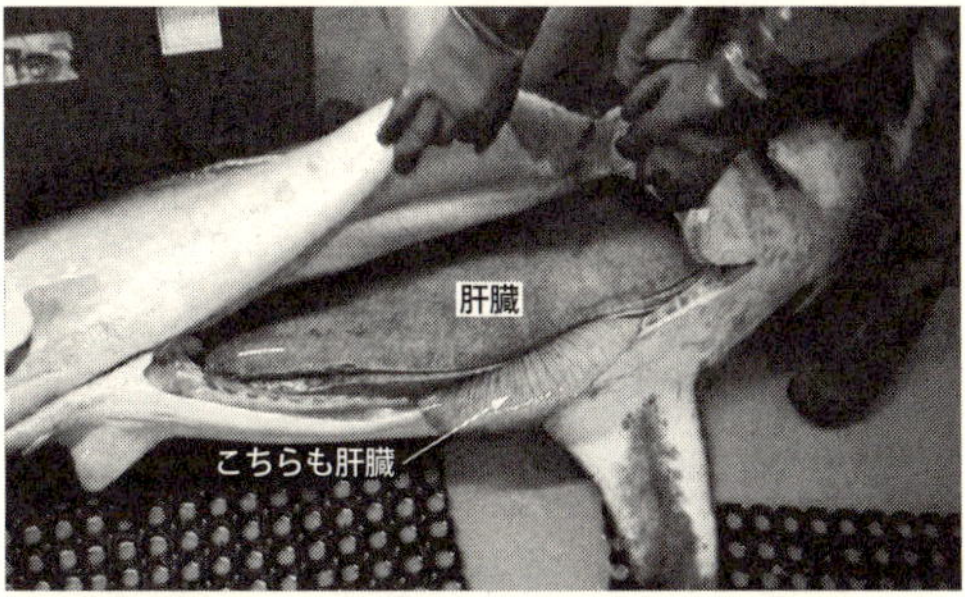

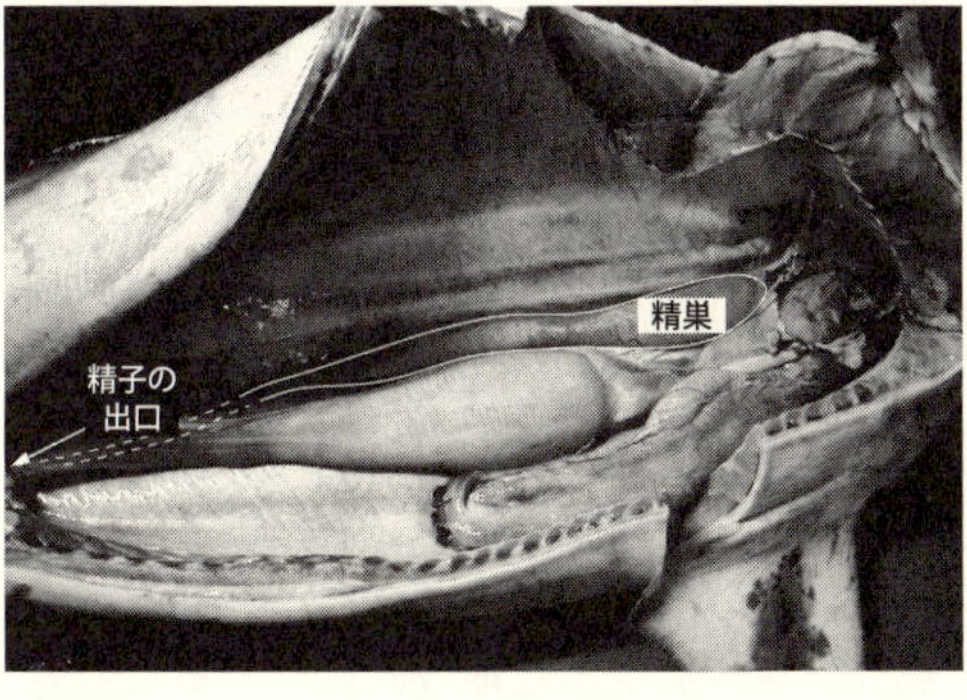

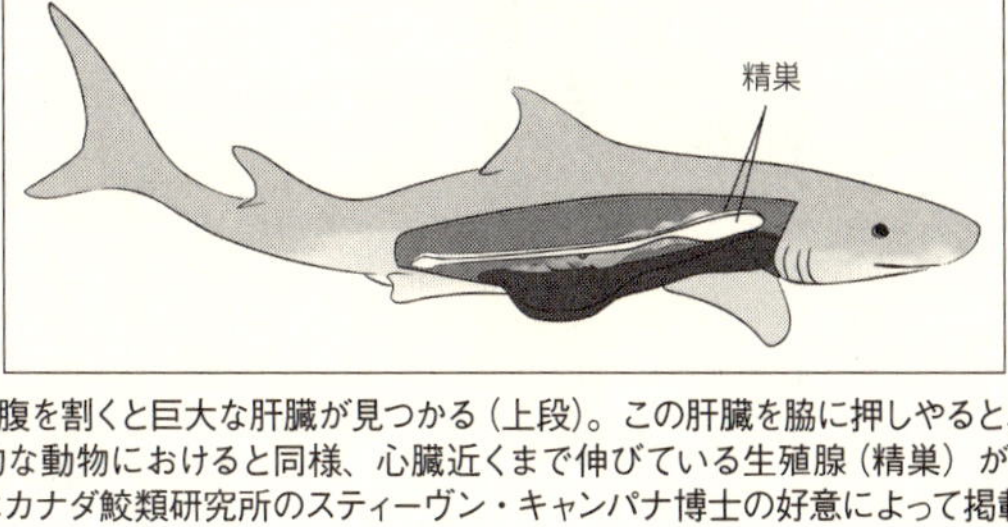

サメの腹を割くと巨大な肝臓が見つかる（上段）。この肝臓を脇に押しやると、他の原始的な動物におけると同様、心臓近くまで伸びている生殖腺（精巣）が見える。写真はカナダ鮫類研究所のスティーヴン・キャンパナ博士の好意によって掲載。

もしヒトの生殖腺が胸にあれば、私たちは生殖することができなくなっていただろう。

サメの腹を口から尾まで割いてみてほしい。最初に眼にはいるのは、あふれんばかりの肝臓である。サメの肝臓は巨大だ。一部の動物学者は、大きな肝臓がサメの浮力に貢献していると考えている。肝臓を取り去ると、「胸」部域の心臓近くまでひろがっている生殖腺が見えてくる。この配置は、ほとんどの魚類で典型的なものである。つまり生殖腺が体の前半分にあるのだ。

ヒトでは、ほとんどの哺乳類と同じように、この配置が災いになりうる。雄は生涯にわたってたえず精子をつくりつづける。精子は慎重な扱いを必要とする小さな細胞で、その三カ月の寿命のあいだに正しく発生するためには、周囲の温度は厳密な適正幅のなかになければならない。温度が高すぎると精子は奇形になり、温度が低すぎれば死んでしまう。哺乳類の雄は、精子生産器官の温度を制御するための、陰嚢という小さくて巧妙な装置をもっている。誰もが知っているように、雄の生殖腺すなわち精巣（睾丸）は嚢のなかに収まっている。この嚢の皮膚の内側には筋肉があり、温度変化に応じて膨らんだり収縮したりすることができる。精巣上部につながった袋状の構造で、精巣につながる血管や輸精管が通っている精索のなかにも筋肉はある。したがって、冷水効果といわれるものがあり、冷たくなった陰嚢は体の近くにしまい込まれる。温度によって袋全体が上がったり下がったりするのだ。これはすべて、健康な精子生産に最適な条件をつくるための手段である。

多くの哺乳類で、ぶら下がった陰嚢は性的信号としての役割も果たしている。体壁の外に精巣をもつことの生理学的な長所から、場合によって交尾の相手を確保するうえでこれが与えてくれる利益まで、私たちの遠い祖先であった哺乳類にとって、陰嚢をもつことには多くの利点があった。

この配置にともなう問題は、精子をペニスまで運ぶ管（輸精管）が遠回りだという点である。精子は陰嚢内の精巣から精索を通っていく。精索は陰嚢を出たあと、腰に向かって昇っていき、骨盤でループをつくって旋回し、骨盤を抜けペニスを通って体外に出る。この複雑な径路をたどるあいだに精子は、輸精管に接着したいくつかの腺から精漿を獲得する。

このように馬鹿げたルートが設定されている理由は、私たちの発生的・進化的な歴史のなかにある。ヒトの生殖腺は、サメとほとんど同じ場所、上方の肝臓に近いあたりから発生を開始する。成長・発達につれて、生殖腺は降下する。女性では、卵巣は胴体中央部から下降して、子宮および卵管の近くに落ち着く。これによって、卵子が受精されるまであまり長い距離を移動しなくてもいいように保証される。男性ではさらに遠くまで降下する。

生殖腺の降下は、とくに男性の場合、腹壁に弱い部分をつくりだす。精巣と精索が降下して陰嚢を形成するときにどういうことが起こるかに思い巡らし、拳をゴムのシートに押しつけるところを想像してみてほしい。この例では、あなたの拳が精巣に、腕が精索に相当することになる。問題は、あなたの腕が入っているところに弱みのある場所ができてし

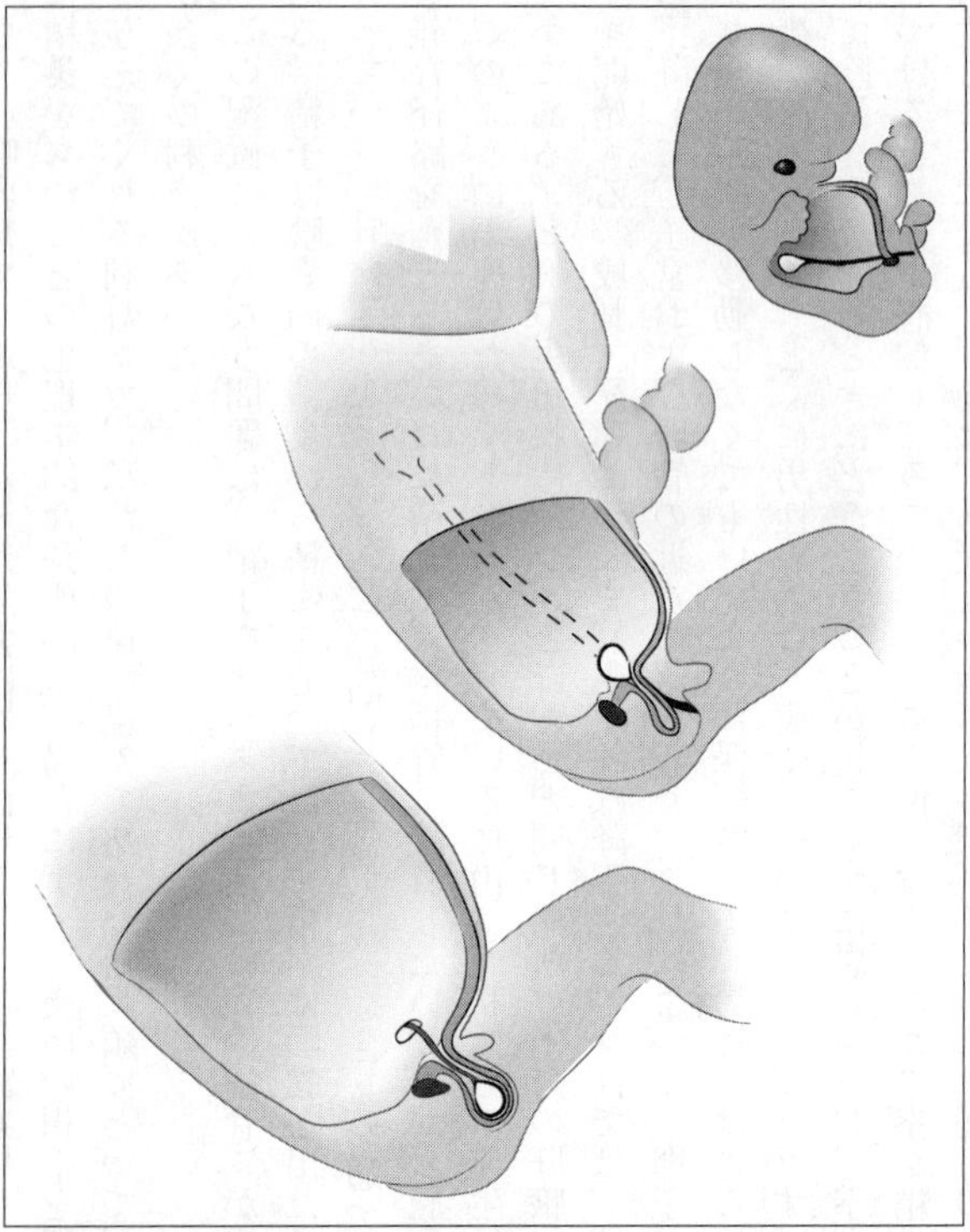

精巣（睾丸）の由来。成長の過程で精巣は、生殖腺の原始的な位置である体の上部からやってくる。最後は体壁から外にふくれだしたポケットである陰嚢に収まる。このすべてのために、ヒトの雄の鼠径部の体壁は弱いままに残されている。

まったということである。単純なゴムシートの壁だった場所に、いまや別のスペース、つまり腕とゴムシートのあいだにものが滑り込める隙間ができたのだ。つまりはこれが、男子における鼠径ヘルニアの多くのタイプで起こっていることである。こうした鼠径ヘルニアの一部は先天性である――すなわち、精巣が降下するときに腸の一部が一緒についていってしまう。別の種類の、後天的な鼠径ヘルニアもある。私たちが腹筋を収縮させるとき、腸が腹壁に押しつけられる。腹壁に弱い部分があるということは、腸が体腔から逃れ出て、精索の隣に押し込まれかねない、ということだ。

女性は、とくに体のこの部分については、男性よりもはるかに頑健である。腹壁を押し広げて通り抜ける大きな管をもっていないので、女性の腹壁は男性に比べてはるかに丈夫である。妊娠・出産の過程で女性の腹壁が耐えなければならない膨大なストレスを考えれば、これはいいことである。腹壁を抜ける管があれば、そうすることはできない。男性がヘルニアを発症しやすいのは、私たちの魚の過去と哺乳類の現在のあいだでの交換条件(トレードオフ)なのである。

微生物の過去――ミトコンドリアの病気

ミトコンドリアは私たちの体のすべての細胞の内部にあり、驚くべき数の仕事をこなしている。もっとも目につく仕事は、酸素と糖を、細胞内で使うことができるような種類のエネルギーに変換することである。その他の機能としては、肝臓内の毒素を代謝したり、細胞内のさまざまな部分の働きを調整したりすることが含まれる。私たちがミトコンドリアを意識するのは、なにか不具合が生じるときだけである。残念ながら、ミトコンドリアの機能不全によって引き起こされる病気のリストは驚くほど長大で、しかも複雑である。酸素が消費される化学反応にもし問題があれば、エネルギー生産が低下することが起こりうる。機能不全は個別の組織、たとえば眼の組織に限定されることもあるが、体中のあらゆるシステムに影響を与えることもある。機能不全の場所と深刻さに応じて、体の衰弱から死まであらゆることをもたらしうる。

私たちが生きるために使っている過程の多くに、ミトコンドリアの歴史が反映されている。糖と酸素を使える形のエネルギーと二酸化炭素に変換する化学的な一連の連鎖反応は、数十億年前に出現し、その変形版は、今でもなお多様な微生物に見られる。ミトコンドリアはこの細菌としての過去を内部にもっている。遺伝的な構造全体と細胞性の微細構造が細菌と類似していることから、ミトコンドリアはもともと、一〇億年以上前に自由生活をしていた細菌から生じたものであると一般に認められている。実際に、私たちのミトコンドリアのエネルギー生成機構全体が、そうした太古の細菌の一つで生まれたのである。

ミトコンドリア病を研究するうえで、細菌としての過去は利点として使うことができる——実際に、ミトコンドリア病の最良の実験モデルのいくつかは細菌なのである。細菌であれば、ヒト細胞では不可能なあらゆる種類の実験をおこなうことができるから、これは強力な武器である。ミトコンドリア病に関するもっとも刺激的な研究の一つが、イタリア人とドイツ人の科学者チームによってかつてなされた。彼らが研究した病気は、それをもって生まれてきた新生児をかならず死にいたらしめるものである。ミトコンドリア脳筋症と呼ばれるこの病気は、ミトコンドリアの正常な代謝機能を中断させる遺伝的変化の結果として生じる。この病気をもっている患者を研究するなかで、このヨーロッパ人のチームは、怪しい変異をもつDNAの場所を突き止めた。生命の歴史に関する多少の知識をもっていた彼らは、つぎに、パラコッカス属の *Paracoccus denitrificans* という微生物に目を向けた。この細菌は、遺伝子と化学的な代謝経路がミトコンドリアと非常によく似ているために、しばしば自由生活するミトコンドリアと呼ばれる。そのはなはだしい類似のほどが、このヨーロッパ人チームによって明らかにされた。彼らは人間の患者に見られたのと同じ変化をこの細菌の遺伝子につくりだした。彼らが発見したものは、私たちがすでに歴史をひもとくことで明らかにしたことと完全に辻褄があっていた。彼らは人間のミトコンドリア病の一部を、事実上同一の代謝における変化をともなって、細菌のなかに模倣（シミュレート）することができたのだ。これはつまり、私たちの内にある、数十億年の歴史をもつ部分に、私たちの仕事を肩代わりさせたということにほかならない。

微生物からの例はこれだけではない。過去三〇年間のノーベル生理学医学賞から判断すれば、私は本書〔原題を直訳すれば、「内なる魚」となる〕を『内なるハエ』、『内なるゴカイ』、『内なる酵母菌』とするべきだった。ショウジョウバエでの先駆的な研究は一九九五年に、ヒトおよび他の動物の体をつくる一連の遺伝子を明らかにした功績によってノーベル生理学医学賞を獲得した。二〇〇二年および二〇〇六年のノーベル生理学医学賞は、とるにたりないように見える小さな線虫（*C. elegance*）を研究することによって人類の遺伝学と健康に重大な発展をもたらした人々に贈られた。同じく二〇〇一年には、すべての細胞の基本的な生物学的現象のいくつかについての理解を増進した功績によって、酵母菌（パン酵母を含めて）とウニの鮮やかな解析が、ノーベル生理学医学賞を勝ち取った。これらは、正体もよくわからない、どうでもいいような動物を用いてなされた難解な発見ではない。酵母、ハエ、ゴカイ、そしてそう、魚類についてなされたこうした発見は、私たちの体がどういう仕組みで働いているのかについて、私たちが苦しむ病気の多くについて、そして、私たちがより長く健康な生活を送れるようにする道具をいかにして考案するかについて、語ってくれるのである。

エピローグ

　二人の幼い子をもつ親として、このところ私は、ずいぶん長い時間を動物園、博物館、水族館で過ごしていることに気がついた。観客であるというのは奇妙な体験だ。なぜなら、私はそうした場所に何十年も関係しており、博物館の所蔵品(コレクション)で研究し、場合によっては展示の準備も手伝ってきたからである。家族旅行のあいだに、私たちの世界と体の美しさと崇高な複雑さに対する感覚を、自分の職業がどれほど鈍麻(どんま)させうるかをしっかり認識させられた。私は、何百万年もの歴史と、奇妙な太古の世界について教え、ものを書いてきたのであり、通常、私の関心は客観的で分析的である。しかし、いま私は自分の子供と一緒に科学を体験している——私がそもそも最初にとても好きになった類(たぐい)の場所で。

　最近、息子のナサニエルとシカゴの科学産業博物館にいたときに、ある特別な瞬間を体験した。息子が鉄道好きで、この場所のちょうど真ん中に巨大な鉄道模型があるという理由で、私たちはここ三年間、定期的にこの博物館を訪れていた。小さな線路上をシカゴからシアトルまで走る模型機関車の展示の前で、私は数え切れないほどの時間を過ごしてきた。この鉄道マニアたちの神殿を毎週のように何度か訪れたあと、ナサニエルと私は、鉄道ウォッチングにふけったり、ときたま実物大のトラクターや飛行機に立ちよったりするあいだに見過ごしてしまった博物館のコーナーに歩いていった。博物館の奥の、ヘンリー・クラウン宇宙センターには、天井から模型飛行機が吊され、宇宙服が、一九六〇年代から七〇年代にかけての宇宙計画の記念品と一緒にケースに入れて陳列されている。私は、博物館の奥には表舞台に飾る大きな展示にできなかった、とるに足らないものが見られるだけだろうという先入観にとらわれていた。展示の一つは、使い古された宇宙カプセルで、歩いてまわって内部を見ることができた。それはたいしたもののようには見えなかった。本当に重要なものというには、あまりにも小さすぎ、やっつけ仕事でつくったもののように思えた。展示パネルは妙に形式ばった文章で書かれており、何度も読みかえしたあげく、書いてあることがわかった。ここにあるのは、アポロ八号からとったオリジナルの司令室、ジェームズ・ラヴェル、フランク・ボーマン、ウィリアム・アンダーズを人類最初の月旅行に運び、連れ戻した実際の宇宙船だったのだ。これは、私が小学三年生のクリスマス休みに、その航路を追いかけた宇宙船だった。そしてその三八年後に、私は自分の息子とここにいて、実物を眺めていた。もちろん、それは使い古されてボロボロだった。その月旅行と、その後の地球への帰還時にできた傷跡を認めることができた。ナサニエルはまったく関心をみせなかったので、私は息子をつかまえて、それが何であるかを説明しようと試みた。しかし私は口をきけなかった。感極まってほとんど一言も発することができなかったのだ。数分後、私は落ち着きを取り戻し、息子に人類の月旅行の話をした。

しかし、私が口がきけなくなり、感情がたかぶった理由については、彼がもっと大人になるまで話をすることはできないだろう。真相は、アポロ八号は、私たちの宇宙を説明し、理解できるものにすることができる科学の力の象徴(シンボル)だったということである。宇宙計画がどの程度まで科学あるいは政治にかかわるものであったかについて、あれこれ論じることはできるが、中心的な事実は現在でも依然として、一九六八年におけるのと同様に明確である。すなわちアポロ八号は最良の科学を推進する本質的な楽天主義の賜物(たまもの)だったのだ。それは、未知が、疑い、恐れ、あるいは迷信への後退のきっかけとなるべきではなく、問いかけと答探しをつづける動機づけとなるべき理由を体現している。

宇宙計画が私たちの月の見方を変えてしまったのとまさに同じように、古生物学と遺伝学は、私たち自身の見方を変えつつある。私たちがより多くを学ぶにつれて、かつてははるか遠いところにあって手の届かないと思われたものが、私たちの理解と把握が可能なものになっている。私たちは発見の時代に生きており、科学が、クラゲ、ゴカイ、ネズミといった異なる動物の内部の仕組みを明らかにしつつある。いまや科学のなかで最大の謎の一つ——人類を他の現生動物からはっきり異なるものにしている遺伝的なちがい——が解決される兆しを眼にしている。こうした強力な新しい洞察と、古生物学におけるもっとも重要な発見のいくつか——新しい化石とそれらを分析する新しい手段——との結びつきが、ここ二〇年のあいだに、しだいに明らかになってきており、ますます正確さを増しながら、私たちの過去の真実が見えてきている。過去数十億年の変化を振り返ってみれば、生命の進化において新規なもの、あるいは一見類例がないように見えるあらゆる出来事が、実際には、新しい用途のために、再利用され、組み換えられ、用途変更され、あるいは他の形で改変された古い素材でしかないのである。これは、感覚器官から頭、実をいえばボディプラン（体制）全体まで、私たちの体のあらゆる部分にあてはまる話なのだ。

何十億年の歴史は、今日の私たちの生活にとって、いったい何を意味するのだろう？私たちが直面する根本的な疑問——私たちの器官の内部の仕組みや自然界における人間の位置といった——に対する答は、私たちの心と体が、他の現生動物と共有する部分からどのようにして出現したかの理解から得られるだろう。これまで地球上に存在したもっとも卑小な生き物の一部に潜む、私たちの人間性の基盤、私たちが悩まされている多くの病気の治療法を発見するということ以上に、美しくあるいは知的に意義深いことを、私はほとんど想像することができない。

謝辞

注記のあるものを除いて、すべての挿図はミズ・カリオピ（通称カピ）・モノイオス（www.kalliopimonoyios.com）による。カピは草稿を読み、文章を改善してくれただけでなく、本文によくあった絵を考案してくれた。これほど多彩な才能に恵まれた人物と一緒に仕事をすることができて、本当に幸運だった。スコット・ローリンズ（アルカディア大学）は寛大にも、第2章で彼のすばらしいサウリプテルスの三次元画像（レンダリング）を使うことを許可してくれた。テッド・ダシュラー（フィラデルフィア自然科学アカデミー）は、貴重なティクターリク「C」標本の卓抜な写真を快く提供してくれた。コノドントの歯列の三次元画像の使用を許していただいたことにつき、フィリップ・ドナヒュー（ブリストル大学）とマーク・パーネル（レスター大学）に、ティクターリク探しの出発点となった教科書の地図の転載を許可していただいたことにつき、マグロウヒル社に、そしてサメの臓器の写真を使わせていただいたことについて、カナダ鮫類研究所のスティーヴン・キャンパナにそれぞれ感謝する。

解剖学の生徒たちが最大の感謝を捧げなければならない相手の一つは、医学生の学習のために献体してくださった人々である。本物の体で学ぶという恵まれた機会はめったにはないものである。研究室のなかで長時間座っているときに、その経験を可能にしてくれた提供者に対する非常に強い結びつきを感じる。私は本書を書いているとき、あの結びつきをふたたび感じていた。

ここで示したいくつかのアイデアの源泉は、私がおこなってきた研究と、私が教えた授業にあった。同僚と教え子——学部学生、医学生、大学院生——は、あまりにも多すぎて名前をあげきれないが、こうした本の形をとるにいたるまでの思索において、それぞれ役割を果たしてくれた。

長年にわたって一緒に研究してきた同僚には大いなる感謝を捧げなければならない。テッド・ダシュラー、ファーリッシュ・A・ジェンキンズ・ジュニア、フレッド・マリソン、ポール・オルセン、ウィリアム・アマラル、ジェイソン・ダウンズ、およびチャック・シャッフはすべて、ここで私が語った物語の一部である。これらの人々なしでは、本書に綴ったような体験をすることはできなかっただろうし、ここに至るまでの道のりをこれほど楽しく過ごすこともできなかっただろう。シカゴ大学の私の研究室のメンバーたちは——

ランドール・ダン、マーカス・デイヴィス、アダム・フランセン、アンドリュー・ギリス、クリスティアン・カンマラー、カリオピ・モノイオスおよびベッキー・シャーマン——すべて私の思考に影響を与え、本書を執筆中に実験せずにいることに寛容であった。

必要な背景知識を提供し、草稿を読んでコメントを寄せてくれたのは、カルマ・オーウァリア、ショーン・キャロル、マイケル・コーツ、ランドール・ダン、マーカス・デイヴィス、アンナ・ディリエンツォ、アンドリュー・ギリス、ランス・グランド、エリザベス・グローヴ、ニコラス・ハツォポウロス、ロバート・ホー、ベティ・カツァロス、マイケル・ラバーバラ、クリス・ロウ、ダニエル・マーゴリアシュ、カリオピ・モノイオス、ジョナサン・プリチャード、ヴィッキー・プリンス、クリフ・ラグスデール、ニノ・ラミレス、カラム・ロス、アヴィ・ストッパー、クリフ・タビン、およびジョン・ツェラーといった人々である。ハイサム・アブザイドは多くの管理上の問題で助けてくれた。ハーヴァードＭＩＴ健康科学プログラムにおける私の解剖学の師であるファーリッシュ・Ａ・ジェンキンズ・ジュニアとリー・ゲイアカが刺激を与えてくれた関心は二〇年以上にわたって持続している。

ショーン・キャロルとカール・ジンマーからは、本書執筆というプロジェクトのきっかけと、たえざる励ましと刺激となる重要な助言を与えられた。

ウェルフリート公共図書館（マサチューセッツ州ウェルフリート）は快適な根拠地と、

喉から手が出るほど欲しかった隠れ場を提供してくれた。そこで私は本書のかなりの部分を書き上げた。ベルリンのアメリカン・アカデミーでの短期間の仕事は、原稿を完成しようとしていたときに決定的な意味をもつ環境に私をおいてくれた。

二人の上司、ジェームズ・マダラ医学博士（シカゴ大学医学センター最高経営責任者、医務局副局長、生物科学部門およびプリツカー医科大学の学部長でサラ・アンド・ハロルド・トムソン殊勲教授）とジョン・マッカーター・ジュニア（フィールド博物館最高経営責任者）は、このプロジェクトとその背後にある研究を支援してくれた。このような洞察力に富み思いやり深いリーダーと一緒に仕事をするのは真の喜びであった。

私はシカゴ大学で教鞭をとり、そこでプリツカー医科大学の指導陣と接する機会をもつという幸運を与えられた。学部長のホリー・ハンフリーとハリナ・ブラックナーは、一人の古生物学者を快くチームに受け入れてくれた。彼らとの交流を通じて、基礎的な医学教育の困難と重要性がよくわかるようになった。シカゴのフィールド博物館と提携できたことは大きな喜びで、そこで私は、科学的発見、応用、および奉仕活動に献身している個性的な人々のグループと一緒に仕事をする機会を得た。そうした仕事仲間としては、エリザベス・バブコット、ジョゼフ・ブレナン、シーラ・カウリー、ジム・クロフト、ランス・グランド、メリッサ・ヒルトン、エド・ホーナー、デブラ・モスコーヴィッツ、ローラ・サドラー、ショーン・ヴァンダージール、およびダイアン・ホワイトがいる。また、フィールド博物館の科学評議委員会の指導者、ジェームズ・L・アリグザンダーとアデール・S・サイモンズから、支援、指導、ならびに激励を受けたことについて、感謝を捧げる。

私の著作権代理人であるカティンカ・マットソンには、アイデアを企画の形に変えるのを助け、すべての過程を通じてアドバイスしてくれたことに感謝しなければならない。私の担当編集者であるマーティ・アッシャーと仕事ができたのは光栄だと思っている。忍耐強い教師のように、助言と時間と、私が進むべき道を見つけるのを助けるような勇気づけの混ざり合った教育的な言葉を与えてくれた。ザッカリー・ワグマンは、自由になる時間をもつ身であることを利して、鋭い編集眼と的確な助言で、数え切れないほど多方面で、このプロジェクトに貢献してくれた。ダン・フランクは、この物語について新しい角度から考えるよう私を促す、洞察に満ちた提言をしてくれた。ヨランタ・ベナルは原稿を整理し、表現を計り知れないほどに改善してくれた。厳しいスケジュールのもとで、懸命に努力してくれた、エレン・フェルドマン、クリスティアン・ベアーズ、および制作チームにも大変感謝している。

両親であるグロリア・シュービンとシーモア・シュービンは、いつか私が本を書くだろうとずっと思っており、本人がやる気になる前からそのことを知っていた。彼らの私への信頼がもしなければ、紙に一文字さえ書けたかどうか疑わしいと思っている。

妻のミシェル・サイドルと子供たち、ナサニエルとハンナは、この二年間の大半を魚―

—ティクターリクと本書——とともに暮らしてきた。ミシェルは、草稿の文章を書き換えるたびにすべて読んで、コメントをし、執筆中、長期にわたる週末の不在を支えてくれた。彼女の忍耐と愛がすべてを可能にしてくれたのである。

注と参考文献

第1章

本書で取り上げた話題をさらに追求することに関心をもたれる読者のために、一次資料と二次資料を区別せずにここに含めてある。生物学と古生物学の主要な疑問を論じる手段としての古生物学的な探検調査については、Mike Novacek の *Dinosaurs of the Flaming Cliffs* (New York: Anchor, 1977)〔邦訳『ゴビ砂漠の恐竜たち』瀬戸口烈司・瀬戸口美恵子訳、青土社〕, Andrew Knoll の *Life on a Young Planet* (Princeton: Princeton University Press, 2002)〔邦訳『生命最初の30億年――地球に刻まれた進化の足跡』斉藤隆央訳、紀伊國屋書店〕, および John Long の *Swimming in Stone* (Melbourne: Freemantle Press, 2006) を参照。いずれも、科学的な分析とフィールドにおける発見の記述のバランスがよくとれている。

動物園歩きで使った方法を含めて、私が論じている比較の方法は、分岐（分類）学が用いる方法である。Henry Gee の *In Search of Deep Time* (New York: Free Press, 1999) はすばらしい概説である。基本的に私は、分岐論的な比較の出発点としてＴＴＳ (three-taxon statement) 法の変形版を提案する。背景資料に関するすぐれた所論が、Richard Fortey et al., “The Lungfish, the Coelacanth and the Cow Revisited”, in H.-P. Schultze and L. Trueb, eds., *Origin of the Higher Groups of Tetrapods* (Ithaca, N.Y.: Cornell University Press, 1991) に見られる。

化石記録と私たちの「動物園歩き」の相関関係は、いくつもの論文で論じられている。試みに例をあげるならば、Benton, M. J., and Hitchin, R. (1997), Congruence between phylogenetic and stratigraphic data in the history of life, *Proceedings of the Royal Society of London,* B 264: 885-890; Norell, M. A., and Novacek, M. J. (1992), Congruence between superpositional and phylogenetic patterns: Comparing cladistic patterns with fossil records, *Cladistics* 8: 319-337; Wagner, P. J., and Sidor, C. (2000), Age rank/ clade rank metrics-sampling, taxonomy, and the meaning of “stratigraphic consistency”, *Systematic Biology* 49: 463-479.

柱状に積み重なった各地層とそこに含まれる化石については、Richard Fortey, *Life: A Natural History of the First Four Billion Years of Life on Earth* (New York: Knopf, 1998)［邦訳『生命40億年全史』渡辺政隆訳、草思社］にみごとに、しかもわかりやすく論じられている。

脊椎動物古生物学のための資料としては、R. Carroll, *Vertebrate Paleontology and Evolution* (San Francisco: W. H. Freeman, 1987) や、M. J. Benton, *Vertebrate Paleontology* (London: Blackwell, 2004) がある。

四足類の起源については、Carl Zimmer が、そのきわめて読みやすく調査のいきとどいた *At the Water's Edge* (New York: Free Press, 1998)〔邦訳『水辺で起きた大進化』渡辺政隆訳、早川書房〕において、この分野の最先端を概説している。Jenny Clack はこの移行全体に関する決定的な文書 *Gaining Ground* (Bloomington: Indiana University Press. 2002)〔邦訳『手足を持った魚たち——脊椎動物の上陸戦略』池田比佐子訳・真鍋真校定、講談社〕を書いている。Clack の本はこの移行に関するバイブルで、初心者をすみやかに専門家の地位までひっぱりあげてくれるだろう。

ティクターリクについて記載した私たちの原論文は、二〇〇六年の四月六日号の《ネイチャー》に載った。参照論文は Daeschler et al. (2006) A Devonian tetrapod-like fish and the origin of the tetrapod body plan, *Nature* 757: 757-763; および Shubin et al. (2006) The pectoral fin of *Tiktaalik roseae* and the origin of the tetrapod limb, *Nature* 757: 764-771 である。Jenny Clack と Per Ahlberg は、同じ号に (*Nature* 757: 747-749)、非常に読みやすく包括的なコメントを残している。

私たちの過去についてのあらゆることは相対的で、本書の構成でさえそうである。私はこの本を『わが内なるヒト』と題して、魚の視点から書くこともできた。その本の構成もびっくりするほど似たものになったことだろう。ヒトと魚類が共有する体、脳、細胞に焦点が絞られることになるはずだ。すでに見たように、すべての生命は、その奥深い部分で他の種と歴史を共有し、別の部分で独自の歴史をもっているのである。

第2章

オーウェンが、一個の骨‐二個の骨‐小さな骨の塊‐指というパターンを見つけた最初の人間だということではけっしてなかった。一七世紀のヴィク・ダジール（Vicq-d'Azyr）と一八一二年のジョフロア・サン・ティレール（Geoffroy St. Hilaire）もこのパターンを自らの世界観の一部としていた。オーウェンの独自性は、原型という概念にあった。これは創造主のデザインを反映した、超越的な体の組織構造（オーガニゼーション）であった。サン・ティレールは、すべての構造に隠された原型的パターンよりもむしろ、体の形成を支配する「形成の法則」を探していた。この問題に関するすばらしい扱いが、T. Appel, *The Cuvier-Geoffroy Debate: French Biology in the Decades Before Darwin* (New York: Oxford University Press, 1987)［邦訳『アカデミー論争——革命前後のパリを揺がせたナチュラリストたち』西村顕治訳、時空出版］, および E. S. Russell, *Form and Function; A Contribution to the History of Morphology* (Chicago: University of Chicago Press, 1982)［邦訳『動物の形態学と進化』坂井建雄訳、三省堂］

に見られる。

最近ブライアン・ホールによって編纂された本は、肢の多様性と発生に関するあらゆる話題が網羅（ワンストップショッピング）されており、さまざまな種類の肢についての多数の重要な論文が含まれている。Brian K. Hall, ed., *Fins into Limbs: Evolution, Development, and Transformation* (Chicago: University of Chicago Press, 2007). 鰭から四肢への移行をより詳細に探求するのに有益な文献としては、Shubin et al. (2006), The pectoral fin of *Tiktaalik roseae* and the origin of the tetrapod limb, *Nature* 757: 764-771; Coates, M. I., Jeffery, J. E., and Ruta, M. (2002), Fins to limbs: what the fossils say, *Evolution and Development* 4: 390-412 などがある。

第3章

肢の多様性の発生生物学は、多数の総説と一次論文を生みだしている。古典的な文献についての総説は、Shubin, N., and Alberch, P. (1986), A morphogenetic approach to the origin and basic organization of the tetrapod limb, *Evolutionary Biology* 20: 319-387; および Hinchliffe, J. R., and Griffiths, P., "The Pre-chondrogenic Patterns in Tetrapod Limb Development and Their Phylogenetic Significance", in B. Goodwin, N. Holder, and C. Wylie, eds., *Development and Evolution* (Cambridge, Eng.: Cambridge University Press, 1983), pp. 99-121 を参照。ソーンダーズとツウィリングの実験はいまや古典となっており、現在で

は、これに関する最良の解説のいくつかが、発生生物学のおもな教科書に見られる。たとえば、S. Gilbert, *Developmental Biology*, 8th ed. (Sunderland, Mass: Sinauer Associates, 2006)〔邦訳『発生生物学――分子から形態進化まで』塩川光一郎・深町博史・東中川徹訳、トッパン。ただし、2nd ed. からの翻訳〕: L. Wolpert, J. Smith, T. Jessell, F. Lawrence, E. Robertson, and E. Meyerowitz, *Principles of Development* (Oxford, Eng.: Oxford University Press, 2006) などである。

四肢のパターン形成におけるソニック・ヘッジホッグの役割について記載した最初の論文としては、Riddle, R., Johnson, R. L., Laufer, E., Tabin, C. (1993), *Sonic hedgehog* mediates the polarizing activity of the ZPA, *Cell* 75: 1401-1416 を見よ。

サメ・エイ類の鰭におけるソニック信号に関するランディの研究は、Dahn, R., Davis, M., Pappano, W., Shubin, N. (2007), *Sonic hedgehog* function in chondrichthyan fins and the evolution of appendage patterning, *Nature* 445: 311-314 に所収。この研究室で引き続きおこなわれた、少なくとも遺伝学的な視点から見た四肢の起源についての研究は、Davis, M., Dahn, R., and Shubin, N. (2007), A limb autopodial-like pattern of *Hox* expression in a basal actinopterygian fish, *Nature* 447: 473-476 に含まれている。

ハエ、ニワトリ、ヒトにおける発生の驚くべき類似性については、Shubin, N., Tabin, C., Carroll, S. (1997), Fossils, genes, and the evolution of animal limbs, *Nature* 388: 639-648

およびErwin, D. and Davidson, E. H. (2003), The last common bilaterian ancestor, *Development* 129: 3021-3032で論じられている。

第4章

哺乳類を理解する上での歯の重要性は、この分野における扱われ方に明らかである。歯の構造は、哺乳類の初期の化石記録を理解するとき、とりわけ重要な役割を果たす。詳細な総論が、Z. Kielan-Jaworowska, R. L., Cifelli, and Z. Luo, *Mammals from the Age of Dinosaurs* (New York: Columbia University Press, 2004); J. A. Lillegraven, Z. Kielan-Jaworowska, and W. Clemens, eds., *Mesozoic Mammals: The First Two-Thirds of Mammalian History* (Berkeley: University of California Press, 1970), p.311に見られる。

アリゾナでファーリッシュが発掘した哺乳類については、Jenkins, F. A., Jr., Crompton, A. W. Downs, W. R. (1983), Mesozoic mammals from Arizona: New evidence on mammalian evolution, *Science* 222: 1233-1235で分析されている。

私たちがノヴァスコシアで見つけたトリテレドン類については、Shubin, N., Crompton, A. W., Sues, H.-D., and Olsen, P. (1991), New fossil evidence on the sister-group of mammals and early Mesozoic faunal distributions, *Science* 251: 1063-1065に記載されている。

歯、骨、頭骨の起源、とりわけコノドント動物から集められた新しい進化についての最近の総説が、Donoghue, P., and Sansom I. (2002), Origin and early evolution of vertebrate skeletonization, *Microscopy Research and Technique* 59: 352-372 に見られる。コノドントのあいだの進化的関係とその意義に関する周到な総説は Donoghue, P., Forey, P., and Aldridge, R. (2000), Conodont affinity and chordate phylogeny, *Biological Reviews* 75: 191-251 にある。

第5章

頭骨の構造、発生、および進化の詳細についての、すばらしく包括的できめの細かい扱いが、三巻本の *The Skull*, James Hanken and Brian Hall, eds. (Chicago: University of Chicago Pres, 1993) に見られる。これは頭の発生と構造に関する古典的書籍の一冊である G. R. de Beer, *The Development of the Vertebrate Skull* (Oxford, Eng.: Oxford University Press, 1937) を複数の著者が最新情報によって更新したものである。

ヒトの頭の発生と構造についての詳細は、人体解剖学および発生学の教科書で見ることができる。発生学については、K. Moore and T. V. N. Persaud, *The Developing Human*, 7th ed. (Philadelphia: Elsvier, 2006)〔邦訳『ムーア人体発生学』瀬口春道・小林俊博訳、医歯薬出版〕を参照。これと対をなす解剖学の教科書は K. Moore and A. F. Dalley, *Clinically Oriented Anatomy* 5th ed. (Philadelphia: Lippincott Williams & Wilkins, 2006)〔邦訳『臨床のための解剖

学』佐藤達夫・坂井建雄監訳、メディカル・サイエンス・インターナショナル」である。

フランシス・メイトランド・バルフォアの画期的な研究は Balfour, F. M. (1874), A preliminary account of the development of the elasmobranch fishes, *Q.J. Microsc. Sci.* 14: 323-364; F. M. Balfour, *A Monograph on the Development of Elasmobranch Fishes*, 4 vols. (London: Macmillan & Co., 1878); F. M. Balfour, *A Treatise on Comparative Embryology*, 2 vols. (London: Macmillan & Co., 1880-81); M. Foster and A. Sedgewick, *The Works of Francis Maitland Balfour*, with an introductory biographical notice by Michael Foster, 4 vols. (London: Macmillan & Co., 1885) に収録されている。オックスフォード大学における後継者のエドウィン・グッドリッチは比較解剖学の古典の1つをつくった。Edwin Goodrich, *Studies on the Structure and Development of Vertebrates* (London: Macmillan, 1930).

バルフォア、オーケン、ゲーテ、ハクスリーその他は、頭部体節と呼ばれる問題を提起していた。椎骨が前から後ろに向かって規則的に変化するのとまったく同じように、頭にも体節的なパターンがある。この分野をさらに追求するための古典および最近の資料（すべてすぐれた参考文献表を備えている）から、以下にいくつかを選んで掲げておく。Olson, L., Ericsson, R., Cerny, R. (2005), Vertebrate head development: Segmentation, novelties, and homology, *Theory in Biosciences* 124: 145-163; Jollie, M. (1977), Segmentation of the vertebrate head, *American Zoologist* 17: 323-333; Graham, A. (2001), The development and evolution of the pharyngeal arches, *Journal of Anatomy* 199: 133-141.

　鰓弓形成の遺伝的基盤に関する最近の総説は、Kuratani, S. (2004), Evolution of the vertebrate jaw: comparative embryology and molecular developmental biology reveal the factors behind evolutionary novelty, *Journal of Anatomy* 205: 335-347. に見られる。遺伝子技術を用いて、ある鰓弓を他の鰓弓に実験的に操作して移し変える実例としては、Baltzinger, M., Ori, M., Pasqualetti, M., Nardi, I., Riji, F. (2005), *Hoxa2* knockdown in *Xenopus* result in hyoid to mandibular homeosis, *Developmental Dynamics* 234: 858-867; Depew, M., Lufkin, T., Rubenstein, J. (2002), Specification of jaw subdivisions by *Dlx* genes, *Science* 298: 381-385 などがある。

　頭骨、頭、および原始的な魚類の初期の化石記録についての、包括的で、多数の図版を含み、多くの情報が得られる資料についての総説が、P. Janvier, *Early Vertebrates* (Oxford, Eng.: Oxford University Press, 1996) でなされている。五億三〇〇〇万年前の鰓をもつ無脊椎動物、ハイコウエラを記載した論文は、Chen, J.-Y., Huang, D. Y., and Li, C. W. (1999), An early Cambrian craniate-like chordate, *Nature* 402: 518-522 である。

第6章

ボディプラン（体制）の起源は、丸々それだけを論じた数多くの本の主題となってきた。

並はずれた視野の広さと参考文献をもつ一冊として、J. Valentine, *On the Origin of Phyla* (Chicago: University of Chicago Press, 2004) を参照。

フォン・ベアについては数冊の伝記がある。短いものでは、Jane Oppenheimer, "Baer, Karl Ernst von," in C. Gillespie, ed., *Dictionary of Scientific Biography*, vol. 1 (New York: Scribners, 1970) がある。もっと詳しく論じたものとしては、*Autobiography of Dr. Karl Ernst von Baer*, ed. Jane Oppenheimer (1986; originally published in German, 2nd ed., 1886) を参照。および B. E. Raikov, *Karl Ernst von Baer, 1792-1876*, trans. from Russian (1968) と Ludwig Stieda, *Karl Ernst von Baer*, 2nd ed. (1886) も参照。これらの資料はすべて大量の参考文献を載せている。また、フォン・ベアの法則について論じた S. Gould, *Ontogeny and Phylogeny* (Cambridge, Mass.: Harvard University Press, 1977)〔邦訳『個体発生と系統発生』仁木帝都・渡辺政隆訳、工作舎〕も参照のこと。

シュペーマンとマンゴルトの実験は、S. Gilbert, *Developmental Biology*, 8th ed. (Sunderland, Mass: Sinauer Associates, 2006)〔邦訳『発生生物学――分子から形態進化まで』〕などの、発生学の教科書で論じられている。形成体に関する最近の遺伝学的見方は、De Robertis, E. M. (2006), Spemann's organizer and self regulation in amphibian embryos, *Nature Reviews* 7: 296-302 および De Robertis, E. M., Arecheaga, J. The Spemann organizer: 75 years on, *International Journal of Developmental Biology* 45 (special issue) に含まれている。

ホックス遺伝子と進化に関する膨大な文献にアクセスするための、出発点として最良の文献は、Sean Carroll の最近の本、*Endless Forms Most Beautiful* (New York: Norton, 2004)［邦訳『シマウマの縞 蝶の模様――エボデボ革命が解き明かす生物デザインの起源』渡辺政隆・経塚淳子訳、光文社］である。遺伝子が左右相称動物の共通祖先を理解させてくれる道筋についての最近の総説および解釈は Erwin, D., and Davidson, E. H. (2002), The last common bilaterian ancestor, *Development* 129: 3021-3032 に見られる。

はるかな昔に起こった、節足動物のボディプランとヒトのボディプランのあいだの遺伝的「スイッチ切り換え」については、多数の研究者が論じている。この考え方については、De Robertis, E., and Sasai, Y. (1996), A common plan for dorsoventral patterning in Bilateria, *Nature* 380: 37-40 で論じられている。サン・ティレールの考えの歴史的な視点は、比較解剖学の初期の時代におけるその他の論争とともに、T. Appel, *The Cuvier-Geoffroy Debate: French Biology in the Decades Before Darwin* (New York: Oxford University Press, 1987)［邦訳『アカデミー論争――革命前後のパリを揺がせたナチュラリストたち』］に見られる。ギボシムシからのデータはこのモデルに簡単にはあてはまらず、一部の分類群で、遺伝子活性と軸の特殊化が進化したのではないかと示唆されている。この研究については、Lowe, C. J., et al. (2006), Dorsoventral patterning in hemichordates: insights into early chordate evolution, *PloS Biology online access*: http://dx.doi.org/journal.0040291 を参照。

第7章

体軸を決定する遺伝子の進化に関する総説が、Martindale, M. Q. (2005), The evolution of metazoan axial properties, *Nature Reviews Genetics* 6: 917-927にある。刺胞動物（クラゲ、イソギンチャク、およびその近縁種）のボディプラン（体制）遺伝子については、以下の一連の一次論文で論じられている。Martindale, M. Q., Finnerty, J. R., Henry, J. (2002), The Radiata and the evolutionary origins of the bilaterian body plan, *Molecular Phylogenetics and Evolution* 24: 358-365; Matus, D. Q., Pang, K., Marlow, H., Dunn, C., Thomsen, G., Martindale, M. (2006), Molecular evidence for deep evolutionary roots of bilaterality in animal development, *Proceedings of the National Academy of Science* 103: 11195-11200; Chourout, D., et al. (2006), Minimal protohox cluster inferred from bilaterian and cnidarian *Hox* complements, *Nature* 442: 684-687; Martindale, M., Pang, K., Finnerty／, J. (2004), Investigating the origins of triploblasty: "mesodermal" gene expression in a diploblastic animal, the sea anemone *Nemostella vectensis* (phylum, Cnidaria; class, Anthozoa), *Development* 131: 2463-2474: Finnerty, J., Pang, K., Burton, P., Paulson, D., Martindale, M. Q. (2004), Deep origins for bilateral symmetry: *Hox* and *Dpp* expression in a sea anemone, *Science* 304: 1335-1337.

次の三つの重要な論文が、体の起源と進化について総論を述べ、遺伝学、地質学、生態学を統合する視点を与えてくれる。King, N. (2004), The unicellular ancestry of animal development, *Developmental Cell* 7: 313-325; Knoll, A. H., and Carroll, S. B. (1999), Early animal evolution: Emerging views from comparative biology and geology, *Science* 284: 2129-2137; Brooke, N. M., and Holland, P. (2003), The evolution of multicellularity and early animal genomes, *Current Opinion in Genetics and Development* 13: 599-603. これらはすべて、十分な参考文献を備え、各章の話題についての適切な入門的解説を示している。

体が出現したことがもたらした結果と、他の新しい形の生物学的な組織構造についての、興味深い扱いについては、L. W. Buss, *The Evolution of Individuality* (Princeton: Princeton University Press, 2006), J. Maynard Smith, and E, Szathmary, *The Major Transitions in Evolution* (New York: Oxford University Press, 1998)〔邦訳『進化する階層——生命の発生から言語の誕生まで』長野敬訳、シュプリンガー・フェアラーク東京〕を参照。

エディアカラ動物の背後にある物語については、Richard Forteyの*Life: A Natural History of the First Four Billion Years of life on Earth* (New York: Knopf, 1998)〔邦訳『生命40億年全史』〕およびAndrew Knollの*Life on a Young Planet* (Princeton: Princeton University Press, 2002)〔邦訳『生命最初の30億年——地球に刻まれた進化の足跡』〕で、参考文献付きで触れられている。

「体をもたないもの」から「原始的な体」をつくりだす実験は、Boraas, M. E., Seale, D. B., Boxhorn, J. (1998), Phagotrophy by a flagellate selects for colonial prey: A possible origin of multicellularity, *Evolutionary Ecology* 12: 153-164 で記述されている。

第8章

ユタ大学は Learn という役に立つウェブサイトをもっている。このサイトの Genetics という項目は、DNAを台所で抽出できるすばらしく単純な手順を紹介している。このサイトのURLは http: //learn.genetics.utah.edu/units/activities/extraction/ である。

いわゆるにおいの遺伝子、より正確には嗅覚受容体遺伝子の進化に関しては膨大な文献がある。バックとアクセルの画期的な論文は、Buck, L., and Axel, R. (1991), A novel multigene family may encode odorant receptors: a molecular basis for odor recognition, *Cell* 65: 175-181 である。

嗅覚遺伝子の進化についての比較学的観点は、Young, B., and Trask, B. J. (2002), The sense of smell: genomics of vertebrate odorant receptors, *Human Molecular Genetics* 11: 1153-1160: Mombaerts, P. (1999), Molecular biology of odorant receptors in vertebrates, *Annual Reviews of Neuroscience* 22: 487-509 で扱われている。

無顎類における嗅覚遺伝子については、Freitag, J., Beck, A., Ludwig, G. von Buchholtz,

L., Breer, H. (1999), On the origin of the olfactory receptor family: receptor genes of the jawless fish (*Lampetra fluviatilis*), *Gene* 226: 165-174で論じられている。水中と陸上での嗅覚受容器のちがいは、Freitag, J., Ludwig, G., Andreini, I., Rossler, P., Breer, H. (1998), Olfactory receptors in aquatic and terrestrial vertebrates, *Journal of Comparative Physiology* A 183: 635-650で論じられている。

ヒトの嗅覚受容体の進化については多数の論文で論じられている。そのなかで本書で論じた問題に関連したものを選んで以下にあげておく。Gilad, Y., Man, O., and Lancet, D. (2003), Human specific loss of olfactory receptor genes, *Proceedings of the National Academy of Science* 100: 3324-3327; Gilad, Y., Man, O., and Glusman, G. (2005), A comparison of the human and chimpanzee olfactory receptor gene repertories, *Genome Research* 15: 224-230; Menashe, I., Man, O., Lancet, D., Gilad, Y. (2003), Different noses for different people, *Nature Genetics* 34: 143-144; Gilad, Y., Wiebe, V., Przeworski, M., Lancet, D., Paabo, S. (2003), Loss of olfactory receptor genes coincides with the acquisition of full trichromatic vision in primates, *PloS Biology online access*: http://dx.doi.org/journal.pbio.0020005.

新しい遺伝的変異の重要な源泉としての遺伝子重複という概念は、ほぼ四〇年前の大野乾（すすむ）の画期的な研究にまでさかのぼる。S. Ohno, *Evolution by Gene Duplication* (New York: Springer-Verlag, 1970)〔邦訳『遺伝子重複による進化』山岸秀夫・梁永弘訳、岩波書店〕. オプシンと嗅覚受容体遺伝子の両方についての議論を含むこの問題についての最近の総説は、Taylor, J., and Raes, J. (2004), Duplication and divergence: the evolution of new genes and old ideas, *Annual Review of Genetics* 38: 615-643 に見られる。

第9章

眼の進化におけるオプシン遺伝子のことは、近年、数多くの論文で述べられている。基本的な生物学的事実と、オプシン遺伝子がもたらした帰結についての総説としては以下のものがある。Nathans, J. (1999), The evolution and physiology of human color vision: insights from molecular genetic studies of visual pigments, *Neuron* 24: 209-312; Dominy, N., Svenning, J. C., Li, W. H. (2003), Historical contingency in the evolution of primate color vision, *Journal of Human Evolution* 44: 25-45; Tan, Y., Yoder, A., Yamashita, N., Li, W. H. (2005), Evidence from opsin genes rejects nocturnality in ancestral primates, *Proceedings of the National Academy of Science* 102: 14712-14716; Yokoyama, S. (1996), Molecular evolution of retinal and nonretinal opsins, *Genes to Cells* 1: 787-794; Dulai, K., von Dornum, M., Mollon, J., Hunt, D. M. (1999), The evolution of trichromatic color vision by opsin gene duplication in New World and old World primates, *Genome* 9: 629-638.

デトレフ・アーレントとヨアヒム・ウィットブロドの光受容組織に関する研究は、最初は、一次文献から引用した論文のなかで記述された。Arendt, D., Tessmar-Raible, K., Synman, H., Dorresteijn, A., Wittbrodt, J. (2004), Ciliary photoreceptors with a vertebrate-type opsin in an invertebrate brain, *Science* 306: 869-871. この論文に関連して次のコメントが掲載されていた。Pennisi, E. (2004), Worm's light-sensing proteins suggest eye's single origin, *Science* 306: 796-797. アーレントによる以前の総説は、この発見を解釈するのに使えるより大きな枠組みを提供している。Arendt, D. (2003), The evolution of eyes and photoreceptor cell types, *International Journal of Developmental Biology* 47: 563-571. さらに突っ込んだコメントが、Plaschetzki, D. C., Serb, J. M., Oakley, T. H. (2005), New insights into photoreceptor evolution, *Trends in Ecology and Evolution* 20: 465-467.《サイエンス》ののちの号に、アーレントとウィットブロドの研究に対するバーンド・フリッツェとヨラム・ピアティゴルスキーによるさらなるコメントが発表され、それに付随して、眼の起源が非常に大昔で、進化系統樹の非常に根深いところまでさかのぼることができるのではないかという考えを論じた反論コメントも掲載された。その文面は*Science* (2005), 308: 1113-1114で読むことができる。

パックス6とそれが眼の進化にもたらした帰結に関するワルター・ゲーリングの研究の論評が、自分の研究について語った次の記事に含まれている。Gehring, W. (2005), New perspectives on eye development and the evolution of eyes and photoreceptors, *Journal of*

Heredity 96: 171-184.

保存された眼形成遺伝子と視覚器官の進化のあいだに考えられるさまざまな関係について考察した論文としては次のものがある。Oakley, T. (2003), The eye as a replicating and diverging modular developmental unit, *Trends in Ecology and Evolution* 18: 623-627 および Nilsson D.-E. (2004), Eye evolution: a question of genetic promiscuity, *Current Opinion in Neurobiology* 14: 407-414.

ヒトの眼のレンズ・タンパク質とホヤの幼生のレンズ・タンパク質の関係は，Shimeld, S., Purkiss, A. G., Dirks, R. P. H., Bateman, O., Slingsby, C., Lubsen, N. (2005), Urochordate by-crystallin and the evolutionary origin of the vertebrate eye lens, *Current Biology* 15: 1684-1689 で論じられている。

第10章

内耳進化の遺伝学は，Beisel, K. W., and Fitzsch, B. (2004), Keeping sensory cells and evolving neurons to connect them to the brain: molecular conservation and novelties in vertebrate ear development, *Brain Behavior and Evolution* 64: 182-197 で論じられている。

耳の発生とその背景にある遺伝子については，Represa, J., Frenz, D. A., Van de Water, T. (2000), Genetic patterning of embryonic ear development, *Acta Otolaryngolica* 120: 5-10 で論

じられている。

舌顎軟骨から鐙骨への転換については、原始的な魚類の進化ないしは陸生動物の起源を丸々一冊を当てて包括的に扱った次の本のなかで論評されている。J. Clack, *Gainning Ground* (Bloomington: Indiana University Press, 2002)［邦訳『手足を持った魚たち』］; P. Janiver, *Early Vertebrates* (Oxford, Eng.: Oxford University Press, 1966). この問題は、最近の以下の論文でも論じられている。Clark, J. A. (1989), Discovery of the earliest known tetrapod stapes, *Nature* 342: 425-427; Brazeau, M., and Ahlberg, P. (2005), Tetrapod-like middle ear architecture in a Devonian fish, *Nature* 439: 318-321.

哺乳類の中耳の起源は、P. Bowler, *Life's Splendid Drama* (Chicago: University of Chicago Press, 1996) で科学史的な視点から論じられている。重要な1次資料としては以下のものがある。Reichert, C. (1837), Ueber die Visceralbogen der Wirbeltiere im allgemeinen und deren Metamorphosen bei den Vögeln und Säugetieren, *Arch. Anat. Physiol. Wiss. Med.* 1837: 120-222; Gaupp, E. (1911), Beiträge zur Kenntnis der Unterkiefers der Wirbeltiere I. Der Processus anterior (Folii) des Hammers der Sauger und das Goniale der Nichtsäuger, *Anatomischer Anzeiger* 39: 97-135; Gaupp, E. (1911), Beiträge zur Kenntnis der Unterkiefers der Wirbeltiere II, Die Zusammensetzung des Unterkiefers der Quadrupeden, *Anatomischer Anzeiger* 39: 433-473; Gaupp, E. (1911), Beiträge zur Kenntnis der Unterkiefers der

Wirbeltiere Ⅲ, Das Probleme der Entstehung eines "sekundären" Kiefergelenkes bei den Säugern, *Anatomischer Anzeiger* 39: 609-666; Gregory, W. K. (1913), Critique of recent work on the morphology of the vertebrate skull, especially in relation to the origin of mammals, *Journal of Morphology* 24: 1-42.

　哺乳類の顎、咀嚼、および中耳の三つの耳小骨の起源に関するおもな文献としては以下のものがある。Crompton, A. W. (1963) The evolution of the mammalian jaw, *Evolution* 17: 431, 439; Crompton, A. W., and Parker, P. (1978) Evolution of the mammalian masticatory apparatus, *American Scientist* 66: 192, 201; Hopson, J. (1966) The origin of the mammalian middle ear, *American Zoologist* 6: 437-450; Allin, E. (1975) Evolution of the mammalian ear, *Journal of Morphology* 147: 403-438.

　パックス2とパックス6の進化的起源と、耳および眼とハコクラゲ類の進化的な関連（リンク）については、Piatigorsky, J., and Kozmik, Z. (2004), Cubozoan jellyfish: an evo/devo model for eyes and other sensory systems, *International Journal for Developmental Biology* 48: 719-729で論じられている。

　感覚受容体分子と細菌における他の分子との関連は、Kung, C., (2005), A possible unifying principle for mechanosensation, *Nature* 436: 647-654で論じられている。

系統分類学の方法については、多数の資料で論じられている。重要な一次資料としては、ヘニッヒの古典的な著作がある。これは最初ドイツ語で出版され（Willi Hennig, *Grundzüge einer Theorie der phylogenetischen Systematik* [Berlin: Deutscher Zentralverlag, 1950]）、一〇年以上のちに英訳された（*Phylogenetic Systematics*, trans. D. D. Davis and R. Zangerl [Urbana: University of Illinois Press, 1966]）。

本章の基盤をなしている系統関係の復元方法については、P. Forey, ed., *Cladistics: A Practical Course in Systematics* (Oxford, Eng.: Clarendon Press, 1992); D. Hillis, C. Moritz, and B. Mable, eds., *Molecular Systematics* (Sunderland, Mass: Sinauer Associates, 1996); R. DeSalle, G. Girbet, and W. Wheeler, *Molecular Systematics and Evolution: Theory and Practice* (Basel: Birkhauser Verlag, 2002) などで詳細に論じられている。

類似形質の独立進化という現象については、M. Sanderson and L. Hufford, *Homoplasy: The Recurrence of Similarity in Evolution* (San Diego: Academic Press, 1996) で包括的に扱われている。

生物の系統樹と現生動物のあいだの関係についての諸種の仮説を知りたければ、http://tolweb.org/tree/ を見ること。

私たちの進化的な歴史が医学的な意味をもっているという考え方は、最近のいくつかのすぐれた書籍の主題になっている。包括的で、豊富な文献を備えているものとしては、N. Boaz, *Evolving Health: The Origins of Illness and How the Modern World Is Making Us Sick* (New York: Wiley, 2002); D. Mindell, *The Evolving World: Evolution in Everyday Life* (Cambridge, Mass.: Harvard University Press, 2006); R. M. Nesse and G. C. Williams, *Why We Get Sick: The New Science of Darwinian Medicine* (New York: Vintage, 1996)〔邦訳『病気はなぜ、あるのか――進化医学による新しい理解』長谷川眞理子・長谷川寿一・青木千里訳、新曜社〕; W.R. Trevathan, E. O. Smith, and J. J. McKenna, *Evolutionary Medicine* (New York: Oxford University Press, 1999) を参照。

無呼吸症の例は、シカゴ大学の解剖学教室主任であるニノ・ラミレスと私との議論から採った。しゃっくりの例は、Straus, C., et al. (2003), A phylogenetic hypothesis for the origin of hiccoughs, *Bioessays* 25: 182-188 から採った。ミトコンドリア脳筋症の研究に用いられたヒト - 細菌の遺伝子スイッチについて最初に論じたのは、Lucioli, S., et al. (2006), Introducing a novel human mtDNA mutation into the *Paracoccus denitrificans* COX I gene explains functional deficits in a patient, *Neurogenetics* 7: 51-57 である。

オンライン資料

以下にあげるような多数のウェブサイトやブログが正確な情報を掲載しており、頻繁に更新されている。

http://www.ucmp.berkeley.edu/　カリフォルニア大学バークリー校の古生物学博物館が製作しているもので、古生物学と進化に関する最高のオンライン資料の一つである。

http://www.scienceblogs.com/loom/　これはカール・ジンマーのブログで、進化に関する情報と議論の、よくまとまって、タイムリーで、徹底した資料である。

http://www.scienceblogs.com/pharyngula/　発生生物学のP・Z・マイヤーズ教授が書いている最先端のブログで、アクセスしやすく、教えられるところが多い。これは豊かな情報源で、つねにフォローしておく価値がある。

ジンマーのブログもマイヤーズのブログもともに、http://www.scienceblogs.com にあるが、このサイトには、最近の発見についての情報とコメントに関するすばらしいブログが多数あり、いずれもフォローに値する。このサイトにある本書のテーマに関連するブログとしては、Afarensis, Tetrapod Zoology, Evolving Thoughts, and Gene Expression などがある。

http://www.tolweb.org/tree/　The Tree of Life（生物系統樹）プロジェクトは、あらゆる生物群間の関係について信頼できる扱いを提供し、定期的に更新される。バークリー校のＵＣＭＰのページと同じように、進化的な系統樹がどのようにしてつくられ解釈されるかを学ぶための情報が含まれている。

訳者あとがき

　創造論者をはじめとして、いまだに進化論に異を唱える人は少なくない。そうした人々がよくもちだすのが、サルと人間の中間種が見つからないといった類の批判である。しかしこの批判は、そもそも進化論に対する誤解に基づいている。現在生きているサルや類人猿から人類が進化したなどと言う進化論者は誰もいない。類人猿と人類は共通の祖先から進化したと主張しているだけである。祖先はとうの昔に絶滅してしまっているから、類人猿と人類の中間種が現在生きているはずはないのである。共通の祖先と考えていいような中間種は、化石のなかにしか存在しない。人類だけでなく、一般に中間種の化石は見つかっていないではないかという反論も、事実誤認である。現在では、本書で扱われている例を含めて、多くの中間種の化石が実際に見つかっている。ただし、化石は、よほど幸運な条件に恵まれた場合にしか残らないので、あらゆる段階の中間型が見つかるという保証はない。中間型が見つからないのは進化が起きなかった証拠だと主張する人は、化石がどのようにして形成され、発見されるかについて理解が足りないだけだ。

系統樹という言葉に端的に表されているように、生命の進化は樹木の成長と似た経過をたどる。小さな苗木がしだいに幹を大きくし、四方に枝を延ばしながら成長していくように、進化は、少数の単純な生物から枝葉をのばすように、さまざまな種類の生物を生みだしてきたのである。進化の系統樹が生きている樹木とちがうのは、目にすることができるのは枝先についている葉っぱだけで、残りの枝や幹に当たる部分は死滅してしまっていることである。葉っぱにあたる現在の生物だけでは、成長（進化）の道筋は理解できない。けれども、運よく、死滅した部分が化石として発見できれば、その道筋を復元することができる。

本書の著者、ニール・シュービンが関心を寄せるのは魚類から陸生動物への進化である。そこで、魚類の鰭（ひれ）が陸生動物の四肢に進化していった証拠となる中間種の化石を発見するという野心的プロジェクトをたちあげる。そうした化石はどこで見つかるだろう。まず地層の年代は、最初の両生類または爬虫類の見つかる年代と、まだ完全な魚である祖先型の動物の化石が見つかる年代から考えて、およそ三億七五〇〇万年前でなければならない。次は、どういう種類の地層なら見つかりそうかだ。魚でありながら四肢をもっていた最初の陸生動物は、陸と水が接する場所、すなわち河川の流域や湖畔、海岸の浅瀬に生息していたはずである。したがって、そうした場所に形成された堆積岩の地層ということになる。最後に、上の二つの条件を備えていても、そうした地層が地表近くになければ発掘できない。しかもたとえ地表近くにあっても、上に建物や森林があれば、やはり発掘はむずかしい。もっとも望ましいのは砂漠や荒れ地のように、地層が広く露出している場所である。シュービンらは、すべての条件を考慮したうえで、カナダ北極圏こそ、理想の候補地であるという結論に達する。

候補地が決まったからといって、すぐにお目当ての化石が見つかるほど世の中は甘くはない。足かけ六年にわたる悪戦苦闘のすえに、幸運にも恵まれて、ついに彼らは、望み通りの化石を発見する。のちにティクターリクと名づけられたこの化石こそ、まさに進化論の正しさを証明する決定的な証拠である。理論にもとづいて発見されるべき場所を予測し、そこに実際に化石を見つけたのだ。これを進化論の勝利と呼ばずして、なんとしよう。

本書の魅力の一つは、その発見にいたるまでの臨場感にあふれたドキュメントであるが、通り一遍（いっぺん）の成功物語ではない。失敗から教訓を学びつつプロの学者として成長していく過程がリアルに描かれている。とりわけ、フィールドにおいて、他の人間がつぎつぎと化石を発見するのに、自分には何も見えないという苦悶の時期を送ったのち、ある日突然、向こうから飛び込んでくるかのように見えはじめた喜びの記述は含蓄（がんちく）がある。こうした体験は、化石の発掘だけでなく、野外で自然を相手にするすべての研究者に通じるもので、自然史研究を目指す若い人々にとって、有益な教訓になるだろう。自然はただぼうーっと眺めているだけでは、その真髄をけっして見せてはくれないのだ。

そして、二つめの魅力は、それこそが著者の最大の狙いでもあるのだが、動物の体のつくり(ボディプラン)の発展を人体の構造と結びつけて論じていることである。この視点は、現場で化石を発掘する古生物学者でありながら、大学の医学部で解剖学を講じるという著者の特異な境遇から生まれたものである。人体のあらゆる器官や構造は、動物が単細胞生物から無脊椎動物、魚類、両生類、爬虫類、哺乳類、そしてさらに霊長類へと進化してくる過程で、徐々に獲得されてきたものである。それぞれの器官は、あらかじめなんらかの計画にしたがって、設計されたものではなく、それ以前の段階にあったものを利用してやりくりしながら形づくられたものである。それゆえ、人間の体は、不合理な矛盾をいろいろと抱えこむことになった。最終章で述べられているように、その矛盾が、時として人間をさいなむ。

現代の人間が悩まされている生活習慣病のほとんどは、食物が安定して得られず、慢性的な栄養が不足していた狩猟採集民の時代に適合した生理的なメカニズムが原因である。また、人類は四足歩行から直立二足歩行に転じることによって、手が自由に使えるようになり、飛躍的な発展を遂げたのだが、そのための代償も大きい。直立は背骨に過大な重荷を負わせるがゆえに、老化にともなう腰痛の悩みから逃れることができない。足の先端から血液を心臓に送り返すには、脚の静脈の血圧を高くするだけでなく、脚の筋肉の運動によって血液を押し上げる必要があるが、慢性的な運動不足の生活を送る現代人ではそれがうまく機能せず、下肢静脈瘤（かしじょうみゃくりゅう）といった病気を引き起こす。

睡眠時無呼吸症や窒息も、人類が言葉をしゃべる能力を獲得したために支払わなければない代償である。喉の筋肉を柔軟にし、気管と食道が共通の出入り口をもつという構造が、こうした病気の原因となる。呼吸に肺と鰓の両方を使うオタマジャクシが、水を飲み込んだときに、気管に入らないように、ただちに声門を閉じるという反射的な行動パターンを発達させた名残がしゃっくりであるという話には、驚かされる。脊椎動物時代の過去だけでなく、ミトコンドリア病のように、細菌時代の過去さえも、人類をさいなむことがあるのだ。

本書の三つめの魅力は、人体の過去の再現が、化石研究だけではなく、最先端の生物学、なかでも進化発生学（エボデボ）という分野と密接な連携をとっておこなわれているのを知ることである。進化発生学は、さまざまな生物の個体発生の過程で、遺伝子の発現がどのように制御されているかを調べて、進化の遺伝学的な背景を明らかにしようとする学問である。ホックス遺伝子の発見は、その最大の成果といえよう。詳細は本文を読んでいただきたいが、ホックス遺伝子は、体づくりの基本的な設計についての指示を含んでいる。著者シュービンの研究室には野外研究をする人々と進化発生学を担当する人々が共存しており、ホックス遺伝子の操作によって、魚の鰭を四肢に変えるという実験に取り組み、実際に成功している。科学の最前線では、化石研究と遺伝子研究の合体によって、過去の進化を復元するという数十年前には想像さえできなかったような事態が進行している。長生きはするものだと思う。

最後に、いつものことながら、本書の訳出にあたっては、早川書房編集部の伊藤浩氏のお世話になった。私の思い違いや誤りを指摘するだけでなく、読みやすい文章にするために、多くのご指摘をいただいた。記して感謝を捧げたい。

文庫版へのあとがき

シュービンのこの本が文庫化されるのは嬉しい限りである。私はこれまで数十冊の翻訳を手がけてきたが、内容の面白さと自らの翻訳の入れ込みという点でもっともお気に入りの一冊だからである。

私ごとではあるが、最近入院して、ちょっとした外科手術を受けるという経験をした。その術前・術後を通じて、人体に生物進化の痕跡がいかに深く刻み込まれているかということにあらためて気づかされ、ベッドの中でこの本に書かれていたことを思いだしていた。

本書の原著は、オリヴァー・サックスなど多くの批評家から絶賛されて、ベストセラーとなり、二〇〇八年度のファイ・ベータ・カッパ科学書賞、二〇〇九年度の米国科学アカデミー図書賞を与えられ、同じく二〇〇九年度ロイヤルソサエティ科学書賞のショートリストにも残った。邦訳も日本経済新聞などいくつか好意的な書評が掲載されたが、ベストセラーと呼べるほどの読者を獲得できていない。この文庫版を契機に、より多くの人により手軽に読んでいただけるようになれば、こんなありがたいことはない。

＊

著者シュービンはコロンビア大学とカリフォルニア大学バークリー校で研究をつづけたあと、ハーヴァード大学で進化生物学の博士号を取得。本書に書かれたような業績によって、現在はシカゴ大学の生物科学部門の教授で副学部長でもある。また二〇一一年には米国科学アカデミーの会員に選出された。
第二作の *The Universe Within: Discovering the Common History of Rocks, Planets, and People* (Pantheon Books, New York) が二〇一三年の一月に刊行された。いずれ近いうちに早川書房から邦訳が出ることになっているから、詳細は省くが、前著の主題が生物の進化であったのに対して、こちらは宇宙、地球の進化が主題である。シュービンは類い希な書き手で、現在わかっている知識を単に整理するというのではなく、科学という営みがどのようにしておこなわれ、どういう状況で発見という至福の瞬間が訪れるかということを、自らの体験をもとにして、読者に教えてくれる。本書を面白く読まれた読者に対しては、この次作も期待を裏切らないはずである。

二〇一三年　九月

垂水雄二

本書は、二〇〇八年九月に早川書房より単行本として刊行された作品を文庫化したものです。

音楽嗜好症（ミュージコフィリア）
——脳神経科医と音楽に憑かれた人々

MUSICOPHILIA

オリヴァー・サックス
大田直子訳
ハヤカワ文庫NF

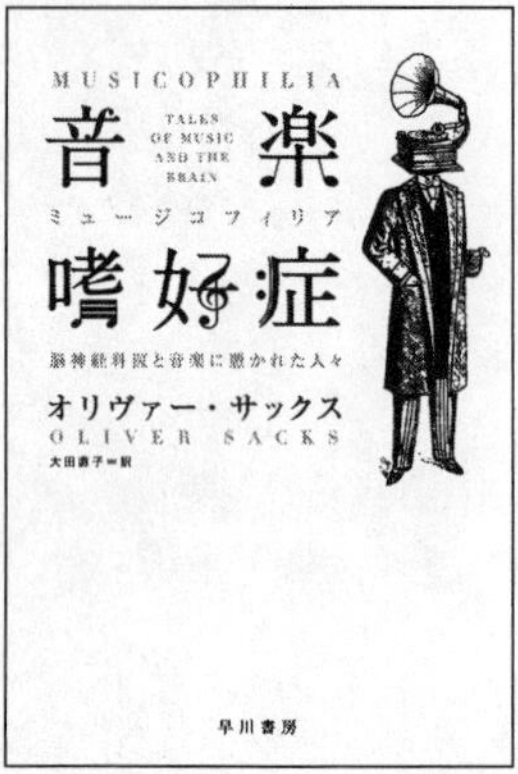

音楽と人間の不思議なハーモニー

落雷による臨死状態から回復するやピアノ演奏にのめり込んだ医師、ナポリ民謡を聴くと必ず、痙攣と意識喪失を伴う発作に襲われる女性、指揮や歌うことはできても物事を数秒しか覚えていられない音楽家など、音楽に「憑かれた」患者を温かく見守る医学エッセイ。

ウォール街の物理学者

THE PHYSICS OF WALL STREET

ジェイムズ・オーウェン・ウェザーオール

高橋璃子訳

ハヤカワ文庫ＮＦ

「証券取引所だってカジノみたいなもの」確率論とギャンブルを愛する男による世界初の株価予測モデルが20世紀半ばに発見された。以降、カオス理論、複雑系、アルゴリズムなどをつかう理系〈クオンツ〉たちは金融界で切磋琢磨し莫大な利益を生むのだが……。投資必勝法に挑む天才の群像と金融史。解説／池内了

〈数理を愉しむ〉シリーズ

偶然の科学

Everything Is Obvious

ダンカン・ワッツ

青木 創訳

ハヤカワ文庫ＮＦ

世界は直観や常識が意味づけした偽りの物語に満ちている。ビジネスでも政治でもエンターテインメントでも、専門家の予測は当てにできず、歴史は教訓にならない。だが社会と経済の「偶然」のメカニズムを知れば、予測可能な未来が広がる。スモールワールド理論の提唱者がその仕組みに迫る複雑系社会学の決定版。

訳者略歴　1942年生　京都大学大学院理学研究科博士課程修了後，出版社勤務を経てフリージャーナリストに　著書に『進化論の何が問題か』他　訳書にドーキンス『神は妄想である』（早川書房刊）『利己的な遺伝子』（共訳），フォーティ『三葉虫の謎』（早川書房刊）他多数

HM=Hayakawa Mystery
SF=Science Fiction
JA=Japanese Author
NV=Novel
NF=Nonfiction
FT=Fantasy

ヒトのなかの魚（さかな）、魚（さかな）のなかのヒト
最新科学が明らかにする人体進化35億年の旅

〈NF392〉

二〇一三年十月十五日　発行
二〇一九年六月十五日　二刷

（定価はカバーに表示してあります）

著者　ニール・シュービン
訳者　垂水雄二（たるみゆうじ）
発行者　早川浩
発行所　株式会社早川書房

郵便番号　一〇一‐〇〇四六
東京都千代田区神田多町二ノ二
電話　〇三‐三二五二‐三一一一（大代表）
振替　〇〇一六〇‐三‐四七七九九
http://www.hayakawa-online.co.jp

印刷・三松堂株式会社　製本・株式会社明光社
Printed and bound in Japan
ISBN978-4-15-050392-5 C0145

本書は活字が大きく読みやすい〈トールサイズ〉です。